嵌入式 Hypervisor

架构、原理与应用

孙陈伟 ◎著

EMBEDDED HYPERVISOR

Architecture, Principles and Implementation

机械工业出版社
CHINA MACHINE PRESS

图书在版编目（CIP）数据

嵌入式 Hypervisor：架构、原理与应用 / 孙陈伟著 . —北京：机械工业出版社，2024.6
（电子与嵌入式系统设计丛书）
ISBN 978-7-111-75688-0

Ⅰ.①嵌… Ⅱ.①孙… Ⅲ.①虚拟处理机 Ⅳ.①TP338

中国国家版本馆 CIP 数据核字（2024）第 084382 号

机械工业出版社（北京市百万庄大街22号 邮政编码100037）
策划编辑：孙海亮 责任编辑：孙海亮
责任校对：龚思文 丁梦卓 闫 焱 责任印制：常天培
北京铭成印刷有限公司印刷
2024 年 6 月第 1 版第 1 次印刷
186mm×240mm · 17.5印张 · 375千字
标准书号：ISBN 978-7-111-75688-0
定价：99.00元

电话服务
客服电话：010-88361066
010-88379833
010-68326294

网络服务
机 工 官 网：www.cmpbook.com
机 工 官 博：weibo.com/cmp1952
金 书 网：www.golden-book.com
机工教育服务网：www.cmpedu.com

前　言

为什么要写这本书

嵌入式 Hypervisor 一直被认为是嵌入式系统软件的下一个前沿领域。随着复杂应用场景的日益增多，如何有效利用嵌入式系统的有限资源成为新的挑战，而嵌入式 Hypervisor 成为应对该挑战的关键。嵌入式系统的高性能、低功耗一直是航空、车载、轨道交通以及核电等领域的迫切需求，这也推动了单核处理器计算性能的提高和多核处理器的引入。与此同时，处理器芯片供应商对 CPU（Central Processing Unit，中央处理器）虚拟化扩展的支持进一步推动了嵌入式系统中虚拟化技术的应用。而嵌入式 Hypervisor 提供了在同一单核/多核处理器上承载异构操作系统的灵活性，具有良好的可靠性和故障控制机制，可保证关键任务、硬实时应用程序和一般用途、不受信任的非关键应用程序之间的安全分离。因此，基于嵌入式 Hypervisor 的异构系统平台将是未来嵌入式系统软件的发展方向。

虽然嵌入式 Hypervisor 已经在诸多领域得到了广泛的应用，然而专门分析嵌入式 Hypervisor 的书籍非常匮乏。本书采用分离内核（Separation Kernel，SK）架构，结合原型系统 PRTOS（Partition RTOS，分区 RTOS）Hypervisor，详细剖析嵌入式 Hypervisor 的设计与实现技术，进而分析嵌入式 Hypervisor 对 RTOS（Real Time Operating System，实时操作系统）、Linux 的虚拟化支持，以便读者对基于嵌入式 Hypervisor 搭建的异构操作系统开放平台的生态优势有更为深刻的理解。

嵌入式 Hypervisor 并非可望而不可即，是可以落地实现并发挥重要经济价值的技术。希望本书能抛砖引玉，帮助读者更好地理解嵌入式 Hypervisor 的实现技术，并为国产嵌入式 Hypervisor 的发展贡献一份力量。

读者对象

- 高可靠操作系统的研发人员
- 嵌入式系统和应用的开发人员
- 嵌入式系统爱好者及科研院所的研究人员

如何阅读本书

本书共15章，从逻辑上分为三部分。

第一部分（第1～2章）介绍Hypervisor基础。

第1章介绍虚拟化技术的基本知识，包括虚拟化技术与实现、面向桌面和企业云的Hypervisor类型和产品、嵌入式Hypervisor基础知识以及主流的产品。

第2章详细对比两种嵌入式Hypervisor（基于分离内核的Hypervisor和基于RTOS扩展的Hypervisor）的实现方式，并引出本书将要介绍的PRTOS Hypervisor。

第二部分（第3～12章）介绍嵌入式Hypervisor的设计与实现。

第3章详细介绍PRTOS的架构，使读者了解PRTOS架构和各个核心组件的功能。

第4章介绍PRTOS中断模型、中断虚拟化实现和BAIL（Bare-metal Application Interface Library，裸机应用接口库），使读者理解为何中断模型可以实现不同虚拟机之间的中断隔离以及BAIL为何可以对PRTOS的各个组件进行功能性验证。

第5章介绍PRTOS内存隔离技术。学习完本章，读者将会理解该技术如何使得同一物理机上运行的多个虚拟机具有独立的内存空间，以确保虚拟机之间的空间隔离性。

第6章介绍PRTOS的调度器设计。学习完本章，读者将会理解PRTOS如何支持单核/多核处理器硬件平台以及PRTOS如何对单vCPU（virtual CPU，虚拟CPU）分区和多vCPU分区实现统一调度，以确保虚拟机之间的时间隔离性。

第7章介绍健康监控的实现机制。学习完本章，读者将会理解健康监控如何用于监视硬件、分区级应用和PRTOS内核的状态以及健康监控如何在故障发生的时候尽量地解决故障或者隔离故障，以阻止故障进一步危害整个Hypervisor系统。

第8章介绍PRTOS中实现的分区间通信技术。学习完本章，读者将会理解PRTOS中实现的两类分区间通信技术和共享内存通信。

第9章介绍PRTOS内核资源管理模型。学习完本章，读者将会理解PRTOS如何通过一组基于对象的统一接口对内核中的资源进行管理。

第10章阐述PRTOS内核和分区的初始化过程，包括PRTOS内核的初始化如何做到支持单核/多核处理器硬件平台，分区的初始化如何做到支持单vCPU分区和多vCPU分区。

第11章介绍PRTOS提供的超级调用服务以及PRTOS内核的设计原则。学习完本章，读者将会理解PRTOS如何综合考虑安全性、实时性、可靠性和灵活性等因素，以便设计出高效可靠的嵌入式Hypervisor。

第12章介绍用于支持开发、部署和管理PRTOS系统的平台辅助工具。学习完本章，读者将会了解维护这些工具为何会简化PRTOS内核源码的复杂度，使得PRTOS内核保持在一个相对较小的规模，为PRTOS内核组件的完整性检验提供条件，并增强系统的安全性。

第三部分（第13～15章）介绍嵌入式Hypervisor的高级应用和未来规划。

第13章详细阐述μC/OS-II的虚拟化过程。学习完本章，读者将会了解μC/OS-II的虚拟化过程，并验证 PRTOS 对客户实时系统的支持能力。

第 14 章介绍 Linux 内核的虚拟化过程。学习完本章，读者将会了解 Linux 内核的虚拟化过程，理解适配 Linux 的好处：一方面可以扩展 PRTOS 的应用领域；另一方面可以验证 PRTOS 对开源 GPOS（General Purpose Operating System，通用操作系统）的支持能力。

第 15 章阐述 PRTOS Hypervisor 的平台支持情况、未来其他平台的支持计划，并介绍 PRTOS 源码的开发模式以及 PRTOS Hypervisor 的愿景。

读者可以根据自己的兴趣及需要选择阅读相关章节。建议读者首先阅读第 1 章和第 2 章，以便对嵌入式 Hypervisor 有一个全面的了解，然后参考 X86 平台操作手册搭建 PRTOS 开发环境和 QEMU（Quick EMUlator，快速模拟器）运行环境，通过在 QEMU 上运行 BAIL 示例和客户操作系统示例对 PRTOS Hypervisor 有一个感性的认识。

建议读者在阅读本书的过程中随时参考 PRTOS 源码。如果读者想参与 PRTOS Hypervisor 社区建设，为维护 PRTOS Hypervisor 代码贡献一份力量，欢迎发邮件到 info@prtos.org 提出加入申请。

勘误和支持

由于水平有限，编写时间仓促，书中难免会出现一些错误或者不准确的地方，恳请读者批评指正。如果你有更多的宝贵意见，欢迎访问 https://github.com/prtos-project/prtos-hypervisor/issues 进行讨论，也可以发邮件到 info@prtos.org。期待得到你的反馈，让我们在技术之路上互勉共进。

致谢

感谢我的朋友李建国、商凌、王逸舍、夏伟，他们在本书的内容规划与写作上提供了宝贵的意见和建议，使整个创作过程更加充实和愉悦。

特别感谢我的爱人，没有她的全方位支持，我很难有时间和精力完成稿件和相关代码的测试工作。

最后，感谢所有曾经支持、鼓励过我的师友，他们是我人生道路上不可或缺的一部分。

谨以此书献给共同追寻自主创新研发的软件工程师们，献给支持我、鼓励我的亲人们和朋友们，我将在科技强国征途中不懈探索、不断前行！

孙陈伟

目　录

前言

第 1 章　Hypervisor 概述　/ 1

1.1　虚拟化技术与实现　/ 1
1.1.1　CPU 虚拟化　/ 2
1.1.2　I/O 虚拟化　/ 5
1.1.3　为什么需要虚拟化技术　/ 6
1.1.4　虚拟化的实现　/ 8
1.2　面向桌面和企业云的 Hypervisor 类型和产品　/ 13
1.3　嵌入式 Hypervisor　/ 14
1.3.1　嵌入式 Hypervisor 概述　/ 14
1.3.2　嵌入式 Hypervisor 的设计理念　/ 16
1.4　主流的嵌入式 Hypervisor 产品　/ 19
1.4.1　国外 RTOS 厂商的 Hypervisor 产品　/ 19
1.4.2　开源嵌入式 Hypervisor 产品　/ 22
1.4.3　国内 RTOS 厂商的 Hypervisor 产品　/ 24
1.5　本章小结　/ 24

第 2 章　基于分离内核的嵌入式 Hypervisor　/ 25

2.1　分区和分离内核　/ 25
2.2　嵌入式 Hypervisor 的实现方式　/ 28
2.2.1　基于分离内核的 Hypervisor 实现　/ 29
2.2.2　基于 RTOS 扩展的 Hypervisor 实现　/ 29
2.2.3　模块化开放软件解决方案　/ 30
2.3　PRTOS Hypervisor　/ 31
2.3.1　PRTOS Hypervisor 的架构　/ 31
2.3.2　PRTOS 对处理器的功能需求　/ 34
2.3.3　PRTOS Hypervisor 的多核支持　/ 34
2.3.4　PRTOS 的安全性和可预测性　/ 35
2.3.5　PRTOS 系统的状态转换流程　/ 36
2.4　本章小结　/ 40

第 3 章　嵌入式 Hypervisor 组件设计　/ 41

3.1　硬件依赖层　/ 41
3.1.1　硬件资源虚拟化　/ 41
3.1.2　处理器驱动　/ 43
3.1.3　时钟驱动　/ 46
3.1.4　定时器驱动　/ 48
3.1.5　中断控制器驱动　/ 50
3.1.6　页式内存管理驱动　/ 54
3.1.7　控制台驱动　/ 57
3.1.8　分区上下文切换　/ 58

3.2 虚拟化服务层 / 59
3.2.1 虚拟中断服务 / 59
3.2.2 虚拟时钟和虚拟定时器服务 / 59
3.2.3 虚拟内存管理服务 / 60
3.2.4 虚拟设备管理服务 / 61
3.2.5 健康监控管理服务 / 61
3.2.6 虚拟处理器调度服务 / 62
3.2.7 分区管理服务 / 63
3.2.8 分区间通信服务 / 64
3.2.9 超级调用派发服务 / 65
3.2.10 跟踪管理服务 / 66
3.3 内部服务层 / 66
3.3.1 KLIBC / 66
3.3.2 分区引导程序 / 67
3.3.3 队列操作数据结构 / 67
3.4 超级调用接口函数库 / 69
3.5 本章小结 / 69

第 4 章 中断隔离技术的设计与实现 / 70

4.1 中断模型 / 70
4.2 内核中断设计 / 72
4.3 分区中断设计 / 74
4.3.1 分区中断处理流程 / 75
4.3.2 分区陷阱表的初始化 / 76
4.3.3 分区中断描述符表的初始化 / 77
4.4 虚拟时钟和虚拟定时器 / 78
4.4.1 虚拟时钟 / 78
4.4.2 虚拟定时器 / 81
4.5 BAIL / 84
4.5.1 BAIL 概述 / 84
4.5.2 裸机应用示例 / 85
4.6 实验：虚拟时钟和虚拟定时器示例 / 87
4.6.1 分区 0 的裸机应用 / 88
4.6.2 分区 1 的裸机应用 / 89
4.7 本章小结 / 91

第 5 章 内存隔离技术的设计与实现 / 92

5.1 PRTOS 内核的工作模式 / 92
5.1.1 X86 处理器的特权模式 / 93
5.1.2 PRTOS 内核和分区的实现方式 / 93
5.1.3 PRTOS 内核空间的初始化 / 93
5.2 处理器的内存管理模型 / 96
5.2.1 PRTOS 的虚拟地址空间分配 / 97
5.2.2 PRTOS 分区内存的虚拟化 / 98
5.2.3 PRTOS 分区内存的虚拟化实现 / 99
5.3 PRTOS 内存管理的虚拟化 / 102
5.4 实验：分区内存隔离示例 / 104
5.4.1 分区 0 的裸机应用 / 106
5.4.2 分区 1 的裸机应用 / 106
5.4.3 分区 2 的裸机应用 / 107
5.5 本章小结 / 109

第 6 章 循环表调度器的设计与实现 / 110

6.1 PRTOS 调度器概述 / 110
6.1.1 单处理器调度策略 / 110
6.1.2 多处理器调度策略 / 113
6.2 循环表调度器的数据结构与实现 / 115
6.2.1 内核线程数据结构 / 115
6.2.2 Per-CPU 数据结构 / 120
6.2.3 调度器框架 / 121
6.2.4 循环表调度器的实现 / 123
6.2.5 内核线程上下文的切换 / 126
6.3 分区和虚拟处理器管理 / 128
6.4 实验：分区调度示例 / 129
6.4.1 单核多分区调度策略示例 / 130
6.4.2 多核多分区调度策略示例 / 133
6.5 本章小结 / 135

第 7 章　健康监控的设计与实现 / 136

7.1　健康监控的目的 / 136
7.2　健康监控的实现 / 137
7.2.1　健康监控事件 / 138
7.2.2　健康监控行为 / 139
7.2.3　健康监控配置 / 140
7.2.4　健康监控日志 / 143
7.3　分层健康监控的实现 / 144
7.3.1　Hypervisor 级健康监控的实现 / 145
7.3.2　分区级健康监控的实现 / 146
7.4　实验：健康监控示例 / 148
7.4.1　示例描述 / 148
7.4.2　XML 配置文件 / 149
7.4.3　分区 0 和分区 1 的裸机应用 / 150
7.4.4　分区 2 的裸机应用 / 151
7.5　本章小结 / 152

第 8 章　分区间通信技术 / 153

8.1　采样端口通信 / 153
8.1.1　采样端口的定义 / 154
8.1.2　采样端口的实现 / 155
8.2　排队端口通信 / 160
8.2.1　排队端口的定义 / 160
8.2.2　排队端口的实现 / 161
8.3　共享内存通信 / 164
8.4　实验：分区间通信示例 / 164
8.4.1　XML 配置文件 / 165
8.4.2　分区的裸机应用 / 166
8.5　本章小结 / 170

第 9 章　内核资源管理模型设计 / 171

9.1　PRTOS 内核的资源管理模型 / 171
9.1.1　虚拟控制台 / 171
9.1.2　对象管理框架 / 172
9.2　PRTOS 功能组件注册 / 175
9.2.1　通信端口组件 / 175
9.2.2　控制台组件 / 177
9.2.3　健康监控组件 / 177
9.2.4　内存操作组件 / 177
9.2.5　状态查询组件 / 178
9.2.6　跟踪管理组件 / 178
9.3　控制台设备管理 / 179
9.3.1　UART 输出设备 / 180
9.3.2　VGA 输出设备 / 181
9.3.3　内存块输出设备 / 182
9.4　实验：内核设备驱动示例 / 182
9.4.1　跟踪管理示例 / 182
9.4.2　虚拟控制台设备管理示例 / 185
9.5　本章小结 / 188

第 10 章　系统初始化过程 / 189

10.1　Hypervisor 内核的初始化过程 / 189
10.1.1　PRTOS 启动序列 / 189
10.1.2　PRTOS 初始化流程 / 192
10.2　PRTOS 的初始化实现 / 193
10.2.1　start() 函数的实现 / 193
10.2.2　start_prtos() 函数的实现 / 195
10.2.3　setup_kernel() 函数的实现 / 196
10.3　PRTOS 分区的初始化过程 / 200
10.3.1　PBL 的职责 / 200
10.3.2　分区引导器的实现 / 201
10.3.3　单 vCPU 分区的初始化 / 202
10.3.4　多 vCPU 分区的初始化 / 203
10.4　实验：双 vCPU 分区的初始化过程 / 204

10.5 本章小结 / 205

第 11 章 内核服务的设计原则 / 206

11.1 超级调用服务 / 206
11.1.1 系统服务 / 206
11.1.2 分区服务 / 207
11.1.3 时钟和定时器服务 / 207
11.1.4 调度服务 / 208
11.1.5 分区间通信服务 / 208
11.1.6 健康监控服务 / 209
11.1.7 追踪服务 / 209
11.1.8 中断管理服务 / 209
11.1.9 X86 处理器专用服务 / 210
11.1.10 分区控制表服务 / 210
11.2 PRTOS 的设计原则 / 210
11.2.1 系统确定性设计原则 / 211
11.2.2 静态资源配置原则 / 211
11.2.3 机密性设计原则 / 212
11.2.4 高速缓存处理原则 / 212
11.2.5 PRTOS 开发流程原则 / 213
11.3 本章小结 / 214

第 12 章 PRTOS 的配套工具 / 215

12.1 配置文件解析工具 / 215
12.1.1 功能选项说明 / 215
12.1.2 XSD 语义文件 / 217
12.2 PEF 格式转换工具 / 219
12.3 容器构建工具 / 221
12.4 自引导映像构建工具 / 222
12.5 配置信息提取工具 / 223
12.6 完整性检查工具 / 224
12.7 预留资源提取工具 / 225
12.8 结构体成员域偏移量计算工具 / 226
12.9 本章小结 / 227

第 13 章 分区 Guest RTOS 的虚拟化实现 / 228

13.1 μC/OS-Ⅱ概述 / 228
13.1.1 系统初始化模块 / 228
13.1.2 任务调度模块 / 228
13.1.3 互斥与同步机制模块 / 230
13.1.4 中断处理模块 / 231
13.2 μC/OS-Ⅱ的虚拟化过程 / 232
13.2.1 任务栈帧设计 / 232
13.2.2 初始任务上下文的恢复 / 233
13.2.3 任务上下文切换 / 234
13.2.4 中断上下文切换 / 235
13.2.5 μC/OS-Ⅱ分区入口函数的实现 / 235
13.2.6 μC/OS-Ⅱ分区的启动过程 / 236
13.3 针对传统 RTOS 的分区虚拟化总结 / 236
13.4 实验：分区μC/OS-Ⅱ示例 / 238
13.4.1 示例描述 / 238
13.4.2 在分区 0 和分区 1 上运行μC/OS-Ⅱ系统 / 239
13.5 本章小结 / 240

第 14 章 分区 Guest GPOS 的虚拟化实现 / 241

14.1 分区 Linux 内核的虚拟化 / 241
14.2 Linux 虚拟化过程中的问题 / 242
14.2.1 分区 Linux 内核的 I/O 空间和设备管理 / 242
14.2.2 分区 Linux 的虚拟中断管理 / 243
14.2.3 分区 Linux 内核映像地址的重定位 / 244

14.2.4 分区 Linux 的启动过程 / 245
14.2.5 I/O 空间访问管理 / 248
14.3 分区 Linux 内核的设备管理 / 248
14.3.1 分区 Linux 的设备分配 / 248
14.3.2 分区 Linux 的设备虚拟化 / 249
14.4 Linux 分区的映像格式 / 251
14.5 Guest Linux SDK 概述 / 255
14.5.1 生成 Linux SDK / 256
14.5.2 Linux SDK 的安装过程 / 256
14.5.3 Linux SDK 组件 / 257
14.5.4 虚拟化 Linux 的构建过程 / 258
14.6 本章小结 / 261

第 15 章 PRTOS Hypervisor 开源社区环境 / 262

15.1 PRTOS Hypervisor 的硬件支持 / 262
15.1.1 X86 指令集 / 262
15.1.2 ARMv8 指令集 / 263
15.1.3 RISC-V 指令集 / 265
15.2 PRTOS 的开发模式 / 266
15.3 PRTOS Hypervisor 的愿景 / 266
15.4 本章小结 / 267

第 1 章 Hypervisor 概述

为了使读者阅读更顺畅，这里先给出必要的专业术语。

- Hypervisor（虚拟机监控程序）：传统操作系统内核的功能是在底层硬件上提供抽象层，在多个用户空间的应用程序之间分配和调度资源（包括 CPU、内存、I/O 外围设备），职责是在操作系统上托管用户空间的应用程序。Hypervisor 同样具备托管职责，但托管的是多个客户操作系统。操作系统内核一般被称为主管（Supervisor），而虚拟机监控程序用来托管主管，因此被称为超级主管，即 Hypervisor。Hypervisor 有时候也被称为虚拟机管理器（Virtual Machine Manager，VMM）或者虚拟机监控器（Virtual Machine Monitor，VMM）。
- 特权指令（Privileged Instruction）：特权指令是系统中一些操作和管理关键系统资源的指令，在 CPU 的特权模式下才可以正确执行。在用户模式下运行特权指令会触发陷阱（Trap）异常，CPU 会自动陷入特权模式，该异常会交由运行在特权模式的系统软件处理。

Hypervisor 使得单个物理硬件平台可支持一个或者多个虚拟机，虚拟机间彼此互不干扰。即使一个虚拟机中的应用程序发生崩溃或安全性损害，其他虚拟机中的应用程序仍可正常运行。因此 Hypervisor 既可以提高硬件利用率和系统管理的灵活性，也可以使虚拟机之间强制隔离，从而保证整个软件系统的安全性。故实现 Hypervisor 的关键技术（虚拟化技术）非常重要。

提示： 虽然 security 和 safety 在汉语中都是安全的意思，但是两者是有侧重点的。security 强调系统的信息安全，指的是防止系统被非法入侵的能力；而 safety 强调的是系统的容错能力，指的是当发生异常情况时系统不出错的能力。本书对这两种安全不做严格区分，统称为安全。

1.1 虚拟化技术与实现

虚拟化技术在概念上与仿真类似。仿真技术可以在一个平台上构建出另外一个平台（比如在 X86 平台的 Linux 系统中通过 QEMU 仿真 ARM64 平台），虚拟化技术可以在一个平台上构建一个或者多个相同结构的平台。现代操作系统通常都包含一个简化的虚拟化系统，用于虚拟化 CPU 和内存。CPU 虚拟化技术使得每个正在运行的进程表现得好像它是唯一正在运行的进程。如果一个进程试图消耗所有的 CPU 资源，操作系统将抢占这个进程的 CPU 资源并允许其他进程公平分享。同样，内存虚拟化技术使得正在运行的进程通常有自己的虚拟地址空间，操作系统将虚拟地址空间映射到具体的物理内存，让该进程产生一种错觉，认为它是整个物理内存的唯一用户。

硬件设备通常也会被操作系统虚拟化。进程通常使用伯克利套接字来访问网络设备，而无须担心其他应用程序的干扰。操作系统的图形用户界面，比如 GNOME（GNU Network Object Model Environment，GNU 网络对象模型环境）、KDE（K Desktop Environment，K 桌面环境）或终端模拟器（比如 Linux Terminal）复用屏幕和输入设备，使得用户感觉好像他们在独占整个计算机系统。

坦白地说，我们每天都有可能触及虚拟化技术，享受虚拟化带来的好处。虚拟化所提供的隔离性通常可以防止一个系统的 Bug 或恶意行为破坏其他系统的正常运行。

虽然系统中的操作系统组件为应用程序提供了一定程度的隔离性，但如果操作系统组件包含 Bug，这种隔离性就会被打破。而 Hypervisor 可以为应用程序提供完全的隔离，基于 Hypervisor 构建的系统也会比原生操作系统具备更强的隔离性。Hypervisor 实现强隔离性的关键是虚拟化技术，包含 CPU 虚拟化和外围设备 I/O 虚拟化。

1.1.1 CPU 虚拟化

1. 虚拟化技术概述

对直接运行在硬件上的操作系统（见图 1-1a）而言，CPU 的虚拟化就是对 CPU 资源的分时复用。vCPU 本质上是一小段在 pCPU（Physical CPU，物理 CPU）运行的时间片。当一个进程独占 CPU 运行一段时间被中断后，操作系统会保存当前进程的上下文，然后恢复另一个进程的上下文，一段时间后重复类似操作。上述过程在主流操作系统（比如 Linux）中一般每 10ms 发生一次。

提示：此时的 vCPU 和 pCPU 虽然概念上是类似的，但实现上并不相同。vCPU 包含虚拟用户模式和虚拟特权模式，pCPU 包含原生用户模式和原生特权模式。vCPU 的虚拟特权模式或由 Hypervisor 模拟实现，或由 vCPU 和 Hypervisor 协作实现。

当部署 Hypervisor 时，如图 1-1b 所示，Hypervisor 运行在 pCPU 的特权模式下，原本直接运行在原生硬件上的操作系统改变为运行在 Hypervisor 创建的虚拟机中，并且降级到用户模式运行。此时 Hypervisor 需要解决的问题不仅是 pCPU 的分时复用，还涉及映射到虚拟机中的 vCPU 特权指令的模拟问题。因为虚拟机中的操作系统仍然会执行它所认为的特权指令，这才是 CPU 虚拟化所要解决的关键问题。

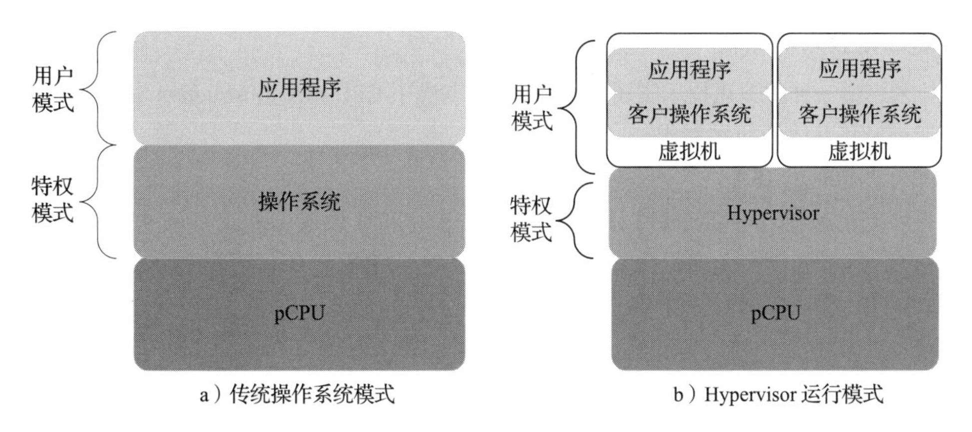

图 1-1 传统操作系统模式和 Hypervisor 运行模式

为了能更清楚地描述 CPU 的虚拟化问题，计算机科学领域的著名学者杰拉尔德 · J. 波普克（Gerald J. Popek）和罗伯特 · P. 戈德堡（Robert P. Goldberg）在 1974 年发表的论文《第三代可虚拟化架构的正式要求》中引入了特权指令和敏感指令的概念，并将 CPU 的指令集分为 3 类：特权指令、控制敏感指令和行为敏感指令。其中，控制敏感指令是指试图修改系统中资源配置状态的指令，包括更新虚拟地址到物理地址的映射、修改与设备通信或使用系统全局配置相关的寄存器指令等；行为敏感指令的行为或结果取决于系统的资源配置状态，例如对虚拟内存进行加载和存储操作的指令就属于行为敏感指令。

这些概念的引入对虚拟化和操作系统的设计非常重要，这 3 类指令的拦截和模拟是虚拟化技术实现的核心。这篇论文为虚拟化技术的发展奠定了基础，并对后续的研究和实践产生了深远影响。

CPU 可虚拟化的充分条件是所有敏感指令（包括控制敏感指令和行为敏感指令）必须是特权指令集合的子集。Hypervisor 利用特权指令实现对敏感指令的拦截和处理，以控制虚拟机对底层硬件的访问，实现对虚拟机的隔离和资源分配。Hypervisor 负责解释敏感指令或修改其行为，或将敏感指令传递给底层物理硬件进行处理。这样的机制允许 Hypervisor 实现虚拟机的隔离、资源调度、内存虚拟化和设备模拟等功能。

2. 虚拟化技术的类型

从客户操作系统的角度来说，CPU 虚拟化行为可以分成两类。

（1）完全模拟原生 pCPU 的行为

完全模拟原生 pCPU 的行为，客户操作系统将完全不需要修改就可以直接在虚拟机中运行，就像运行在原生物理设备上一样。因此客户操作系统感知不到 Hypervisor 的存在。

（2）非完全模拟原生 pCPU 的行为

非完全模拟原生 pCPU 的行为需要客户操作系统和 Hypervisor 相互配合来实现客户操作系统的服务，因此客户操作系统可以感知到 Hypervisor 的存在。

3. 虚拟化技术的原理

具体采用哪一种虚拟化技术实现 Hypervisor，取决于 CPU ISA（Instruction Set Architecture，指令集架构）和具体的应用需求。

（1）可虚拟化的 ISA

如果所有的敏感指令都是特权指令，根据波普克和戈德堡的理论，该 CPU ISA 可通过陷入 – 仿真[1]模型进行完全虚拟化，如图 1-2 所示。支持陷入 – 仿真模型的 ISA 有 ARMv8、RISC-V、MIPS、PowerPC、SPARC 指令集。

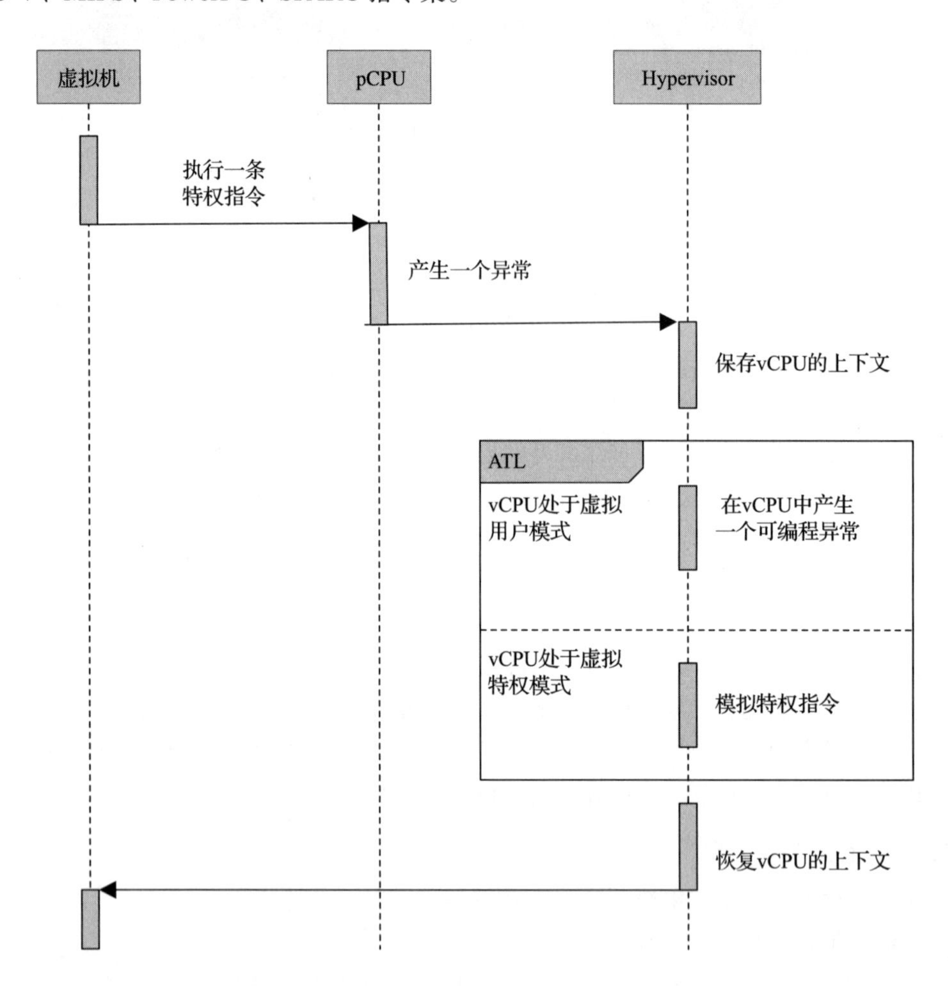

图 1-2　基于陷入 – 仿真模型的完全虚拟化技术

在虚拟化实现中，Hypervisor 运行在特权模式，具有对硬件资源的完全控制权，因而可

[1] 陷入 – 仿真是一种处理虚拟机与 Hypervisor 之间交互的技术，它将敏感指令陷入 Hypervisor 中，然后由 Hypervisor 仿真这些指令的执行。

以在所有虚拟机间共享硬件平台。所有虚拟机运行在用户模式下，而虚拟机中的 vCPU 期望能够访问所有硬件资源，因此 Hypervisor 必须提供一种间接的机制来实现 vCPU 期望的所有功能。在用户模式下执行特权指令会产生一条陷阱异常信息，Hypervisor 会利用这个特征来捕获虚拟机试图执行的特权指令，并精确地模拟该特权指令的原有功能。

如图 1-2 所示，如果异常触发的原因是 vCPU 在虚拟特权模式下执行特权指令，则该条特权指令会被 Hypervisor 模拟；如果异常是由于 vCPU 处于虚拟用户模式下非法执行特权指令而触发（比如除零异常），则该异常会被 Hypervisor 转发给当前虚拟机，并在 vCPU 中触发一个可编程异常。也就是说，如果 pCPU 处于虚拟用户模式，但是 vCPU 处于虚拟特权模式，那么需要给 vCPU 创造一种幻象，即 vCPU 运行在自己期望的特权模式中，并且每一条特权指令在 Hypervisor 中都会有一个对应的模拟程序。当 Hypervisor 需要模拟某条特权指令时，对应的程序将会被调用。总之，无论是 Hypervisor 模拟特权指令还是将异常转发给虚拟机，Hypervisor 最终都会恢复 vCPU 的上下文，以使当前虚拟机继续执行。

（2）不可虚拟化的 ISA

如果某敏感指令不是特权指令，那么该敏感指令在虚拟用户模式下执行时不会触发陷阱，因而无法被运行在虚拟特权模式下的系统软件所捕获，所以不能通过陷入 – 仿真模型进行完全虚拟化。例如，在没有引入硬件虚拟化扩展的 X86 32 位指令集中，某些敏感指令在虚拟用户模式下执行时会被忽略，而不会触发陷阱异常。以 X86 的 POPF 指令为例，该指令用于替换标志寄存器的值，会改变允许 / 禁止中断的标志位。但是在虚拟用户模式下执行这条指令时，这个标志位不会被改变，也不会触发陷阱。因此，X86 32 位 ISA 是不能通过陷入 – 仿真模型进行虚拟化的 ISA。但是我们可以通过特殊的工程技术来实现 pCPU 虚拟化（详情见 1.1.4 小节）。

讨论了 CPU 虚拟化后，下面来研究一下 I/O 虚拟化。

1.1.2　I/O 虚拟化

客户操作系统在启动的时候会检测硬件，以找出当前系统中连接的所有 I/O 设备。这些检测操作都会陷入 Hypervisor 中。那么 Hypervisor 如何处理这些设备的 I/O 请求呢？

通常有两种解决方案。

第一种方案：将设备的管理功能集成到 Hypervisor 中，作为 Hypervisor 的一个子系统，由 Hypervisor 根据这些 I/O 请求操作对应的 I/O 设备，并将结果反馈给虚拟机中的客户操作系统。这一方案的弊端在于使得 Hypervisor 的代码量和复杂度急剧增加，从而很难保证 Hypervisor 的安全性和高效率，故通常只将很少的驱动集成到 Hypervisor 中，比如控制台、串口驱动。

第二种方案：将所有 I/O 设备分配给一个虚拟机，其他虚拟机的 I/O 请求全部发送给这个虚拟机处理。这种方案具有极大的灵活性，可以利用现有客户操作系统中的驱动程序。

如果设备本身就是一个独占设备，那么它至多被分配给一个虚拟机。但是如果设备需要在不同的虚拟机间共享，则需要额外的管理方法。在操作系统的设备驱动中，只要对该设备用互斥锁则可保证 I/O 操作的原子性。但是在 Hypervisor 的设计中使用互斥锁会破坏不同虚拟机间的隔离性。

因此 I/O 设备虚拟化最合适的方法就是创建相互隔离的安全虚拟机（见图 1-3），让虚拟机独占该设备，并为每一个申请访问它的应用虚拟机提供服务。每个应用虚拟机通过这种模型向 I/O 虚拟机和人机交互虚拟机发送请求来访问真实的设备。而在虚拟设备的底层，Hypervisor 需要提供必要的机制（共享内存通道）来传递这种请求，以保证虚拟机间的隔离性。

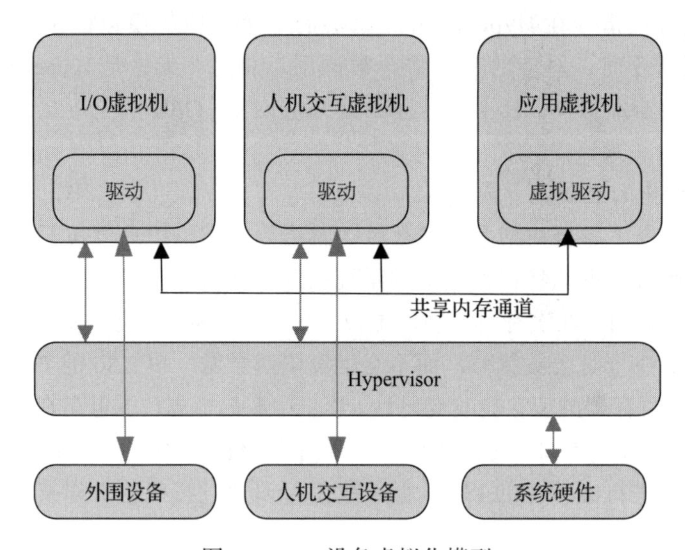

图 1-3　I/O 设备虚拟化模型

1.1.3　为什么需要虚拟化技术

虚拟化技术主要有以下几点优势。

1）Hypervisor 可以在同一物理设备上并行运行多种操作系统。例如，可在基于 Hypervisor 构建的虚拟平台上同时运行提供实时任务的 RTOS（如 VxWorks、μC/OS-Ⅱ等）和提供非实时任务的 GPOS（如 Linux 或 Windows），既解决了 GPOS 实时性方面的不足，又解决了 RTOS 应用不够丰富的劣势，如图 1-4 所示。

2）通过虚拟化技术可以把不同子系统封装到不同的虚拟机中。比如，驱动程序、网络协议栈或者文件系统等内核组件可以直接运行在某个虚拟机上，其他子系统可以共享这些组件，这大大提高了系统的安全性和代码的复用率。即使其中一个子系统崩溃或者被攻击，也不会影响其他子系统。

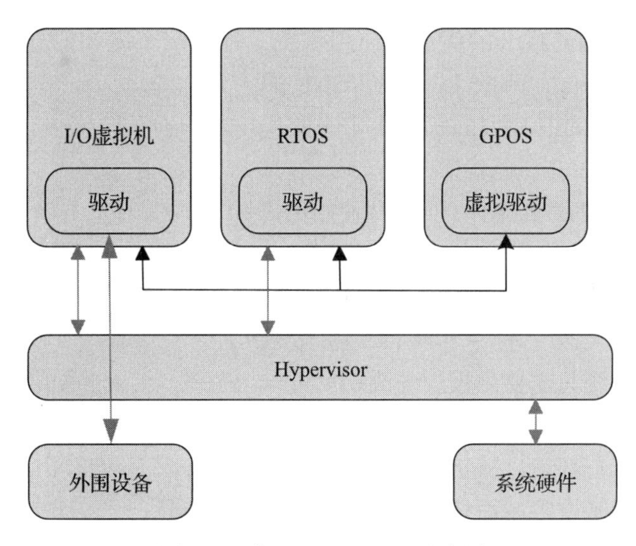

图 1-4　典型 Hypervisor 示意图

对于现代嵌入式操作系统来说，代码量越来越庞大，存在的安全隐患也越来越多。比如，缓冲区溢出攻击就是一种常见的网络攻击手段，原理是利用用户程序对缓冲区的超界访问，访问系统关键数据和程序，进而窃取系统的控制权。在没有使用 Hypervisor 架构的系统（见图 1-5a）中，缓冲区溢出攻击一旦成功，整个操作系统将暴露在入侵者面前，入侵者将能完全控制整个系统资源，访问所有的关键模块。而在使用了 Hypervisor 架构的系统（见图 1-5b）中，即使用户端的交互应用被入侵，导致其所在的操作系统被劫持，也不会致使运行在 Hypervisor 上的其他客户操作系统被控制，即把系统被入侵的损害降到了最低。

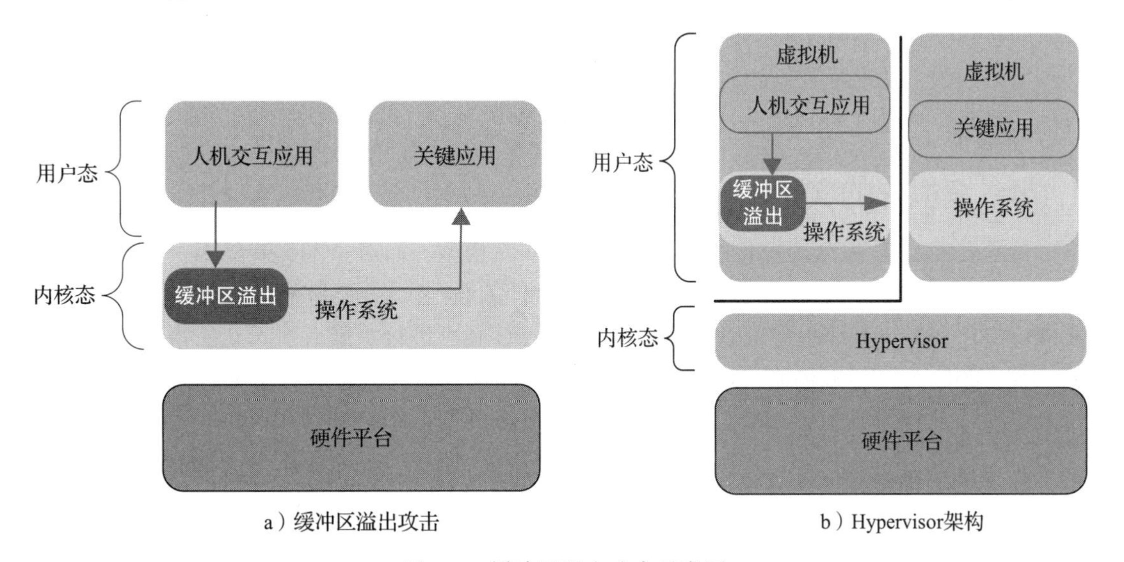

图 1-5　缓冲区溢出攻击示意图

3）Linux 作为主流 GPOS 的优点是使用免费，且有一个庞大的开源社区支持。Linux 遵照 GPL（GNU General Public License，GNU 通用公共许可协议），要求任何由 Linux 衍生出来的代码都要遵照同样的许可发布，也就意味着开源。这对商业开发者来讲是一个两难的选择，既希望使用免费的系统，又需要保护商业机密。通过 Hypervisor 可以实现许可的隔离，如图 1-6 所示。

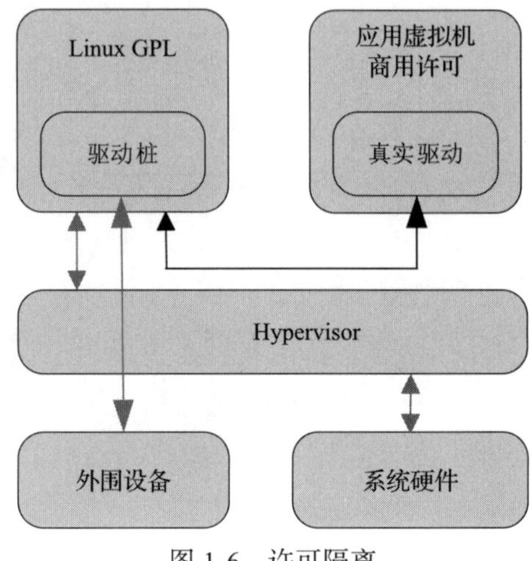

图 1-6 许可隔离

4）虚拟化技术实现了软件和硬件的松散耦合，使得客户操作系统只需要做极少的改动就可以移植到一个新的平台。虚拟化技术还可以为客户操作系统提供稳定的运行环境，特别是维护周期长的系统，可以不受硬件平台限制而得到较长时间的维护。采用 Hypervisor 方案，看起来像是把所有的鸡蛋放在同一个篮子里。如果运行所有虚拟机的 Hypervisor 崩溃了，其结果可能比单独一台专用服务器的崩溃要严重得多。然而大多数服务器停机的根源不在于硬件故障，而主要在于臃肿、不可靠、有漏洞的软件，特别是操作系统。使用 Hypervisor 方案，可以让运行在特权模式下的软件仅有 Hypervisor，其代码量比一个完整操作系统的代码量低两个数量级，也就意味着漏洞的数量也低两个数量级，风险系数大大降低。

除了松散耦合带来的强大隔离性，采用 Hypervisor 方案还有其他的好处。其一是减少物理机器的数量，占用空间更少，节省了硬件与电源的开支。其二是可以设置备份点，虚拟机的迁移仅需移动内存映像和主要保存在操作系统中的进程关键状态信息（包括与打开文件、警报、信号处理函数等相关的信息），这使得虚拟机的迁移比在普通操作系统中进行进程的迁移要容易得多。

1.1.4 虚拟化的实现

最早实现 CPU 完全虚拟化的技术是陷入 – 仿真模型。而对于不支持陷入 – 仿真模型的 CPU ISA（比如 X86 32 位指令集）来说，一方面可以通过二进制翻译技术和半虚拟化技术实现虚拟化；另一方面也可以对不能虚拟化的 CPU ISA 进行扩展，引入新的指令和运行模式，来支持陷入 – 仿真模型，这种方式一般称为硬件虚拟化技术。接下来分别介绍这 3 种技术。

1. 二进制翻译技术

二进制翻译（Binary Translation，BT）技术（见图 1-7）由 VMware 公司于 1998 年首次应用在面向 PC（Persoual Computer，个人计算机）的 Hypervisor 产品 VMware Workstation 当

中。VMware Workstation 首先扫描操作系统内核二进制文件的代码段，以确定基本块。所谓基本块，是指程序顺序执行的语句序列。根据定义，除了最后一条指令，基本块内不会含有其他改变程序计数器（Program Counter，PC）的指令。然后 VMware Workstation 会检查基本块中是否含有敏感指令。如果有敏感指令，则每条敏感指令都会被替换成 VMware Workstation 的过程调用。与此同时，基本块的最后一条指令也会被 VMware Workstation 的过程调用替代。基本块执行结束后，CPU 控制权会再次返回 VMware Workstation，并扫描下一个基本块的位置。一般一个基本块需要依次进行翻译、缓存、执行等操作。如果基本块已经被翻译完毕并缓存，就可以被立刻执行。待所有基本块都被翻译完成后，系统内大多数程序都将被缓存并且被接近全速执行。如果没有敏感指令，那么基本块和用户应用程序可以直接在硬件上运行。

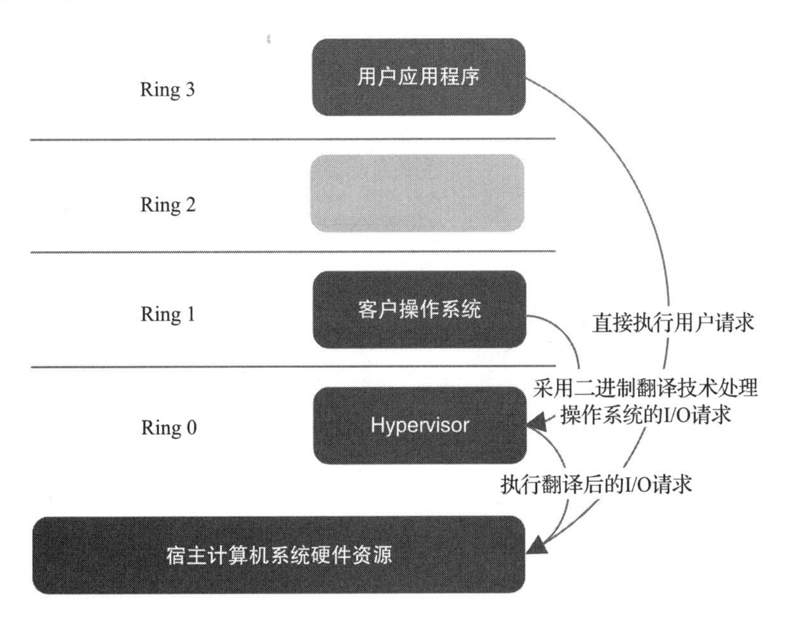

图 1-7　采用二进制翻译技术虚拟化 X86 平台

如果使用 X86 32 位处理器（该处理器不支持虚拟化），并且客户操作系统无法获取源码（如 Windows 系统），那么二进制翻译技术将是唯一的全虚拟化解决方案。为弥补 X86 处理器的虚拟化缺陷，在市场需求的驱动下，Intel 和 AMD 分别推出了基于 X86 架构的硬件辅助虚拟化技术 Intel VT-x 和 AMD-V（AMD Virtualization，AMD 虚拟化）。自此之后，二进制翻译成为一项过渡技术。随着基于 X86 架构的硬件虚拟化技术的广泛应用，二进制翻译逐渐退出了历史舞台。VMware 公司在 2017 年发布的 VMware vSphere 6.5 是基于二进制翻译技术的最后一个 Hypervisor 版本。

2. 硬件虚拟化技术

Intel VT-x 和 AMD-V 的核心思想都是通过引入新的指令和运行模式，使 Hypervisor 和客户操作系统分别运行在不同模式（root 模式和非 root 模式）下，且客户操作系统运行在 Ring 0 下。通常情况下，客户操作系统的核心指令可以直接下达给计算机系统硬件执行，而不需要经过 Hypervisor 处理。当客户操作系统执行到敏感指令时会触发陷阱，自动陷入 root 模式，让 Hypervisor 截获并处理这条特权指令。这种对现有指令集进行扩展的虚拟化技术称为 HVM（硬件虚拟化技术），如图 1-8 所示。

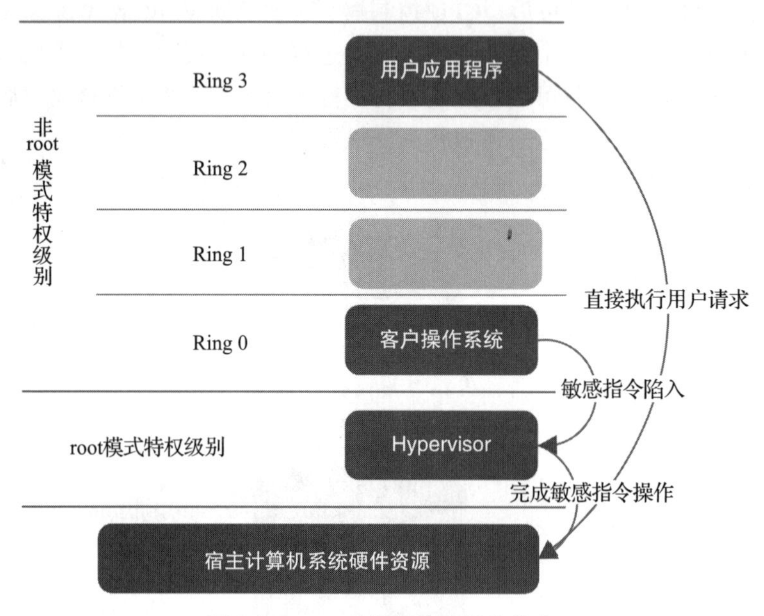

图 1-8　X86 上的硬件虚拟化技术

采用硬件虚拟化技术的 Hypervisor，客户操作系统不需要经过修改。但是这类 Hypervisor 在性能上会有所降低，因为使用虚拟化技术的硬件采用陷入 – 仿真的方式，引入了太多的陷入操作。而在现代 CPU 硬件平台上，陷入的代价是昂贵的，会清空处理器的缓存、TBL 和分支预测表。

3. 半虚拟化技术

对客户操作系统来说，半虚拟化技术（Para-Virtualization，PV）类似应用程序通过操作系统的系统调用获取操作系统的内核服务。当采用这种方法时，Hypervisor 必须定义由过程调用集合组成的 API 供客户操作系统使用，这类 API 集合一般称为 Hypercall API。

Hypervisor 精确仿真复杂指令的语义是一件耗时的工作，而客户操作系统直接调用 Hypercall API 去完成 I/O 任务，比精确仿真每条敏感指令更有优势。半虚拟化技术用于 X86 平台的虚拟化方案如图 1-9 所示。

二进制翻译技术和硬件虚拟化技术本质上都是模拟完整的计算机敏感指令集，主要原因是操作系统的源码不可获取（比如 Windows）或者源码种类多样（比如 Linux）。当然理想的情况是 Hypercall API 可以标准化，而后续的操作系统都调用该 Hypercall API 接口，而不是执行敏感指令，这样的做法将会使得虚拟化技术更容易被支持和使用。另外，我们可以在支持虚拟化技术的硬件平台上同时采用完全虚拟化技术和半虚拟技术来实现 Hypervisor，这样可以充分发挥两种虚拟化技术的优势，如图 1-10 所示。

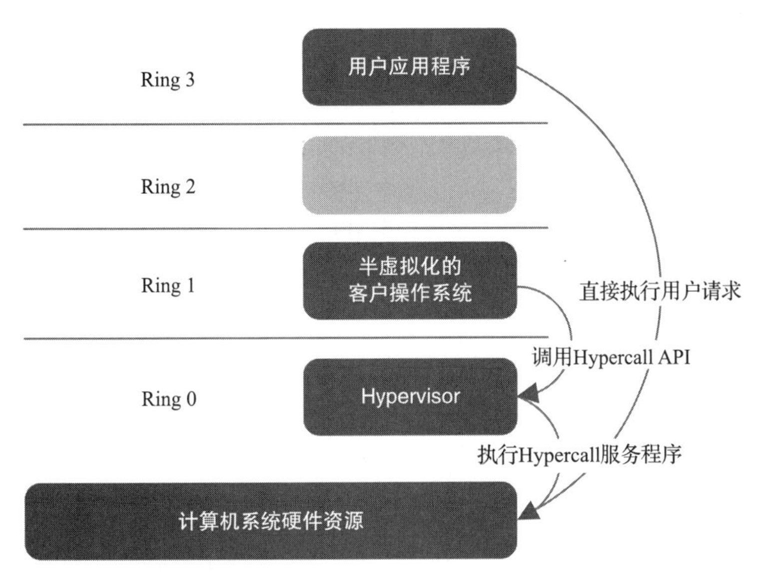

图 1-9　半虚拟化技术用于 X86 平台的虚拟化方案

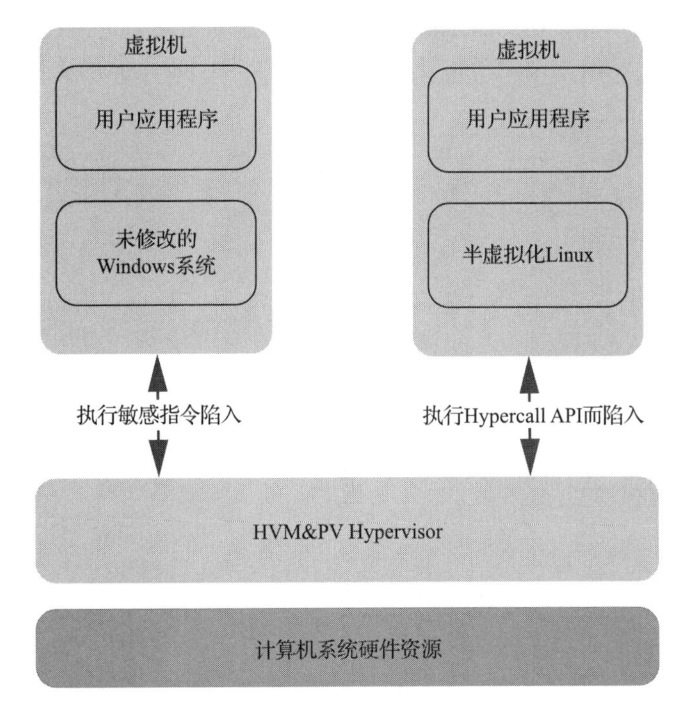

图 1-10　支持完全虚拟化和半虚拟化的 Hypervisor

在图 1-10 中，在支持虚拟化技术的硬件平台上，左侧是一个没有经过修改的 Windows 系统，执行敏感指令时硬件陷入 Hypervisor，Hypervisor 通过仿真来执行这条敏感指令的精确语义并返回。右边是一个经过半虚拟化修改的 Linux 内核版本，其中不含有敏感指令。当需要进行 I/O 操作或者修改重要内部寄存器（比如指向页表的寄存器）时，Linux 内核会调用 Hypervisor 中的程序来完成操作。就像在标准 Linux 系统中，应用程序通过 int 指令实现系统调用获取 Linux 内核服务一样。

Hypervisor 可以同时实现 HVM 和 PV。当 Windows 在支持 HVM 的 Hypervisor 上运行时，Hypervisor 将解释陷入的敏感指令；当客户 Linux 系统在支持 HVM 的 Hypervisor 上运行时，半虚拟化后的 Linux 会直接执行 Hypercall API，而不需要对敏感指令进行仿真。这时的 Hypervisor 在某种程度上相当于一个微内核架构的操作系统（只执行最基本的服务，比如内存管理、中断管理等），代码短小精练，以特权模式运行在硬件上，大幅提升了系统的可靠性。

提示：这里介绍的 Hypervisor 通常是Ⅰ型 Hypervisor，Ⅱ型 Hypervisor 会在 1.2 节详细讨论。

对客户操作系统进行半虚拟化也存在一些问题。第一，如果所有的敏感指令都被 Hypervisor 中的程序所替代，硬件不可能理解 Hypervisor 的内部程序，那么虚拟化的操作系统将无法再次在原生物理机器上运行；第二，市场上的 Hypervisor（比如 VMware Workstation、Xen、KVM（Kernel-based Virtual Machine，基于内核的虚拟机）等）Hypercall API 的标准不同，导致修改后的内核无法在所有的 Hypervisor 上运行。对此，目前一个可取的解决方案是使用 VMI（Virtual Machine Interface，虚拟机接口）来处理内核对敏感操作的执行和对 Hypercall API 的调用。VMI 主要用于底层与硬件、底层与 Hypervisor 的交互，如图 1-11 所示。

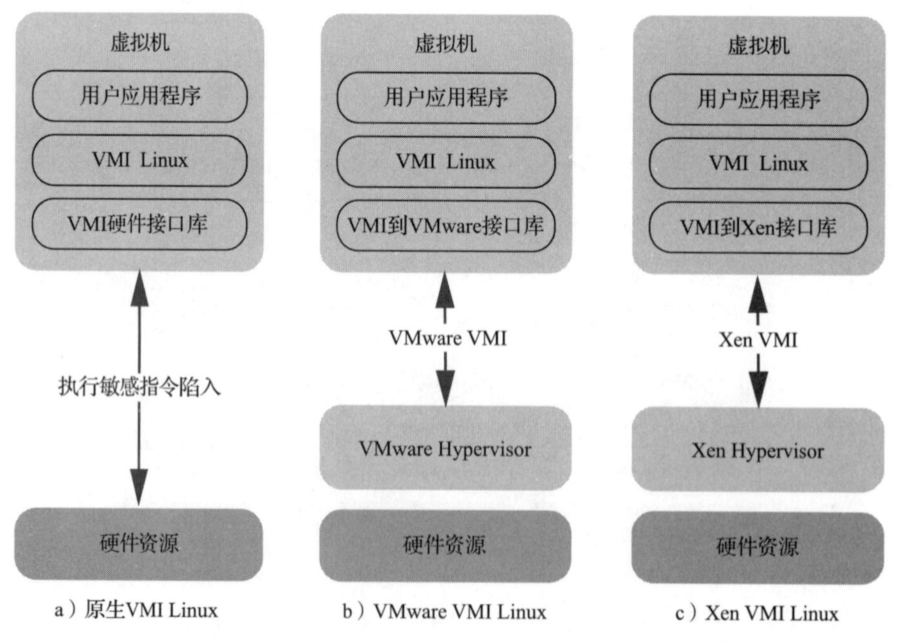

图 1-11　VMI Linux 运行在裸机、VMware Hypervisor、Xen Hypervisor 上

图 1-11 所示是一个半虚拟化的 Linux 版本，称为 VMI Linux。VMI Linux 直接运行在原生硬件上时，会链接到通过发射敏感指令来完成工作的函数库，如图 1-11a 所示；当运行在 Hypervisor（VMware Workstation 或者 Xen）上，则会链接到另外一个函数库，该函数库提供对下层 Hypervisor 的超级调用程序的封装，如图 1-11b 和图 1-11c 所示。通过在不同场景下链接不同函数库这一方式，操作系统内核保持了可移植性和高效性，可以适配不同的 Hypervisor。

1.2　面向桌面和企业云的 Hypervisor 类型和产品

1. 类型

从虚拟机使用资源的角度来看，Hypervisor 可以划分为两大类。一类是 I 型（裸机型），直接运行在硬件设备上称之为裸机虚拟器或者本地虚拟机，如图 1-12a 所示；另一类是 II 型 Hypervisor，运行在一个操作系统上，该操作系统运行在物理硬件上，称之为主机托管型或主机虚拟化环境，如图 1-12b 所示。

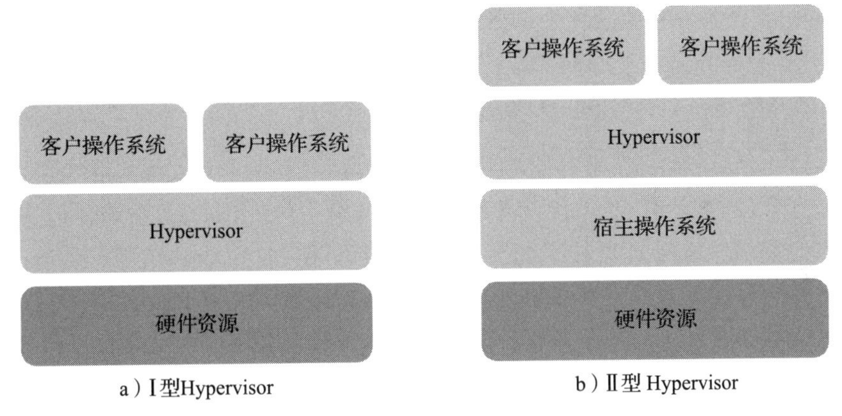

图 1-12　两种类型的虚拟机

II 型 Hypervisor 需要借助宿主操作系统来管理 CPU、内存、网络等资源，Hypervisor 及虚拟机的所有操作都要经过宿主操作系统，不可避免地存在延迟、性能损耗，同时宿主操作系统的安全缺陷及稳定性问题也会影响运行在其上的虚拟机。所以 II 型 Hypervisor 主要用在对性能和安全要求不高的场合，比如 PC 系统。

I 型 Hypervisor 不依赖宿主操作系统，其自身具备操作系统的基础功能。设计上更简洁，直接运行于硬件之上，整体代码量和架构更为精简，对内存和存储资源要求更少，可满足航空航天、轨道交通、自动驾驶车控系统等领域的强安全等级需求，也具备进行形式化验证的条件。所以航空航天、轨道交通、自动驾驶车控系统等领域更倾向使用 I 型 Hypervisor。

2. 产品

Ⅰ型 Hypervisor 的产品有 Xen、VMware ESXi、Microsoft Hyper-V 等。Xen 是一款开源的 Hypervisor，目前由 Linux 基金会托管。Xen 采用 GPLv2 许可，拥有一个健康多元化的社区来支持它。VMware ESXi 是 VMware 公司开发的虚拟化产品，是其虚拟化平台 vSphere 的核心组件。Microsoft Hyper-V 则是微软公司开发的虚拟化产品。

Ⅱ型 Hypervisor 的产品有 Microsoft Virtual PC、Oracle VirtualBox、VMware Workstation 等。VirtualBox 也是一款开源 Hypervisor，由 Sun Microsystems 公司发行。后来 Sun Microsystems 被 Oracle 公司收购，VirtualBox 正式更名为 Oracle VirtualBox。用户可以在 VirtualBox 上安装 Windows、Linux、FreeBSD 等系统作为客户操作系统。VMware Workstation 是 VMware 公司开发的一款功能强大的、面向 PC 端的 Hypervisor 产品，让用户可在单一桌面上同时运行不同的操作系统，是开发、测试、部署新应用程序的优秀解决方案。

一般来说，Ⅰ型 Hypervisor 性能开销低，在生产中更常见，通常应用在企业云等领域。而Ⅱ型 Hypervisor 成本低，易于安装，是 PC 的理想选择。

提示：比较有趣的是，KVM 是基于 Linux 内核的 Hypervisor。一方面，它被归类为Ⅰ型 Hypervisor，可以将 Linux 内核扩展成为“裸机”管理程序；另一方面，它使用全功能操作系统，每个虚拟机都被实现为一个常规的 Linux 进程，由 Linux 调度程序调度，并分配专用的虚拟硬件，例如图形适配器、CPU、网卡、内存和磁盘，因而整个系统又可以被归类为Ⅱ型 Hypervisor。

虚拟化技术自 20 世纪 60 年代就开始用于大型机（Mainframe）系统，但直到 20 世纪 90 年代中期，随着桌面处理器技术的提升，才开启了在 PC 市场的应用。随着嵌入式系统中单核处理器计算性能的提升和多核处理器的出现，嵌入式市场也开始利用虚拟化这一非常有前景的技术。嵌入式 Hypervisor 越来越多地被应用到任务关键型和以安全为中心的工业场景中。

1.3 嵌入式 Hypervisor

顾名思义，嵌入式 Hypervisor 是应用在嵌入式硬件资源上的Ⅰ型 Hypervisor。嵌入式 Hypervisor 虽然与企业云、数据中心的虚拟化产品同为Ⅰ型 Hypervisor，但有着自己的特征，不仅要求软件高度定制以及硬件资源受限，而且相比传统Ⅰ型 Hypervisor 更侧重安全性和实时性。

1.3.1 嵌入式 Hypervisor 概述

随着互联网和无线通信等技术的发展，越来越多的嵌入式设备已经接入互联网，可以同传统的 PC 一样跨越空间和时间的限制去获取更多的信息，但也带来了类似 PC 的信息安全问题。随着应用的复杂化，嵌入式设备大量使用定制化操作系统，因此与 GPOS 一样会存在安全漏洞和设计缺陷，导致软件可靠性和防危性下降，研发周期加长，风险增加，所以保障嵌入系统的可靠性变得愈加重要。

1. 传统嵌入式系统面临的挑战

目前传统嵌入式系统面临的安全问题主要包含以下 3 个方面。

1）嵌入式系统软件和应用程序本身的漏洞。操作系统设计与实现中的错误会留下被入侵的安全隐患，比如内存保护机制缺失、缓存溢出漏洞等。

2）病毒、特洛伊木马程序等网络攻击。

3）人为操作导致的破坏。有些嵌入式系统的配置和操作比较复杂，很可能出现人为操作错误，留下安全隐患。

相比普通的嵌入式系统（iOS 或者 Android）而言，任务关键型和以安全为中心的嵌入式系统对安全性的要求十分苛刻。如果普通的嵌入式系统遇到某个程序运行失效，只会造成系统资源的消耗和较差的用户体验。而在侧重安全和可靠性的操作系统中，如果部分应用程序运行出错就放弃执行，那么必将导致灾难性的后果。比如，飞行控制系统一旦放弃执行应用程序就会面临坠机风险。因此，如何保证嵌入式系统的防危能力，避免由于系统缺陷或操作人员的误操作导致灾难性事故的发生，是当前嵌入式领域十分重要的研究课题。

构造高可靠性的嵌入式系统，首先要从软件架构的设计上着手，着重解决容错性、实时性等问题。嵌入式 Hypervisor 正是满足这方面需求的不二之选。

2. 嵌入式 Hypervisor 的特点

嵌入式 Hypervisor 具有以下特点。

1）**高效性**。Hypervisor 一般都力求提高效率，但嵌入式 Hypervisor 受到内存、外围设备、功耗等方面的限制，必须能够非常精简且高效地使用硬件资源。

2）**代码量小**。应用程序的代码量越少，就越容易查找错误。一些嵌入式 Hypervisor 的供应商就是通过数学方法验证 Hypervisor 有没有错误。Hypervisor 是系统中唯一以特权模式运行的软件，Hypervisor 包含的错误越少，平台就越安全可靠。

3）**多核系统支持**。目前，新的嵌入式处理器普遍利用多核架构来提高性能，嵌入式 Hypervisor 可以管理底层架构，为遗留应用程序提供单处理器环境，同时有效支持多核处理器进行系统设计。

4）**实时性**。具有实时性要求的虚拟机内部应用程序必须以可预测的方式执行。虚拟机应用的实时性受到底层软件（即 Hypervisor 和客户操作系统）和硬件的影响。从 Hypervisor 的角度来说，可预测性涉及 Hypervisor 所提供的服务以及虚拟机中的客户操作系统。嵌入式 Hypervisor 提供给虚拟机的服务必须具有可预测性，以满足虚拟机的确定性要求。比如对无人机系统来说，Hypervisor 可以保证飞控系统和第三方应用程序（图传系统）共享硬件平台并相互隔离，并保障运行飞控系统的虚拟机满足实时性要求。

提示：这里的“实时”表示控制系统能够及时处理系统中发生的、要求控制的外部事件。从事件发生到系统产生响应的反应时间称为延迟。对实时系统来说，一个最重要的条件就是延迟有确定的上界（这样的系统属于确定性系统）。因此本书中实时性和确定性为同义词，指的是对外部事件的响应时间具有一个确定的上界。

---

3. 嵌入式 Hypervisor 的应用领域

嵌入式 Hypervisor 在以下 4 个领域有着成熟的应用。

1）在航空领域，ARINC653 标准已经是 IMA（Integrated Modular Avionics，综合模块化航空电子设备）架构的标准应用接口，符合 ARINC653 标准的Ⅰ型 Hypervisor 是航空电子系统领域的基础软件。

2）在车载领域，汽车通过在若干个互相隔离的虚拟机上分别运行车载娱乐操作系统、AUTOSAR（汽车开放系统架构）操作系统和 RTOS，使得软件系统可以在异常检测、故障隔离方面开展更多工作，并确保一旦出现问题，故障也能够在早期被识别和处理，避免故障向其他领域蔓延。

3）在工业领域，目前，工业领域中的设备和传感器越来越多地与互联网连接，Hypervisor 可以用于管理和隔离这些设备之间的不同应用程序，以确保安全性和可靠性。

4）在医疗领域，安全性和隔离性至关重要。Hypervisor 可以简化功能组件的更新过程，通过在虚拟机级别进行更新，减少对整个设备的干扰；Hypervisor 支持冗余配置和备份虚拟机，确保即使在硬件或软件发生故障的情况下，设备仍然可用。

1.3.2　嵌入式 Hypervisor 的设计理念

嵌入式 Hypervisor 的设计必须从根本着手，同时解决容错性、实时性问题，才能为构造高可靠的嵌入式系统提供全面的保障。

1. 实现隔离的方法

如图 1-13 所示，Hypervisor 通过时空域隔离的虚拟机和中间层的引入实现了对虚拟机的隔离，降低了虚拟机之间的耦合性，从而提供了安全、可靠和高效的虚拟化环境。

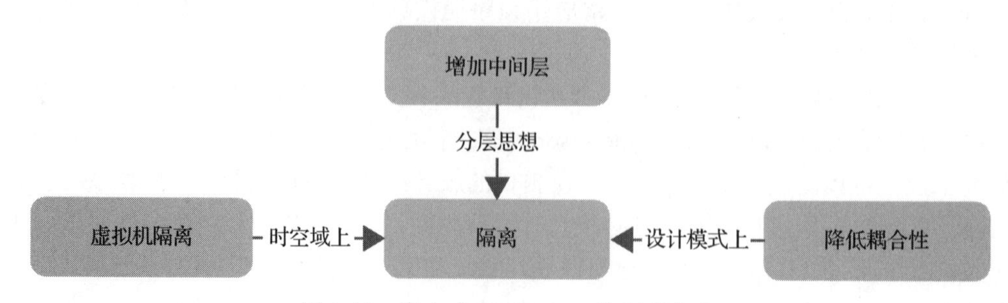

图 1-13　嵌入式 Hypervisor 的实现方式

（1）虚拟机隔离

分区[㊀]隔离是从广度上来考虑嵌入式系统的可靠性设计。因为嵌入式系统运行的基本单元是任务，而一个任务所占用的主要资源是内存空间和 CPU 时间。因此可以从这两个方面对虚拟机进行隔离设计，将不同的任务放在时间和空间上隔离的虚拟机中运行，使其互不影响。因为每个任务在各自不同的虚拟机中运行，所以对其他任务没有干扰，增强了系统的可靠性。

（2）增加中间层

英国著名计算机科学家大卫·惠勒（David Wheeler）曾说过一句名言："All problems in computer science can be solved by another level of indirection." 意思是说计算机科学领域内的一切问题都可以通过增加一个中间层来解决。嵌入式系统通过增加一个中间层可提高其可靠性。在嵌入式系统中，通过引入 Hypervisor 层实现了对硬件资源的抽象和分离，从而降低了虚拟机之间的耦合性。每个虚拟机都被视为独立的实体，可以自主运行和管理自己的操作系统及应用程序，而不受其他虚拟机的影响。这种隔离性使得虚拟化环境更加安全和可靠，同时提供了更高的资源利用率和更灵活的系统配置。

（3）降低耦合性

低耦合性是一种重要的设计模式：一方面降低了因一个模块的变化而影响其他模块的可能性；另一方面使得模块更内聚，结构更简单，可裁剪性更强，代码更具可读性。在嵌入式系统软件的设计中采用低耦合的思想有助于提高系统的可靠性。以 VxWorks RTOS 为例，其 Wind 内核包含任务管理、同步通信、内存管理等功能，这些功能往往和设备驱动内聚在一起，任何一个模块的错误都将导致系统崩溃。究其原因，RTOS 内核功能模块间的耦合度太高，导致其可靠性降低。因此可采用低耦合的思想拆分各个功能模块，重新组织 RTOS 的结构，使其各个模块独立开来，以增强系统的可靠性。

总之，嵌入式 Hypervisor 设计的核心思想在于"隔离"。无论是采用时空域隔离的虚拟机策略、执行隔离的中间层，还是低耦合的功能模块，无不体现着隔离的思想。

2. 基于嵌入式 Hypervisor 的 MOSA 架构

从设计理念来讲，RTOS 可以分为 3 类：①基于线程的实时系统（Thread-based RTOS），比如 μC/OS-Ⅱ、FreeRTOS、VxWorks 等传统的实时系统，系统中的线程共享全局平板内存（Flat Memory）；②基于进程的实时系统（Process-based RTOS）。比如 VxWorks-rtp、realtime-linux 系统，进程在一定程度上实现了内存隔离；③基于 Hypervisor 的模块化开放系统方法（Modular Open System Approach，MOSA）。比如 Wind River 公司的 Hypervisor 系列和 VxWorks 653 系统、Lynx 公司的 LynxSecure 系统、Thales（泰莱斯）公司的 PikeOS、Green Hills 软件公司的 INTEGRITY RTOS。航空领域通过 DO-178B/C 适航认证的嵌入式

㊀ 分区是一个独立的应用环境，由数据、上下文关系、配置属性和其他项组成。

RTOS（比如 INTEGRITY-178B/C、VxWorks 653、LynxOS-178）无一不是基于嵌入式 Hypervisor 的系统架构。

嵌入式 Hypervisor 的基本设计理念是分区隔离、到期回收、责任分配以及通信审核。

1）分区隔离即分而治之，各分区之间和平共处，不得冲突。原则上，需要共享数据的应用尽量集中在同一虚拟机内。

2）到期回收即到期回收资源使用权，交由其他分区，不得陷入超时等待。

3）责任分配即责任分配到分区内，故障自理，以简化 Hypervisor 的整体架构，越简单越健壮。

4）通信审核是指虚拟机之间的数据交互必须经过 Hypervisor 授权。通信内容应该尽可能高效，避免授权过程带来的额外开销。

本着以上 4 项设计理念，基于嵌入式 Hypervisor 的 MOSA 架构如图 1-14 所示。

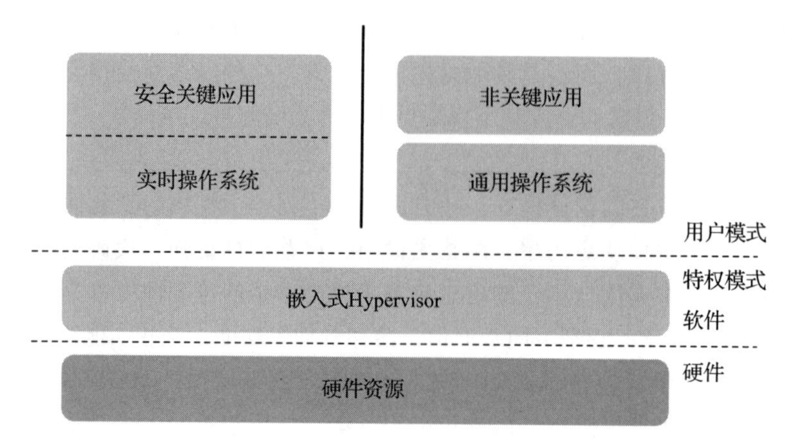

图 1-14　嵌入式 Hypervisor 的 MOSA 架构

3. 嵌入式 Hypervisor 的实现

嵌入式 Hypervisor 的实现侧重于以下两个方面。

（1）资源分区

通过虚拟机实现操作系统构成模块的分隔是一种有效的资源分区方式。在这种模式下，驱动、文件系统等与虚拟机无关的模块可以通过内存映射、寄存器地址映射等方式将硬件资源划分给各个分区，从而实现虚拟机对这些资源的独占操作。这种资源分区方式有助于分化责任，降低 Hypervisor 的负担，提高 MOSA 平台的安全性与稳定性。正如法国著名飞行家和作家安东尼·德·圣–埃克苏佩里（Antoine de Saint-Exupéry）所说："A designer knows he has achieved perfection, not when there is nothing more to add, but when there is nothing left to take away." 中文意思是说："设计师知道自己的设计已经达到完美，不是因为再也没有东西可添加，而是再也没有东西可以拿掉了。"这句名言强调了简化和精简系统的重要性，通过去除不必要的元素和功能，可以实现更高效、更稳定的系统。

（2）分区间互访

分区间互访在原则上违背了隔离的理念，因此并非所有 RTOS 供应商都推崇。但许多军用设备有 MILS（Multiple Independent Levels of Security，多独立安全级别）的需求，要求单个物理设备平台支持多个独立的应用（每个应用具备独立的安全级别，互访需遵循权限高低规则），便于精简硬件，降低现场携带负担。而 MILS 的 SKPP（Security Kernel Protection Profile，安全内核保护概要）要求支持基于权限的分区间信息交互，且必须受 Hypervisor 管制。但是如果若干应用之间的数据流是紧密耦合的，在设计时仍然不推荐把这些应用分离在多个分区中互访。

秉持极小化（Less is More）设计以及策略（mechanism）和机制（policy）相分离的原则，Hypervisor 仅提供可靠性的机制，而将可靠性的策略交给虚拟机中的应用程序完成。策略和机制相分离的指导思想可以使 Hypervisor 变得精简而稳定。

1.4 主流的嵌入式 Hypervisor 产品

本节将介绍一些知名厂商的嵌入式 Hypervisor 产品。

1.4.1 国外 RTOS 厂商的 Hypervisor 产品

嵌入式 Hypervisor 在国外起步较早，在任务关键型和安全关键型嵌入式场景中已经得到了广泛的应用。其中 Wind River 公司的 VxWorks 653、Lynx 公司的 LynxOS-178B 和 LynxSecure、Thales 公司的 PikeOS、DDC-I 公司的 DeOS 以及 Green Hills 软件公司的 INTEGRITY Multivisor 等都是这方面的典型代表。

VxWorks 653 是应用在航空领域的、遵循 ARINC653 设计规范的 Hypervisor。分区是 ARINC653 中的一个核心概念。采用 ARINC653 标准的操作系统架构分为两级，底层是 CoreOS（即 Hypervisor），负责分区间的管理和调度；CoreOS 的上层是 POS（Partition OS，分区 OS），即分区操作系统，也就是客户操作系统。POS 的上层才负责应用程序的执行。

VxWorks 653 是典型的 ARINC653 软件架构，如图 1-15 所示。

Lynx 公司的 LynxOS-178B 也是面向航空领域的、遵循 ARINC653 设计规范的 Hypervisor，其架构如图 1-16 所示。

PikeOS 架构如图 1-17 所示。PikeOS 主要应用于航空电子、航天、铁路、汽车、医疗和工业自动化领域。

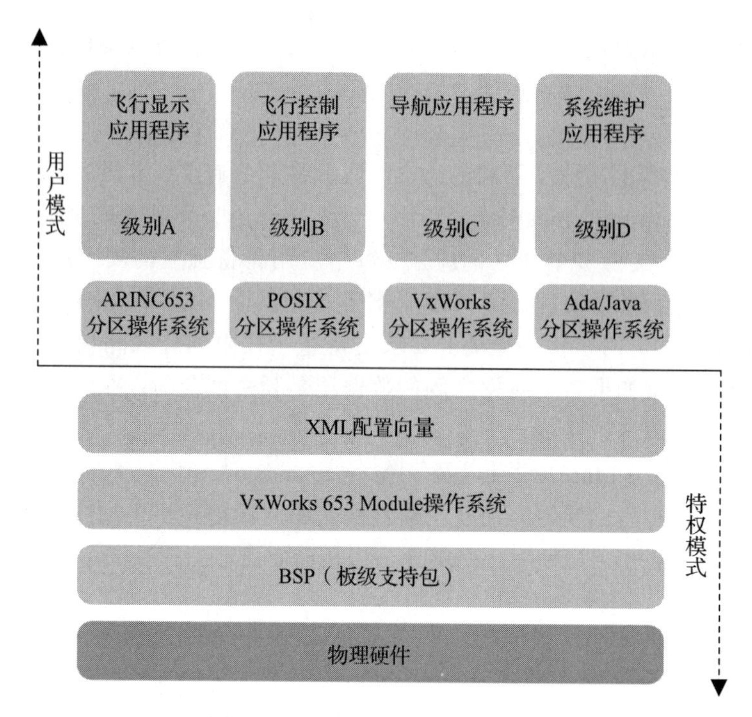

图 1-15　VxWorks 653 系统架构

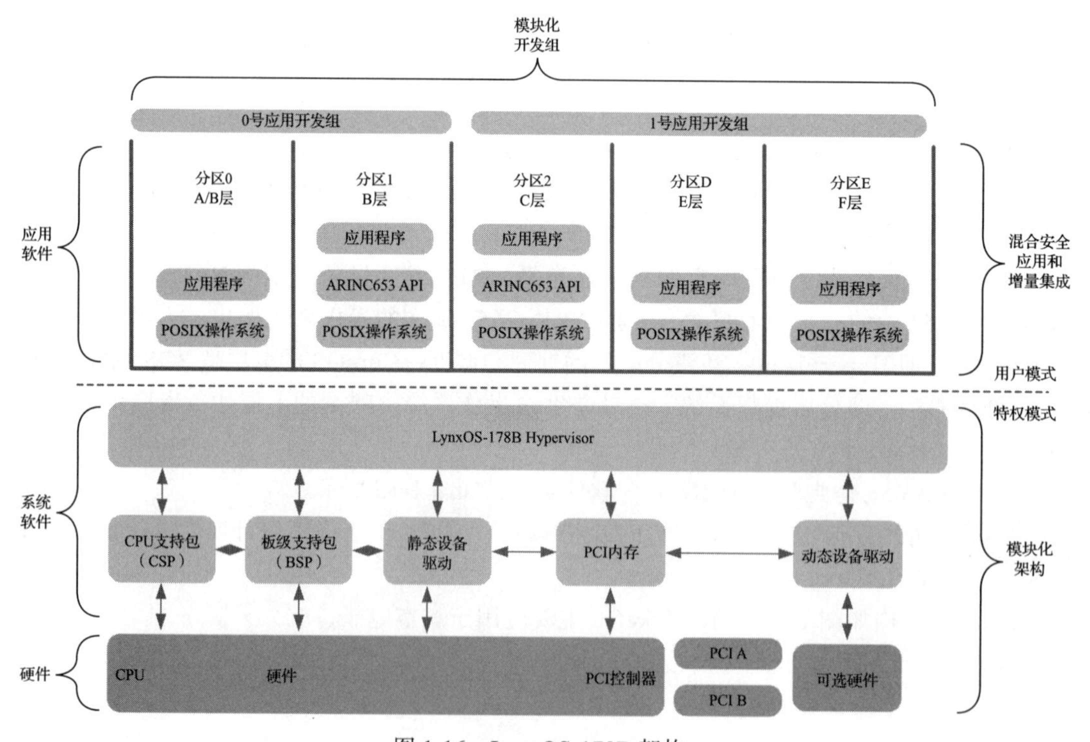

图 1-16　LynxOS-178B 架构

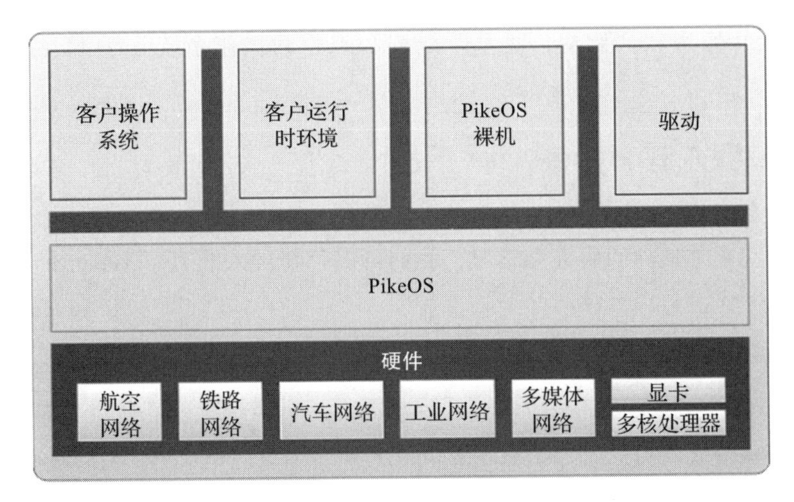

图 1-17　PikeOS 架构

DeOS 是美国 DDC-I 公司面向航空领域的、遵循 ARINC653 设计规范的 Hypervisor。INTEGRITY Multivisor 是美国 Green Hills 软件公司的 I 型 Hypervisor 产品，主要应用在汽车、工业、航空电子和移动设备平台，其架构如图 1-18 所示。

图 1-18　INTEGRITY Multivisor 架构

INTEGRITY Multivisor 是面向安全和安全认证的 INTEGRITY RTOS 隔离内核的可选虚拟化服务。它使 GPOS（如 Linux 或 Android），能够在同一个多核处理器上安全稳定地与关键软件并行运行。

总体来说，商用的嵌入式 Hypervisor 产品基本由欧美主导，并且均通过了相关的安全认证，比如欧洲的 IEC61508 SIL 认证、美国的 DO-178B/C 认证。嵌入式 Hypervisor

是满足强安全特性的软件架构，而基于线程和进程的操作系统几乎不可能达到强安全要求。

1.4.2 开源嵌入式 Hypervisor 产品

除了前面介绍的商用闭源的 Hypervisor 产品外，也有一些开源的嵌入式 Hypervisor 产品。通过对这些开源软件的研究和学习，我们可以了解嵌入式 Hypervisor 的设计原理和工作机制。

1. K-Hypervisor

K-Hypervisor 是一款I型 Hypervisor，旨在提供一个轻量级、可移植、配置灵活的虚拟化解决方案，运行在具有硬件虚拟化扩展的 ARMv7 平台。由于 K-Hypervisor 支持完全虚拟化，因此可以运行各种未经修改的客户操作系统，如 Linux、RTOS 以及裸机应用程序。K-Hypervisor 架构如图 1-19 所示。

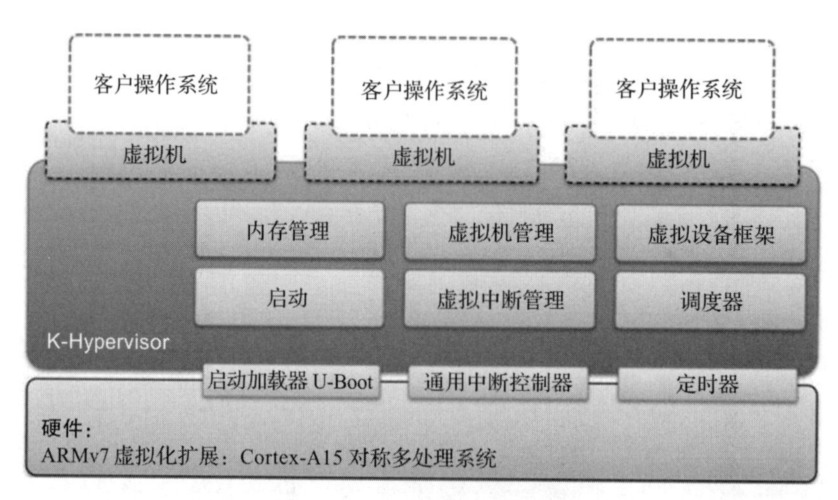

图 1-19 K-Hypervisor 架构

2. Xvisor

Xvisor 也是一款开源的I型 Hypervisor，提供轻量级、可移植、配置灵活的虚拟化解决方案，其架构如图 1-20 所示。

Xvisor 支持 ARMv7a-ve、ARMv8a、X86-64、RISC-V 架构，并且是首个支持 RISC-V 架构的I型 Hypervisor，支持完全虚拟化和半虚拟化。

3. ACRN

ACRN（https://projectacrn.org/）是 Linux 基金会发布的开源项目，是一个专为物联网和嵌入式设备设计的 Hypervisor。该项目得益于 Intel 公司的支持，目标是创建一个灵活小巧的 Hypervisor 系统，其架构如图 1-21 所示。通过一个服务虚拟机（比如 Linux），ACRN 可以同时运行多个客户操作系统，如 Android、其他 Linux 发行版或者 RTOS，使其成为许多场景的理想选择。

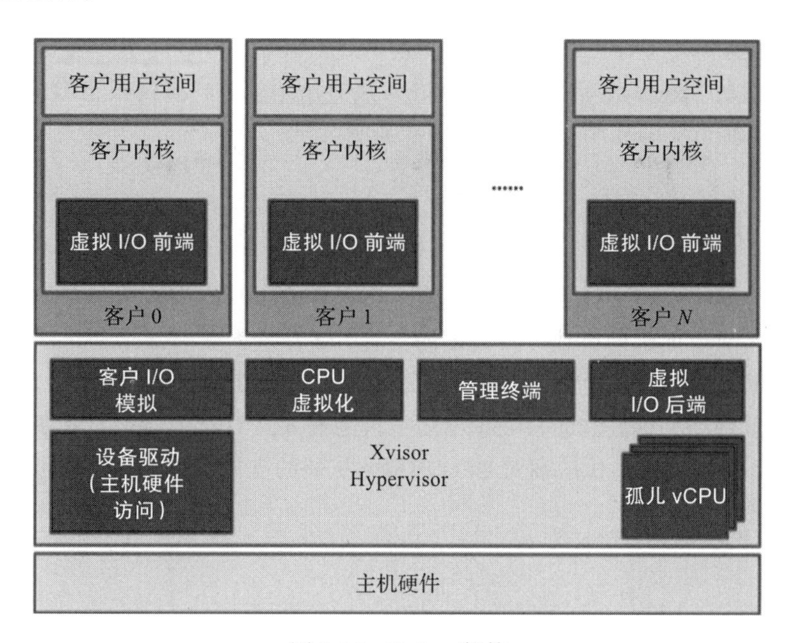

图 1-20　Xvisor 架构

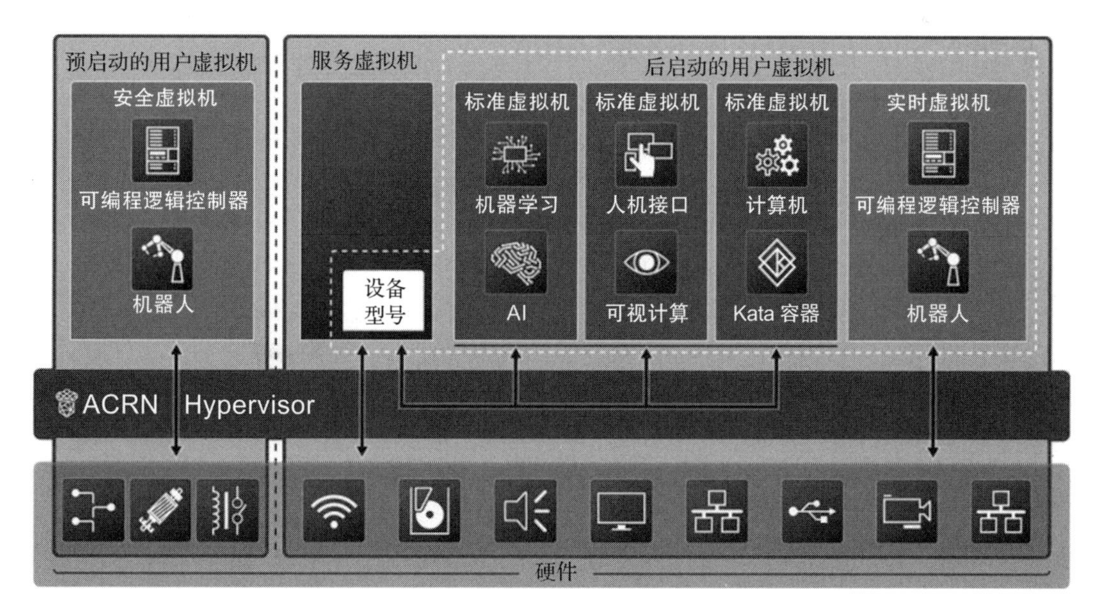

图 1-21　ACRN 架构

1.4.3 国内 RTOS 厂商的 Hypervisor 产品

国内 Hypervisor 起步较晚，和国外的产品有着比较大的差距。但是因为有着巨大的市场需求，近年来，同类型的嵌入式 Hypervisor 产品也得到了快速的发展。

知名产品有航空工业计算所研发的天脉操作系统 ACoreOS653、中国航天科技集团公司五院 502 所研发的 SpaceOS 等，但是国产嵌入式 Hypervisor 产品仅限于政府主导的军工、航天等领域，商用市场仍基本由国外厂商的产品所主导。

1.5 本章小结

本章详细介绍了虚拟化技术的基本概念、实现方式以及应用领域，着重介绍了嵌入式虚拟化技术的特点、面临的挑战以及具体的解决方案。嵌入式 Hypervisor 一直被认为是嵌入式系统软件的下一个前沿领域，以解决嵌入式系统资源有限但应用场景日益复杂的难题。单核处理器计算性能的提高和多核处理器的引入为嵌入式 Hypervisor 的发展提供了硬件基础。与此同时，处理器芯片供应商对 CPU 虚拟化扩展的支持也进一步推动了虚拟化技术在嵌入式系统中的应用。

第2章 基于分离内核的嵌入式 Hypervisor

分离内核是一种用于在嵌入式系统中实现虚拟化的架构，它将系统资源分隔为多个互相隔离的分区，从而实现多个虚拟机的并行。尽管在服务器和桌面计算机领域存在一些试图规范化 Hypervisor 行为的标准，但是对一些专业术语的使用仍然没有统一的规范，为了便于表述，本章约定了一些专用术语的概念。

- APEX：应用运行时环境。
- HM：健康监控（Health Monitor）
- IPC：分区间通信（Inter Partition Communication）。
- MAF：主时间帧（Major Frame）。
- MMU：内存管理单元（Memory Management Unit）。
- MPU：内存保护单元（Memory Protection Unit）。
- RSW：常驻软件（Resident Software，是内置在 PRTOS 系统映像中的引导程序）。
- SKH：分离内核 Hypervisor（Separation Kernel Hypervisor）。

基于分离内核的 SKH 通常用于需要高可靠性和安全性的嵌入式系统，例如航空航天、军事和工业控制等领域。以应用在航空电子设备上的嵌入式系统为例，ARINC653 标准基于分离内核和分区概念定义了分区 API 和对应的行为以及在每个分区内管理线程或进程的方法，并提供了一个完整的 APEX。

2.1 分区和分离内核

1. 分区和分离内核的概念

分区和分离内核是计算机系统安全领域中两个重要的概念。

分区通常指将系统资源（如内存、存储器、处理器等）分割成多个独立的部分，每个部分可以分配给不同的应用程序或用户。这种技术使得多个应用程序或用户可以在同一台计算机上运行，同时互相隔离，从而提高了系统的安全性和稳定性。在本书中，分区技术特指虚拟化技术。

分离内核是指使用专门的软件或硬件技术将操作系统内核分隔成多个独立的部分，每个部分都有自己的资源管理和保护机制。这种技术可以提高系统的安全性和可靠性，因为即使一个分区内的系统被攻击或发生崩溃，其他部分仍然可以正常工作。

英国计算机科学家约翰·拉什比（John Rushby）在1981年的论文“安全系统的设计和验证”中首次描述了分离内核的概念：“分离内核的任务是创建一个和物理分布式系统类似的环境：它必须看起来像每一个分区都是一台单独隔离的机器，并且信息只能从一台机器沿着一条已知的外部通信线路流向另外一台机器”。

拉什比认为分隔非常重要，传统的操作系统无法真正实现分隔。因为传统的操作系统大而复杂，很难做到万无一失。拉什比认为构建一个安全计算机系统的最佳方案是将传统操作系统的分隔管理剥离出来，放入专注于分隔功能的分离内核架构中实现。这种分离内核实现应该足够小，以便对其仔细检查并能被形式化证明。1982年，拉什比在“隔离性证明”的相关论文中继续描述了如何使用数学形式化方法来验证这种分离内核的正确性。

分离内核最初用于保障政府和美国国防部应用程序工作站的安全性，以实现对机密（Top Secret）信息、秘密（Secret）信息以及保密（Confidential）信息的分类隔离。后又应用于安全无线电网关（Secure Radio Gateways）之类的嵌入式军事网络通信系统。如今，分离内核已经成为嵌入式系统和对安全隔离要求更高的航空系统的Ⅰ型 Hypervisor 的实现方式，以便更高效地消除多核之间的干扰。尽管如此，分离内核仍然是一个安全相关的概念，只在对安全有需求的工业界才能认识到其价值。

2. SKH 简介

（1）SKH 的定义

一般来说，基于分离内核的Ⅰ型 Hypervisor（即 SKH）的定义如下：既通过分区的概念实现了应用之间的时空域隔离，达到了容错和简化验证的目的，又通过在不同分区采用不同安全级别的多级安全（Multi-Level Security，MLS）架构为系统提供了安全可靠的基础支撑，避免操作系统中的访问控制机制被篡改、绕过，使得各个安全关键任务独立运行，通过受控的消息机制进行交互，有效保证了各个应用和各部分数据的独立安全性。

SKH 是小而精的虚拟化技术，利用现代处理器的硬件功能（特权模式 / 用户模式、硬件虚拟化扩展）定义 Hypervisor 的分区行为，并控制分区间的信息流。SKH 内核不包含设备驱动程序，没有用户模式，没有 shell 访问，没有动态内存分配，所有这些辅助功能都由分区的客户操作系统的软件来实现。这种简单优雅的体系结构遵循了极小化设计原则。虽然这种实现不适合桌面系统，但非常适用于嵌入式（实时）系统，以及对安全性十分敏感的安全关键（Safety-Critical）系统。

现代多核处理器包含丰富的资源集合，SKH 充分利用了现代处理器的硬件资源。除了多个处理器核心之外，还包含外围设备、内存以及硬件辅助虚拟化功能。它们使得构建各个分区的配置过程像搭建积木一样容易。

（2）SKH 的基本架构

SKH（见图 2-1）将处理器硬件资源划分为多个防篡改和完全隔离的可靠分区，并且分区之间以及分区和外围设备之间的信息流都有严格控制。除非获得明确的许可，否则分区之间是完全隔离的。SHK 架构的分区系统可以充分利用功能丰富的多核处理器优势。

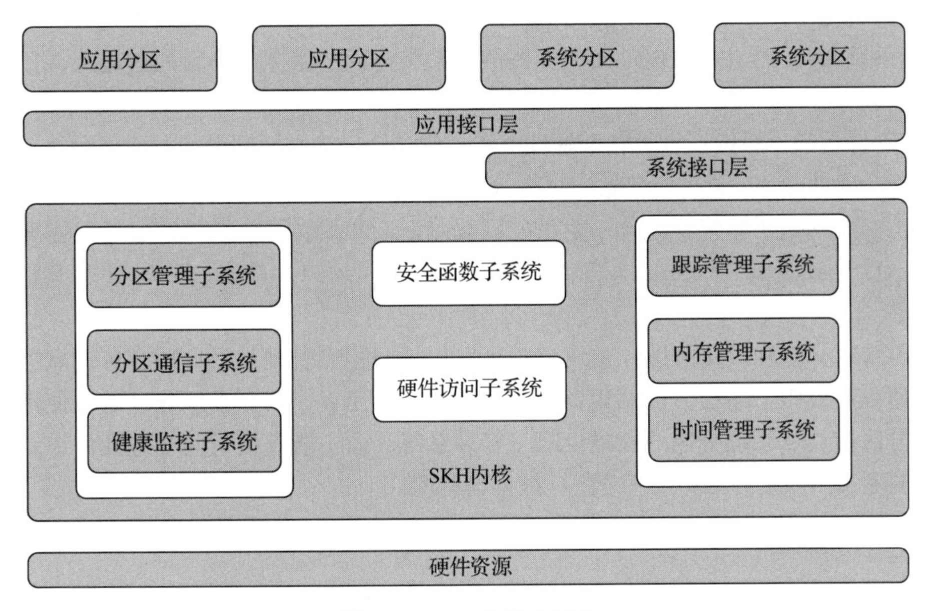

图 2-1　SKH 的基本架构

SKH 架构的主要组成部分如下。

1）分区管理子系统：用于分区的调度管理。

2）分区通信子系统：用于分区之间或者分区和 SKH 内核之间的通信管理。SKH 的设计借鉴了 ARINC653 标准，采用了 ARINC653 中规定的消息传递模型，分区间传递消息的途径是通道。通道定义了一个源分区与一个或多个目的分区之间的逻辑连接关系，指定了从源分区到目的分区的消息传递模式以及要发送消息的特性。分区通过已定义的访问点访问通道，访问点称为端口。通道由一个或多个端口以及相关的资源组成，端口提供资源，以便分区在特定的通道中发送或接收消息。分区间的消息通信方式分为两类：固定长度且允许覆盖的采样方式和可变长度且不允许覆盖的队列方式。

3）健康监控子系统：用于监测系统的异常事件或者状态，并做出处理。健康监控的目标是在错误出现的早期发现它，并试图解决错误或者隔离出错的子系统，以免影响整个系统的运行。

4）跟踪管理子系统：SKH 提供给分区的超级调用服务，用于监控和调试系统的运行状态。

5）内存管理子系统：用于实现分区之间以及分区和 SKH 内核之间的内存隔离与访问控制。

6）时间管理子系统：为分区提供时钟服务以及基于时钟服务的分区本地定时器和分区

全局定时器。

7）应用接口层：由 SKH 定义的、提供给应用分区的服务，分区通过超级调用接口来获取这些服务。

8）系统接口层：由 SKH 定义的、提供给系统分区的服务，分区通过超级调用接口来获取这些服务。

9）硬件访问子系统：负责管理硬件资源。它包含处理必要硬件的一组驱动，比如处理器、中断、硬件时钟、硬件定时器、页表等。

10）安全函数子系统：包含一个微型函数库。该库提供了一组严格定义的标准 C 函数（如 strcpy()、memcpy()、sprint() 等）以及一系列数据结构（如链表、队列），为其他子系统提供服务。

11）系统分区和应用分区：系统分区可以用来监控和管理其他应用分区的状态。一些超级调用程序仅限于系统分区调用，还有一些超级调用程序仅在系统分区未被使用时才能被应用分区使用。系统分区的权限仅限于管理系统，而不能直接访问本地硬件或者打破分区之间的隔离。系统分区和应用分区一样参与调度。

3. SKH 的优势

SKH 是为应用程序提供一个或者多个时空域隔离的分区执行环境的软件层。ARINC653 定义了一个时空域隔离的分区系统，尽管 ARINC653 本意并不是用来描述分区系统的工作机制的，但是 ARINC653 定义的部分 APEX 模型已经大体上描述了一个分区系统应该具有的功能。在嵌入式 SKH 实现中，分区不再是具有强制隔离性质的一组进程，而是一个虚拟的执行环境，在分区中既可以执行一个裸机的应用，也可以运行一个支持多任务的操作系统级应用。可以说，SKH 是一层最接近硬件的软件层（中间层）。尽管 SKH 没有完全兼容 ARINC653 标准，但是 ARINC653 的设计思想（分隔）已经潜移默化地应用在 SKH 的设计当中。

作为Ⅰ型 Hypervisor，SKH 直接运行在嵌入式硬件上，能够确保整个系统表现出最好的性能。另外，SKH 支持 SMP（Symmetric Multi-Processing，对称多处理）多核处理器，可以更加有效地管理多核竞争带来的不确定性，充分利用硬件资源。

在嵌入式领域，SKH 只是Ⅰ型 Hypervisor 的一种实现方式。另外一种实现方式是基于现有操作系统扩展和微内核扩展的 Hypervisor，其中依赖的 Host OS（比如 sel4）也比较精简（只包括基本功能，比如 CPU 调度和内存管理，而设备驱动和其他可变组件则处于内核之外）。这类 Hypervisor 应当归于Ⅰ型还是Ⅱ型，业内尚存在分歧，但是从实现机制上来看，基于操作系统扩展的 Hypervisor 应属于Ⅱ型 Hypervisor 的范畴。

接下来讨论一下这两种 Hypervisor 的实现方式。

2.2 嵌入式 Hypervisor 的实现方式

如前所述，SKH 有两种不同的虚拟化技术实现方式。首先看基于分离内核的实现方式。

2.2.1 基于分离内核的 Hypervisor 实现

因为 SKH 行为上类似于传统的基于 RTOS 扩展的 Hypervisor，所以这两者经常被混淆。比如许多由 GPOS 和 RTOS 经过扩展而来的 Hypervisor 也被描述成Ⅰ型 Hypervisor 或者裸机 Hypervisor。但这类 Hypervisor 本质上都是被托管的 Hypervisor（Hosted Hypervisor），即Ⅱ型 Hypervisor。换句话说，即使宿主操作系统是一个小型的 RTOS，但它仍然是操作系统。而 SKH 是一个真正无托管的裸机 Hypervisor 实现。SKH 不承担辅助 RTOS 的功能，即使这些功能很简单。之所以这样做，并不是因为这类辅助功能实现的大小问题，而是没有这些功能 SKH 的内核会更干净、安全，并且与 RTOS 无关。

2.2.2 基于 RTOS 扩展的 Hypervisor 实现

基于 RTOS 扩展的 Hypervisor 实现是指在传统操作系统的基础上添加虚拟化功能，以支持多个虚拟机的运行。该设计模式的优点包括更好的兼容性和更高的灵活性，可以根据应用需求动态地分配和管理资源。

在传统的 PC Hypervisor 架构中，几乎所有的 Hypervisor 都遵循集中式开放架构，包括裸机 Hypervisor（即Ⅰ型 Hypervisor，比如 Xen）、被托管的 Hypervisor（即Ⅱ型 Hypervisor，比如 VMware Workstation）。由于 Hypervisor 围绕拥有硬件资源并管理分区的中央“主操作系统”（GPOS 或者 RTOS）构建，因此它们是集中式的；同时也是开放的，因为它们能在分区中托管任何操作系统。很多 Hypervisor 都是由 RTOS 扩展而来的，比如应用在航电领域的 VxWorks653 Hypervisor 是由 VxWorks-5.5 系统扩展而来的。使用这类 Hypervisor 通常意味着用户必须采用供应商裁剪定制的 RTOS，即使所有的客户操作系统都是完全开源的。这样做通常有以下 3 个原因。

1）它使得 Hypervisor 可以利用供应商现有的 RTOS BSP（Board Support Package，板级支持包），降低了 BSP 的开发成本。

2）从拥有所有 CPU 资源、内存和外围设备的 RTOS 内核上创建 Hypervisor 要比重新设计并实现分离内核的 Hypervisor 容易得多。

3）供应商 RTOS 工具链（IDE 和编译器）通常与 Hypervisor 打包在一块，便于销售供应商的产品。

基于 RTOS 扩展的 Hypervisor 的实现代码更多。它通常包含设备驱动程序、动态内存分配和 shell 访问，以访问用于创建、查看和启动分区的命令解析器。RTOS 将在内核同时调度系统任务和分区任务，同时 RTOS 内核可能还具有虚拟终端，以便访问分区客户虚拟控制台、虚拟网络服务，并允许分区共享物理网络接口。但是这类代码通常具有安全性问题（比如可能存在缓冲区溢出漏洞），这在 SKH 实现中是不可接受的。

基于分离内核的 Hypervisor 和基于 RTOS 扩展的 Hypervisor 唯一的通用代码是配置分区的代码。在基于分离内核的 Hypervisor 实现中，配置分区的代码是引导过程完成的。出于安全性考虑，配置分区的代码不放在 SKH 内核当中，这就是分离内核的分区资源是静态配置的，一旦启动完成后就不可以更改的原因。

在基于 RTOS 扩展的 Hypervisor 中，所有这些额外代码都代表着安全风险的攻击面。处在特权模式下的 Hypervisor 内核代码一旦出错，将具有破坏整个系统的风险。另外，Hypervisor 代码量比较大，已通过形式化证明保证其正确性极具挑战。虽然这些额外代码很有价值，并且提供了有用的功能，但是根据极小化设计原则，这类功能子系统不能处于 Hypervisor 之中，而应放到客户分区中实现。这种在分离内核中仅包含最少代码的方法遵循了最小特权原则（Principle of Least Privilege）。操作系统微内核的设计也遵循相同的设计模式，即将辅助性组件从内核空间放到用户空间中实现。

提示： 虽然在许多方面，SKH 和微内核（Micro-Kernel）非常相似，两者都有最少的代码量，并且都支持最小特权原则的体系结构。然而，这两种技术的实现目标是不同的，因此两者的最小特权运行时体系结构的构建方式也不同。

微内核的目标是提供一个比宏内核（Monolithic-Kernel）的操作系统（比如 Linux）更安全的运行时环境，而分离内核 Hypervisor 的目标则有所不同，因为它不是一个操作系统。SKH 不进行集中的系统控制，它将本地硬件资源映射到分区空间，提供给分区客户操作系统使用，并由客户操作系统为应用程序提供运行时环境。微内核操作系统需要大量的 IPC（Inter-Process Communication，进程间通信），安全性不容易评估，并且应用程序之间的隔离薄弱；而 SKH 提供了系统资源配置模型，该模型将所有执行上下文的运行时环境约束在一组显式的物理资源防篡改的分区环境中，使得 SKH 内核的安全性更容易评估。另外，微内核操作系统是一个主操作系统，而 SKH 是一种分布式的同构框架，没有主操作系统的存在；SKH 提供的多分区运行时环境可以组合并协同工作，并且 SKH 内核通常也是采用单体式实现的。

2.2.3 模块化开放软件解决方案

分离内核促进了分布式开放架构。之所以说它是分布式的，是因为没有一个主 RTOS 拥有所有的硬件资源。换句话说，没有一个“流量管理”RTOS，使得系统中的其他软件必须通过这个 RTOS 的 API 请求 CPU 时间、内存和 I/O 设备。相反，分离内核是一组处理程序状态机，它将真实的 CPU 核心、内存和设备的一个子集封装在一个分区中提供给客户操作系统使用。

由于分离内核是分布式的，从某种程度上主 RTOS 已经被消除了，因此原本由主 RTOS 提供的服务被分发到各个分区中。分离内核允许多个 RTOS 进行组合，以满足成本、安全性、兼容性、确定性、重用性等项目要求。一个分区中的裸机程序可以运行一个严密的实时控制循环，并获得高度安全保障。其他的开源模块可以移植到分区中，并在其他裸机分区中得到重用，同时可以托管多个开源 RTOS，比如 μC/OS-Ⅱ或者 FreeRTOS。此类操作系统的任意组合都可以整合到系统当中，从而避免选择单个主 RTOS。相比只用一个 RTOS，采用分离内核的解决方案后，用户的选择会更加丰富：一方面，我们可以使用 COTS（Commercial Off-The-Shelf，商用现成品）[⊖]软件模块；另一方面，我们可以在分区中运行虚拟化的 Linux 内核，借助 Linux 完成设备虚拟化，实现应用软件的快速部署。

通过分离内核的分区来开发辅助软件模块，开发者可以突破操作系统的限制，而不必局限在某个 RTOS 上进行模块化设计。分离内核定义了分区可以访问哪些内存区域，哪些内存区域是只读的，哪些是可读 / 写的，以及哪些内存区域可以与其他分区共享。该定义是由分离内核在特权 Hypervisor 模式下经过 MMU 配置的，并且不能被分区更改或者绕过。串行端口、网络接口、图形和存储设备之类的外围设备也被分配给分区，并且分离内核使用硬件（通过对中断控制器和 IOMMU（Input/Output Memory Management Umt，输入 / 输出内存管理单元）进行编程）来强制进行访问。通过这种方式来构建高度模块化的软件系统体系结构，这就是 MOSA 的初衷。

2.3　PRTOS Hypervisor

本书以 PRTOS Hypervisor 为例来介绍 SKH 的设计与实现机制。PRTOS 并非“白手起家”的 Hypervisor，而是站在巨人们的肩膀上发展起来的。它主要借鉴了一些经典开源软件项目，比如 XtratuM、Xen Hypervisor、Lguest Hypervisor 以及 Linux 内核等。正因为如此，PRTOS Hypervisor 以 GPLv2 许可证的方式发布。此外，本书会详细介绍 PRTOS 的设计原理与实现技术，方便读者更好地阅读和理解 PRTOS 源码，也希望借此形成一个 PRTOS 开放社区，让更多人参与进来，促进 PRTOS 的健康演化，以形成对 ARMv8、RISC-V 架构的支持，并适配更多的分区应用。更多信息请参考 https://github.com/prtos-project/prtos-hypervisor#readme。

PRTOS 具备以下特点。

1）支持在分区环境中运行多个虚拟机，确保分区应用的时间和空间隔离。

2）支持在分区环境中运行裸机应用、RTOS（如 μC/OS-Ⅱ，详情请参考第 13 章）以及 GPOS（如 Linux，详情请参考第 14 章）。

3）通过 PRTOS Hypervisor，用户可以在单个硬件平台上同时运行不同类型的应用程序，并为分区应用提供实时性保证。

提示：在本书中，PRTOS 是 PRTOS Hypervisor 的简写。如果没有特别说明的话，PRTOS 和 PRTOS Hypervisor 完全同义。

2.3.1　PRTOS Hypervisor 的架构

PRTOS 采用半虚拟化技术实现。半虚拟化技术需要客户操作系统显式地调用 PRTOS

⊖ COTS 是可以在商业市场上购买并直接使用的软件产品，不需要进行大量的定制或修改。

提供的半虚拟化接口，没有经过修改的客户操作系统是不能在 PRTOS 分区上运行的，因此客户操作系统的源码必须是可以获得的。PRTOS Hypervisor 的架构如图 2-2 所示。

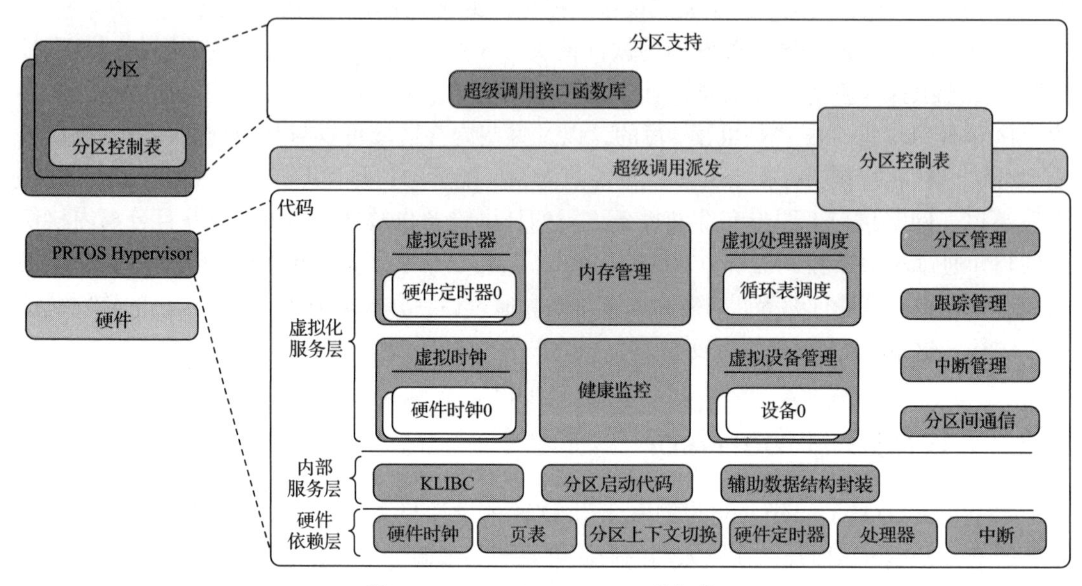

图 2-2 PRTOS Hypervisor 的架构

PRTOS 为分区提供虚拟化服务。PRTOS 内核运行在处理器特权模式下，虚拟出 CPU、内存、中断，以及一些特定的外围设备。

在图 2-2 中，PRTOS Hypervisor 分成以下 4 个组成部分。

（1）硬件依赖层

硬件依赖层代表和硬件打交道的对象，包含一组 PRTOS 内核必需的硬件驱动，比如硬件时钟、页表、分区上下文切换、硬件定时器、处理器和中断。硬件依赖层通过硬件抽象层接口和 PRTOS 的其他层隔离。硬件依赖层隐藏了底层硬件的复杂性，为底层硬件提供了更高层的抽象。

（2）内部服务层

内部服务层提供内部支持服务，这些服务对分区是不可见的。这一层包含一个微型精简的内核 C 库 KLIBC（Kernel C Library for PRTOS，用于 PRTOS 的内核 C 库）。KLIBC 提供了一组严格定义的标准 C 函数（比如 strcpy()、memcpy()、sprint() 等），以及一系列辅助数据结构封装，包含常见的数据结构实现（比如链表、队列）与分区启动代码。

（3）虚拟化服务层

虚拟化服务层提供了用于支持虚拟化的服务，这些服务程序通过 Hypercall API 提供给分区使用。这些服务的子集也可以被 PRTOS 的其他子模块使用。例如，物理内存管理器负责为 PRTOS 内核和分区分配物理内存页表项。

分区服务层包含的组件如下。

1）分区管理：负责分区的创建、删除、挂起等以及 PCT（Partition Control Table，分区控制表）的管理 。

2）分区间通信：PRTOS 实现了一种消息通信模型，这种模型借鉴自 ARINC653 标准。

3）虚拟处理器调度：负责分区中的 vCPU 调度。PRTOS 内核 vCPU 调度器采用循环表调度（Cyclic Table-Driven Schedule）策略。

4）中断管理：物理中断由 PRTOS 进行管理，根据中断的性质将其投递到不同的分区。PRTOS 处理硬件中断和陷阱，也负责激发分区的虚拟中断和虚拟陷阱。

5）超级调用派发：派发分区发给 PRTOS 内核的超级调用，类似于传统操作系统中系统调用的派发流程。

6）虚拟时钟和虚拟定时器管理的介绍如下。

①虚拟时钟：为系统提供微秒级精度的时钟。另外，PRTOS 为每个分区提供了两种类型的时钟：一种是分区本地时钟，只有在分区处于执行状态时才会运行；另一种是分区全局时钟，从 PRTOS 系统启动后就开始运行，与当前分区的执行状态无关。

②虚拟定时器：具有微秒级精度的定时器，基于虚拟时钟实现。该组件为每个分区提供了两种类型的定时器：一种是分区本地定时器，只有在分区处于执行状态时才会被激活；另一种是全局定时器，无论分区是否处于执行状态，全局定时器始终处于激活状态。

7）内存管理：包含虚拟内存管理和物理内存管理。

①虚拟内存管理：负责管理虚拟内存到物理内存的页面映射，可以创建 / 释放虚拟内存映射。

②物理内存管理：负责管理系统物理内存页，追踪每一个物理内存页的状态（比如类型、所有者等），为 PRTOS 内核和所有创建的分区分配物理内存。

8）虚拟设备管理：PRTOS 通过虚拟控制台将物理串行通信设备模拟为多个虚拟串行设备，以供各个分区使用；其他的外围设备（包括各种传感器、执行器、网络接口等）通过系统配置表可以分配给任何一个分区，PRTOS 保证分区独占分配给它的资源。

9）健康监控：监测系统或者分区的异常事件或者状态，并做出反应措施，在错误发生的早期阶段试图解决错误，或者将错误限定在发生故障的子系统，避免或者减少可能的损失。

10）跟踪管理：存储和检索分区和 PRTOS 内核产生的跟踪信息。跟踪管理用于在应用的开发阶段辅助调试，也可以用于在产品阶段记录相关事件的日志信息。

（4）超级调用接口函数库

PRTOS 将提供给分区的超级调用服务封装在超级调用接口函数库（libprtos）中。libprtos 库屏蔽了与超级系统调用相关的底层细节，使得开发人员可以使用更高级别的编程语言（C 语言）直接调用库中提供的函数来请求超级调用服务，降低了分区应用开发的复杂性。

2.3.2　PRTOS 对处理器的功能需求

什么样的处理器才能部署半虚拟化的 Hypervisor 呢？通常来说，满足以下 6 点的处理器就可以部署半虚拟化的 Hypervisor。

1）处理器必须具有足够的处理能力，以满足用户的最坏执行时间（Worst-Case Execution Time，WCET）需求。

2）处理器具有控制 I/O 和内存资源的能力，以便 Hypervisor 可以接管所有硬件资源。

3）处理器具有定时器资源，以便实现分区虚拟定时服务。

4）处理器至少具有特权模式和用户模式这两种运行模式，使 Hypervisor 分区可以运行在用户模式下，Hypervisor 内核运行在特权模式下，以便当分区执行非法指令时，处理器可以截获非法指令，并将控制权转移到运行在特权模式下的 Hypervisor 内核，由 Hypervisor 内核接管分区系统。

5）处理器提供具有原子操作的指令。原子操作指令是不可中断的指令。在单核 CPU 系统中，能够在一个指令中完成的操作都可以视作原子操作，因为中断只发生在指令之间；在多核 CPU 系统中，原子操作应确保即使多个处理器核心同时访问同一内存位置，操作也能保持一致性和正确性。这依赖于 CPU 的硬件实现，比如 X86 CPU 提供了 HLOCK 引脚，允许 CPU 在执行 LOCK 前缀指令时拉低 HLOCK 引脚的电位，直到这个指令执行完毕才放开，从而锁住了总线。这样，在同一总线的其他 CPU 就暂时无法通过总线访问内存了，保证了多核处理器的原子性。

6）处理器提供 MMU 机制（即页式内存管理机制），以便实现分区空间隔离。严格地说，CPU 只要具有 MPU 硬件组件即可实现内存管理。

本书介绍的 PRTOS 选择的是满足上述条件的 Intel X86 处理器平台（支持 Pentium 架构）。之所以选择 X86 处理器，一方面是因为 Intel 所有的处理器都兼容 32 位 X86 指令集；另一方面很多优秀的虚拟平台（比如 QEMU、VMware Workstation）对 X86 指令集的支持都非常完善，方便读者在这些平台上运行 PRTOS 系统，验证软件功能。

2.3.3　PRTOS Hypervisor 的多核支持

为了更清楚地描述 PRTOS Hypervisor 对多核处理器的支持情况，这里再次解释一下 3 个专用名词。

1）pCPU：硬件平台中可以识别出的物理 CPU。

2）vCPU：PRTOS Hypervisor 提供给分区的虚拟处理器。

3）分区：PRTOS Hypervisor 提供的运行时环境，并提供给分区一组 vCPU，这些 vCPU 对应物理环境中的 pCPU。在 PRTOS 的设计中，vCPU 和 pCPU 是多对多（$M : N$）的关系。但是从系统的实时性角度考虑，每个分区中定义的 vCPU 的数量不应该超过硬件平台中 pCPU 的数量。

PRTOS 的目标是向分区提供 vCPU，就像支持多核的操作系统在没有虚拟化层的情况下提供 pCPU 的情况一样。从这个角度来看，虚拟化层的工作如下。

1）将所有 pCPU 虚拟化并映射到 vCPU，提供 vCPU 给分区使用。

2）PRTOS Hypervisor 在初始化阶段初始化每个 pCPU。

3）初始化阶段结束后，开始执行循环调度表策略。

4）初始化每个分区中标识为 vCPU0 的虚拟 CPU。从分区的角度来看，提供给分区的 vCPU 可以是一个或多个。

5）在只含有一个 vCPU 的分区中使用 vCPU0 标识这个 vCPU，如图 2-3a 所示。

① PRTOS Hypervisor 负责启动 vCPU0。

② 通过 PRTOS 系统配置文件，vCPU0 可以分配给任何 pCPU。

6）在多核分区中，只有 vCPU0 由 PRTOS Hypervisor 初始化，如图 2-3b 所示。

①在分区中，由 vCPU0 负责初始化剩余所需启动的 vCPU。

②通过 PRTOS 系统配置文件，所有的 vCPU 都可以分配给任何 pCPU。

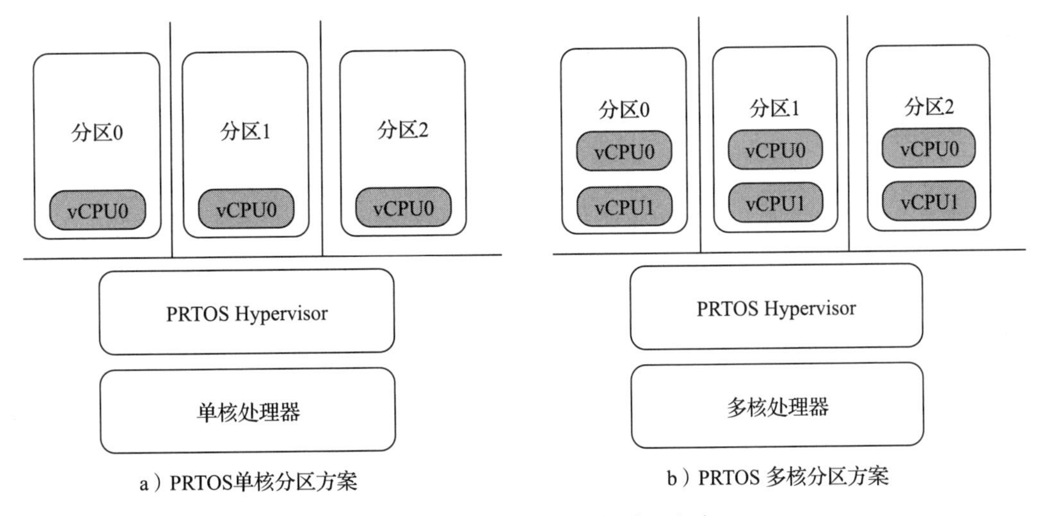

图 2-3　PRTOS 单核 / 多核分区方案

2.3.4　PRTOS 的安全性和可预测性

1. 安全性

PRTOS 的安全性体现在虚拟机之间的通信信息流受到 PRTOS 的保护，以避免被未授权的虚拟机和计划外的行为所访问。安全性意味着必须定义一组元素和机制，用于实现系统的安全功能。这个功能与系统资源的静态分配以及用于识别和限定系统脆弱性的故障模型密切相关，具体来说包含以下 3 个方面。

（1）系统资源静态分配

系统架构师负责系统定义和分配资源。

①通过 PRTOS 的系统配置文件定义所有的系统资源，即 CPU 数目、内存布局、外围设备、每个 CPU 的执行策略等。每个虚拟机必须指明内存区域、通信端口、时间需求以及其他用于执行虚拟机代码所需要的资源。

②静态资源分配是系统可预测性和安全性的基石。嵌入式 Hypervisor 应保证虚拟机可以访问分配给它的资源，而拒绝访问没有分配给它的资源。

（2）故障隔离和管理

健壮系统的核心功能之一是故障管理。当故障发生的时候，必须能被 PRTOS 的健康监控子系统识别到，并做出合适的处理。这样做的目的是隔离故障，并阻止其传播，因此必须定义用于处理不同类型错误的故障模型。PRTOS 负责实现这些故障管理模型，并允许虚拟机运行过程中发生的错误由虚拟机自行处理。

（3）分离栈空间设计

分区具有独立的栈，PRTOS 内核也有独立的内核栈。libprtos 库利用分区栈为调用 PRTOS 内核的服务程序准备参数。一旦超级调用服务程序被启用，PRTOS 将栈空间从分区栈切换到内核栈。内核栈中可能存在敏感信息，但是由于内核栈是在 PRTOS 的内核空间中，因此分区应用程序没有权限访问其中的数据。

2. 可预测性

PRTOS 内核的确定性体现在 PRTOS Hypervisor 所有的执行序列都必须满足可预测性，即 WCET 具有明确的上限。可预测性预示着 PRTOS 提供的机制是可界定和可测量的。

1）应用程序执行 PRTOS 提供的相关服务时，PRTOS 通过超级系统调用提供服务。这里的超级系统调用的开销必须是可预测的。

2）当 PRTOS 提供的服务程序涉及搜索服务时，搜索算法的设计必须是可界定的。创建资源相关的服务时可以通过搜索名字来获得，比如基于端口名来创建通信端口，这样就可以通过名字来实现便捷的搜索。另外，在 PRTOS 超级调用中，搜索的耗时需要是可界定的，这依赖于在配置文件中定义的资源的数目。需要特别指出的是，这些服务必须在分区应用初始化时使用，而在分区应用正常的执行流程中禁止使用。

3）PRTOS 在分区间通信中涉及的数据传递应尽可能地利用硬件实现。在分区间通信的服务中，涉及数据传送相关的服务时，操作的耗时是常量时间，即服务调用时间与传送数据时间之和。

2.3.5 PRTOS 系统的状态转换流程

理解 PRTOS 在运行过程中的状态信息，可以更好地理解 PRTOS 系统。PRTOS Hypervisor 的状态信息可以分成 3 个层次：系统层、分区层、vCPU 层。下面介绍这 3 个层次的状态转换流程。

1. PRTOS 系统层的状态转换流程

PRTOS 系统层的状态转换流程如图 2-4 所示。

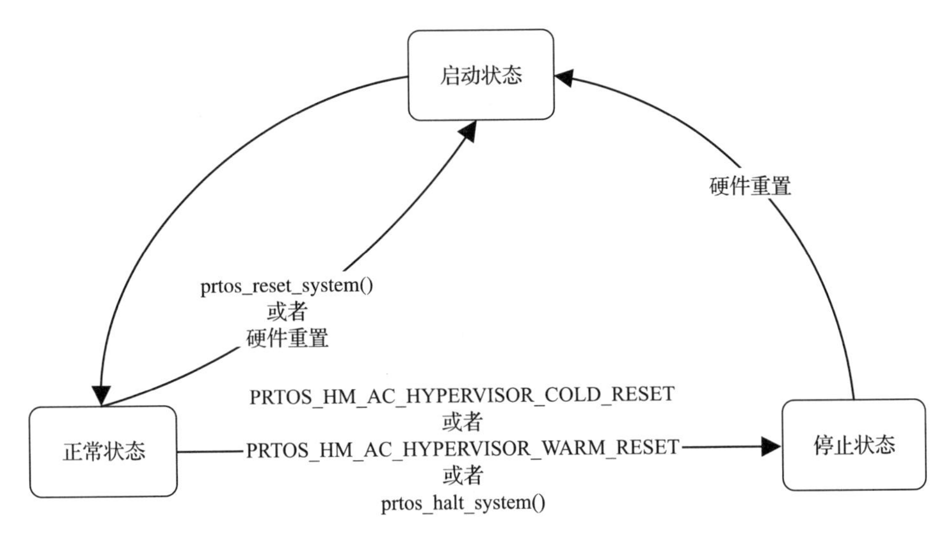

图 2-4　PRTOS 系统层的状态转换流程

在启动状态，引导程序 RSW 加载 PRTOS 系统映像到主内存中，并将控制权转移到 PRTOS Hypervisor 的从入口点。从入口点开始到执行分区的第一条指令为止，我们称这段时间为启动状态。在这种状态下，调度程序未启用，分区也未执行。在引导序列的末尾，PRTOS Hypervisor 准备执行分区代码，系统状态变为正常状态，调度计划启动。从启动状态到正常状态是自动执行的，不需要额外的条件去激发。

PRTOS Hypervisor 可以通过运行健康监控子系统处理检测到的错误，触发重置事件——PRTOS_HM_AC_HYPERVISOR_COLD_RESET（冷重置）或者 PRTOS_HM_AC_HYPERVISOR_WARM_RESET（热重置），从而进入停止状态。系统分区也可以通过超级系统调用服务 prtos_halt_system() 切换到停止状态。在停止状态下，PRTOS 调度器和硬件中断被禁用，处理器进入一个无限循环。退出这种状态的唯一方法是通过外部硬件重置。

2. PRTOS 分区层的状态转换流程

PRTOS Hypervisor 一旦处于正常状态，就会进入分区层的状态转换流程，如图 2-5 所示。

PRTOS Hypervisor 进入正常状态后，每个分区都处于启动状态。PRTOS 必须准备好一个完整的分区环境，以便能够运行应用程序。注意：这里考虑的是分区代码由一个操作系统和一组应用程序组成的情况。

1）分区初始化是指设置标准的执行环境（即初始化一个正确的栈空间并设置虚拟处理器控制寄存器），创建通信端口、请求硬件设备（I/O 端口和中断线）等。初始化分区后，系统将切换到分区正常模式。

2）分区从 PRTOS 接收之前执行状态的信息（如果这个信息存在）。

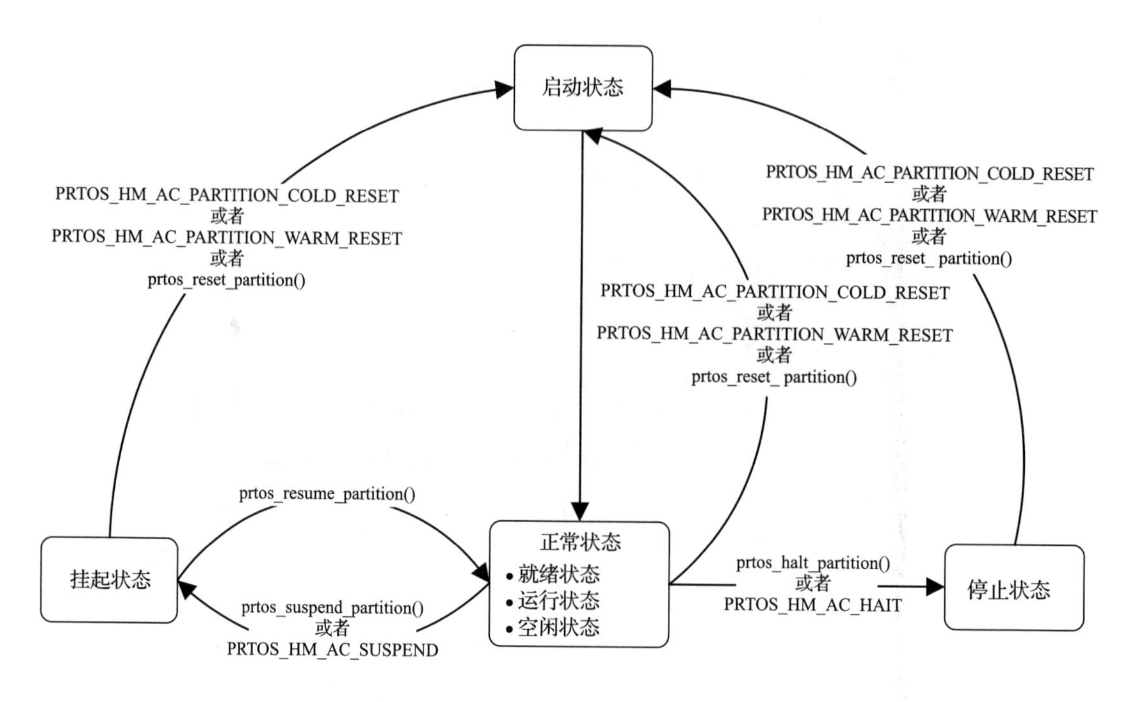

图 2-5　PRTOS 分区层的状态转换流程

从 Hypervisor 的角度来看，分区启动状态与正常状态之间没有区别。在这两种状态下，分区都根据固定的循环调度表进行调度，并且每个分区在调度器看来地位是等同的。尽管不是强制的，但建议分区从初始化状态转换成正常状态的时候主动发出一个分区状态更改事件，以使 PRTOS 可以感知到这种变化。

1）正常状态可以进一步分为 3 个子状态。

①就绪状态：指该分区已经准备好执行代码，但还没有被调度，因为当前时刻不在它的调度时间槽（Time Slot）内。

②运行状态：指该分区正在被处理器执行。

③空闲状态：如果分区不想在分配的时间槽内使用处理器，可以主动调用 prtos_idle_self() 函数来让渡处理器，并等待中断或下一个时间槽。分区可以自己停止，也可以由系统停止。在停止状态下，PRTOS 内核调度器不选择该分区，分配给它的时间槽将处于空闲状态。

2）停止状态：指分配给该分区的所有资源都将被释放，因此该状态无法恢复到正常状态。

3）挂起状态：指分区将不会被调度，中断也不会被传递，中断将保持挂起状态。如果分区恢复到正常状态，则将挂起的中断传递给该分区。如果系统分区通过调用 prtos_resume_partition() 恢复该分区，则该分区可以返回到就绪状态。

3. PRTOS vCPU 层的状态转换流程

从 CPU 的角度来看，PRTOS 模拟了多核系统的行为。当系统启动时，CPU0 首先启动，系统软件（操作系统）负责启动其余 CPU。PRTOS 为分区内的 vCPU 定义了相同的行为。当启动每个分区时，分区内的 vCPU0 首先运行。如果需要的话，每个分区 vCPU0 负责启动分区内的其他 vCPU。vCPU 是每个分区处理器资源的内部抽象，它只能被当前分区看到和处理。一个分区不能访问任何与其他分区 vCPU 相关的服务。

分区内的 vCPU 通过一组超级服务程序来控制各个状态的流转。vCPU 层的状态转换流程如图 2-6 所示。

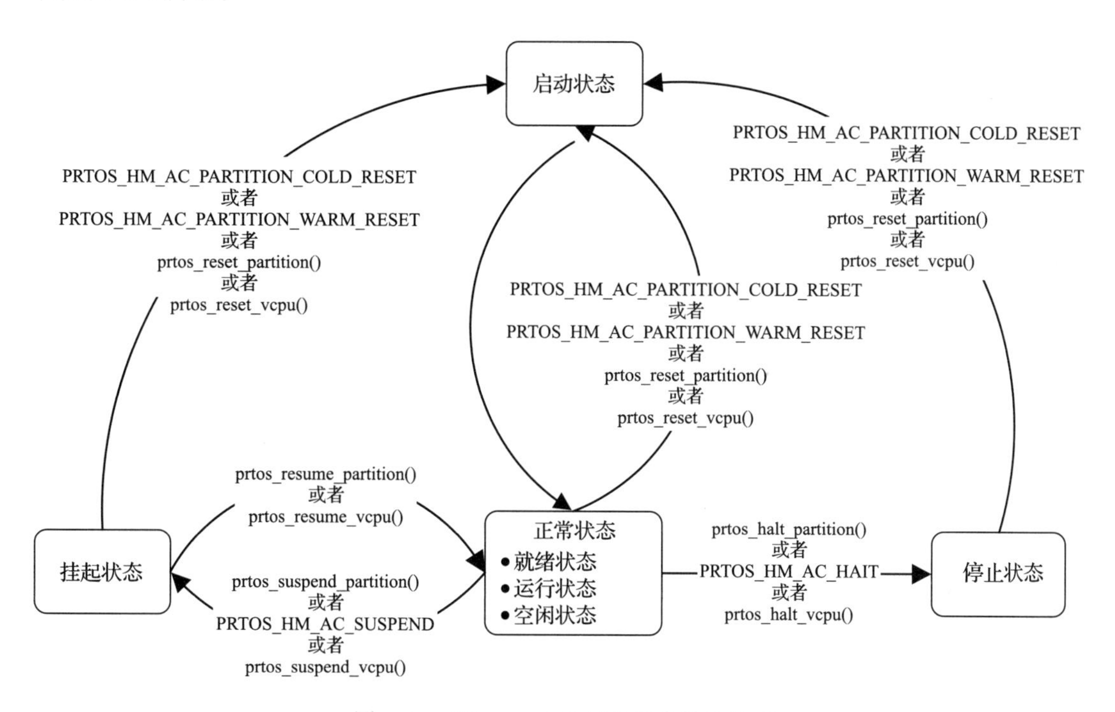

图 2-6　PRTOS vCPU 层的状态转换流程

分区启动时，分区内的每个 vCPU 都处于启动状态。分区负责初始化 vCPU 的状态，确保 vCPU 能够运行应用程序。通常来说，分区会设置一个标准的执行环境，比如初始化栈空间，并设置每个 vCPU 的控制寄存器。

从 Hypervisor 的角度来看，vCPU 的启动状态与正常状态之间没有区别。在这两种状态下，分区都根据固定的循环调度表进行调度，并且在 PRTOS 的内核调度器看来，每个分区的 vCPU 的地位是等同的。

vCPU 的正常状态同分区一样，也可以被细分为 3 个子状态。

1）就绪状态：指 vCPU 已经准备好执行代码，但没有被调度，因为当前时刻不在它的时间槽内。

2）运行状态：指该分区的 vCPU 正在被分配给该 vCPU 的处理器执行。

3）空闲状态：如果 vCPU 在分配的时间槽内不想占用处理器，可以调用 prtos_idle_

self() 函数放弃处理器，并等待一个中断或下一个时间槽的到来。

当对目标分区调用分区管理服务程序时，会产生以下效果。

1）当重置分区时，将停止该分区的所有 vCPU，分区从 vCPU0 重新启动。

2）当挂起分区时，将挂起该分区的所有 vCPU。

3）当恢复分区时，该分区的所有 vCPU 将恢复到该分区挂起前的状态。

4）当停止分区时，将停止该分区下的所有 vCPU。

2.4 本章小结

本章首先阐述了 SKH 架构以及 SKH 相比基于 RTOS 扩展的 Hypervisor 的优势；然后借助 PRTOS Hypervisor 原型系统详细探讨了 SKH 对多核处理器的支持、PRTOS 系统、分区以及 vCPU 状态转换流程。分离内核是一种有效的虚拟化技术，可以提供更高的安全性、可靠性、可扩展性和灵活性，适用于需要运行多个应用程序和保障系统安全可靠的嵌入式系统。

第3章 嵌入式 Hypervisor 组件设计

PRTOS 通过分离内核架构以及半虚拟化技术实现。半虚拟化具有高性能和低复杂度的优势。如果客户操作系统或应用程序需要运行在虚拟化环境中，首先要做的就是修改源码，以调用半虚拟化服务。半虚拟化模型具备较强的性能优势，能够最大限度地提升系统实时性。

PRTOS 必须运行在处理器特权模式下，为分区提供虚拟化服务，并虚拟出 CPU、内存、中断和一些特定的外围设备，形成 PRTOS 基本架构，如图 2-2 所示。PRTOS 包含硬件依赖层、虚拟化服务层、内部服务层以及超级调用接口函数库。本章将分别介绍这 4 个组件。

3.1 硬件依赖层

硬件依赖层是嵌入式系统软件架构的底层，负责与底层硬件进行交互和通信，以控制和管理硬件资源。硬件依赖层包括设备驱动程序、硬件抽象层等组件。

在嵌入式系统中，硬件依赖层直接与硬件资源进行交互，对系统性能和功能具有很大的影响。通过硬件依赖层，软件可以直接控制和管理硬件资源，如 CPU、内存、外围设备等资源，从而实现软件系统的各项功能。同时，硬件依赖层还可以对硬件资源进行抽象和封装处理，以简化软件开发和维护的工作。

3.1.1 硬件资源虚拟化

虽然虚拟化技术在桌面系统领域取得了极大的进展，但在嵌入式领域的发展受到了诸多限制。

1. 虚拟化受限的因素

虚拟化技术在嵌入式领域主要受到以下 4 个因素的限制。

1）在硬件资源配置方面，嵌入式系统通常面临资源受限的局面，包括处理能力、内存和存储容量的限制。而虚拟化技术通常需要较多的计算和内存资源来管理虚拟机，这可能会导致嵌入式系统性能下降。

2）在处理器选型方面，应用在嵌入式领域的处理器架构对硬件虚拟化的支持是非常保守的。比如应用在嵌入式领域的 MCU（Micro Control Unit，微控制单元）系列一般是 32 位的 ARMv7 架构，不支持硬件虚拟化。即使是多核处理器，为了节省成本，通常也不包含硬件虚拟化扩展组件。

3）在软件设计方面，当应用程序需要满足实时需求时，引入 Hypervisor 后，应用程序、操作系统以及 Hypervisor 的设计均需要满足实时需求。

4）在硬件设计方面，单核 / 多核处理器的底层架构设计会直接影响整个系统的实时性，其中流水线和高速缓存是影响系统实时性的两个主要因素。

同时，考虑到 Hypervisor 是所有分区应用程序的公共软件层，为了使不同安全级别的分区应用共存于系统中，Hypervisor 的安全级别必须是整个安全关键系统中最高的。

2. 分区包含的硬件

分区是 Hypervisor 创建的运行时环境，又称虚拟机或域（Domain），用于执行用户代码，并使得分区中的用户代码像在原生硬件平台上执行一样。在分区环境下，需要进行硬件抽象处理的资源包含以下 6 种。

1）某些特殊的 CPU 寄存器资源，比如 Intel X86 处理器中的 CR3、GDTR（Global Descriptor Table Register，全局描述符表寄存器）、IDTR（Interrupt Descriptor Table Register，中断描述符表寄存器）等。

2）硬件中断控制器。

3）硬件时钟和定时器。

4）基于分页的 MMU 硬件资源。

5）X86 平台通过 I/O 端口地址管理 I/O 设备。

6）高速缓存管理。

分区通过 Hypervisor 提供的超级调用服务来使用虚拟化的资源。比如分区需要设置定时器时，不能直接访问硬件定时器资源，可以通过使用 Hypervisor 提供的定时器服务来实现定时功能。

在分区环境下，以下 3 种硬件资源是不需要被虚拟化的。

1）分配给该分区的内存地址空间：分区可以直接访问。

2）非特权指令：可以直接在原生 pCPU 上运行。比如，一个分区代码执行一条加指令（ADD）时可以直接在 pCPU 上运行，不需要 Hypervisor 的参与。

3）硬件高速缓存：高速缓存的使用对 Hypervisor 来说是透明的，这和在原生硬件环境下高速缓存的使用对操作系统透明是类似的。

在多核处理器硬件平台，实现 Hypervisor 的虚拟化技术需要考虑一些特殊情况。比如，Hypervisor 在解决与缓存管理和信息安全相关的问题时，为了避免分区缓存的泄密隐患，分区被调度时通常采取刷新缓存的方式来避免敏感信息泄露。又比如，不同处理器核心对共享内存的访问会引入竞争问题，导致系统响应时间不确定。对此，虚拟化层只能缓解，不能彻底解决，需要系统在分区层通过更复杂的计算方式来估算 WCET，来确定临时的解决方案。

3.1.2　处理器驱动

处理器驱动主要负责初始化工作，包括设置处理器时钟、中断控制器、内存控制器等。本小节主要介绍与处理器时钟、中断控制器初始化相关的两类驱动，以实现 PRTOS 获取 CPU 主频和设置 CPU 中断向量。本小节之所以不涉及内存控制器的初始化，是因为在 Intel X86 平台使用 GRUB（GRand Unified Bootloader，大统一启动加载器）来加载 PRTOS 系统映像时，已经对内存控制器做了初始化，PRTOS 无须对内存控制器再次初始化。

1. 获取 CPU 主频

在 Intel X86 硬件平台，可借助 64 位的 TSC（Time Stamp Counter，时间戳定时器）和 Intel 8253（也称为 Intel 8254）PIT（可编程中断定时器）的计时通道 2，来计算当前 CPU 的主频。

TSC 可以对驱动 CPU 的时钟脉冲进行计数。Intel 8253 芯片的时钟输入频率是 1 193 180Hz。通过设定一定的初始计数值 LATCH（默认值为 65 535），就能控制该芯片的输出频率（默认为 1 193 180/65 535Hz）。例如，假定 LATCH=1 193 180/100，则能保证输出频率为 100Hz，即周期为 10ms。

脉冲的精度是 1 /（CPU 主频）。比如，CPU 的主频是 500MHz，那么时钟脉冲的精度就是 2ns。

可通过设置 Intel 8253 PIT 的计时通道 2 让定时器工作在模式 0 下。之所以选择通道 2，是因为通道 2 的输出电平可以通过 I/O 端口 0x61 的第 5 位读取。在模式 0 下，当计数器的值递减到 0 时，通道 2 的输出持续处于高电平状态，并且计数器只计数一遍，便于读取通道 2 的计数器值递减到 0 时的状态。这样我们就可以在通道 2 的计数值从 LATCH 递减到 0 的时间段内，将 TSC 记录的时钟脉冲次数乘以（1 193 180/LATCH），计算得到的结果即 CPU 当前工作频率。CPU 当前工作频率的具体计算过程如代码清单 3-1 所示。

代码清单 3-1　计算 CPU 的当前工作频率

```
//源码路径：core/kernel/x86/processor.c
01 #define CLOCK_TICK_RATE 1193180                     //时钟频率Hz
02 #define PIT_CH2 0x42
03 #define PIT_MODE 0x43
04 #define CALIBRATE_MULT 100
05 #define CALIBRATE_CYCLES CLOCK_TICK_RATE / CALIBRATE_MULT
06
07 __VBOOT prtos_u32_t calculate_cpu_freq(void) {
08     prtos_u64_t c_start, c_stop, delta;
09
10     out_byte((in_byte(0x61) & ~0x02) | 0x01, 0x61);
11     out_byte(0xb0, PIT_MODE);                      //二进制，模式0，LSB/MSB，通道2
12     out_byte(CALIBRATE_CYCLES & 0xff, PIT_CH2); //低8位写入
13     out_byte(CALIBRATE_CYCLES >> 8, PIT_CH2);//高8位写入
14     c_start = read_tsc_load_low();
15     delta = read_tsc_load_low();
```

```
16      in_byte(0x61);
17      delta = read_tsc_load_low() - delta;
18      while ((in_byte(0x61) & 0x20) == 0)
19          ;
20      c_stop = read_tsc_load_low();
21
22      return (c_stop - (c_start + delta)) * CALIBRATE_MULT;
23 }
```

提示：这里的源码路径是相对于 PRTOS 源码根目录的位置，即 https://github.com/prtos-project/prtos-hypervisor。后续源码路径均为相对于这个根目录的路径。

2. 设置 CPU 中断向量

在介绍中断向量初始化之前，我们先介绍中断种类和 Intel X86 处理器的中断向量表。

（1）中断种类

中断的来源有两种：一种是由 CPU 外部产生的，另一种是 CPU 在执行程序过程中产生的。外部中断就是通常所讲的“中断”。对执行中的软件来说，外部中断是异步的，CPU（或者软件）对外部中断的响应完全是被动的，当然软件可以通过关中断指令关闭 CPU 的响应（这里不考虑系统重置等不可屏蔽中断）。而 CPU 在执行程序过程中产生的中断往往是由专设的指令有意产生的，这种主动的中断被称为陷阱。除此之外，还可能存在预期之外的中断，一般是同步的，被称为异常。例如程序中的除法指令（DIV），当除数为 0 时，就会发生一次同步异常。

不管是外部产生的中断，还是内部产生的陷阱或异常，CPU 的响应过程基本一致，即在执行完当前指令之后或者在执行当前指令的中途，根据中断源提供的中断向量在内存中找到相应的服务程序入口并调用该服务程序。外部中断的向量是由软件或硬件设置好了的，陷阱向量是在自陷指令中发出的，其他各种异常的向量则是在 CPU 的硬件结构中预先设定的。这些不同的情况因中断向量号的不同而被分开。根据中断类型的不同 Hypervisor，挂载的中断处理程序也不同。PRTOS 的中断处理类型如图 3-1 所示。

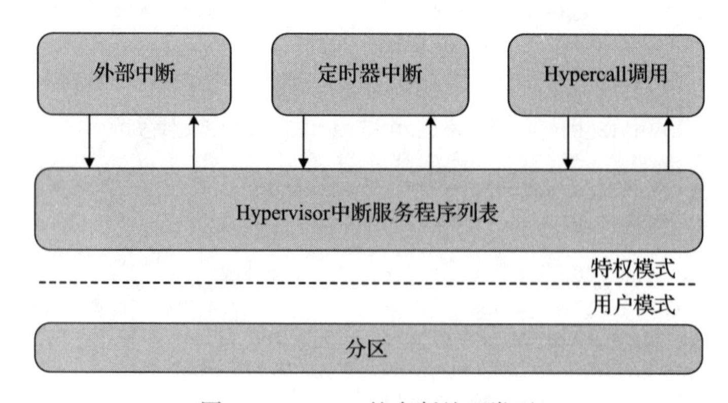

图 3-1　PRTOS 的中断处理类型

（2）Intel X86 处理器的中断向量表

在 X86 处理器中，中断向量表中的表项称为“门”，意思是当中断发生时必须先通过这些门，才能进入相应的服务程序。这里的门并不仅是为中断而设的，只要想切换 CPU 的运行状态（如从用户 Ring 3 进入系统 Ring 0），就需要通过一道门。而从用户模式进入系统态的途径也并不只限于中断（或者异常，或者陷阱），还可以通过子程序调用指令 CALL 来达到目的（PRTOS 的超级调用就是通过子程序调用指令 CALL 实现的）。而且当中断发生时，不但可以切换 CPU 的运行状态并转入中断服务程序，还可以安排一次分区切换（即分区上下文切换），立即切换到另一个分区。

根据用途和目的的不同，X86 CPU 的门共分为 4 种：任务门、中断门、陷阱门以及调用门。PRTOS 只初始化中断门和陷阱门。中断门、陷阱门均指向一个子程序，必须结合使用段选择子和段内偏移来确定这个子程序的位置。

中断门和陷阱门在使用上的区别不在于中断是由外部产生还是由 CPU 本身产生的，而在于通过中断门进入中断服务程序时，CPU 会自动将中断关闭（关中断），即将 CPU 中的标志寄存器（EFLAGS）的 IF 标志位清 0，以防嵌套中断的发生；而通过陷阱门进入服务程序时，则维持 IF 标志位不变。这就是中断门和陷阱门的唯一区别。不管是什么门，都通过段选择子指向一个存储段。段选择子的作用与普通的段寄存器一样。在保护模式下，段寄存器的内容并不直接指向一个段的起始地址，而是指向由 GDTR 或 LDTR 确定的某个段描述表中的一个表项。至于到底是由 GDTR 还是由 LDTR 所指向的段描述表，则取决于段选择子中的 TI 标志位。在 PRTOS 中只使用全局段描述表 GDT。对中断门和陷阱门来说，段描述表中的相应表项是一个代码段描述符表项。

CPU 通过中断门找到一个代码段描述符表项，并进而转入相应的中断处理程序。之后，CPU 要将当前 EFLAGS 寄存器的内容以及返回地址压入栈，返回地址由段寄存器 CS 的内容和取指令指针 EIP 的内容共同组成。如果中断是由异常引起的，则还要将表示异常原因的出错代码也压入栈。进一步地，如果中断服务程序的运行级别不同（即目标代码段的 DPL 与中断发生时的 CPL 不同），还得更换栈。X86 的任务状态段（Task State Segment，TSS）描述符结构中除包含所有常规的寄存器内容外，还有 3 对额外的栈指针（SS 和 ESP）。这 3 组栈指针分别对应 CPU 在目标代码段中的运行级别 Ring 0、Ring 1 和 Ring 2。CPU 根据寄存器 TR 的内容找到当前的 TSS 结构，并根据目标代码段的 DPL 从 TSS 结构中取出新的栈指针（SS 加 ESP），装入段寄存器（Segment Register，SS）和栈指针寄存器（Extended Stack Pointer，ESP），从而达到更换栈的目的。在这种情况下，CPU 不但要将 EFLAGS、返回地址以及出错代码压入栈，还要将原来的栈指针也压入栈（新栈）。

（3）Intel X86 处理器中断向量表的定义及初始化

在 Intel X86 硬件平台，PRTOS 中断向量表的定义如代码清单 3-2 所示。

代码清单 3-2　PRTOS 中断向量表的定义

```
//源码路径：core/kernel/x86/head.S
01 #include <linkage.h>
02 #include <arch/irqs.h>
03 #include <arch/asm_offsets.h>
04 #include <arch/segments.h>
05 #include <arch/prtos_def.h>
06 …
07 .data
08 PAGE_ALIGN
09         .word 0
10 ENTRY(idt_desc)        //PRTOS中断描述符表
11         .word IDT_ENTRIES*8-1
12         .long _VIRT2PHYS(hyp_idt_table)
13 …
14 ENTRY(hyp_idt_table)   //PRTOS中断向量表的定义
15         .zero IDT_ENTRIES*8
16
```

中断向量表的初始化如代码清单 3-3 所示。

代码清单 3-3　中断向量表的初始化

```
//源码路径：core/kernel/x86/irqs.c
01 void setup_x86_idt(void) {
02     //setup_x86_idt()函数的具体实现，请参考PRTOS对应的源码文件
34 }
```

setup_x86_idt() 函数的主要功能如下。

1）完成外部中断向量服务程序的初始化（这里假设有 16 个外部中断）。

2）实现 X86 CPU 预留的 19 个陷阱门和异常门描述选项的初始化。

3.1.3　时钟驱动

Hypervisor 的关键功能之一是提供虚拟时钟服务。PRTOS 中的虚拟时钟可以为每个分区提供时钟计时，并独立于主机系统时钟，旨在允许虚拟机运行自己的操作系统和应用程序，并协调分区的内部任务，且不会干扰其他分区。虚拟时钟通过截获硬件时钟事件并模拟与时间相关的事件（例如使用定时器中断和时钟滴答）来实现。当分区请求虚拟时钟服务（例如获取当前时间）时，虚拟时钟服务会读取硬件时钟的实时值，并根据分区调度等因素进行调整计算，再返回虚拟时间。在 PRTOS 系统中，分区通过调用 PRTOS 提供的虚拟时钟接口获取当前的时间戳，用于满足以下 5 种需求。

1）分区系统可以发现某个陷入死循环（由编程错误引起）的任务，并做出相应处理。

2）在分区实时系统中，按要求的时间间隔，为实时控制设备输出正确的时间信号。

3）PRTOS 调度程序按照事先给定的时间定时唤醒对应的分区。

4）PRTOS 内核记录外部事件发生的时间间隔。

5）PRTOS 系统记录用户和系统所需要的绝对时间。

PRTOS 使用数据结构 hw_clock_t 来管理硬件时钟，具体实现请参考源码 core/include/ktimer.h。硬件时钟是全局时钟，不管是单处理器硬件平台，还是 SMP 硬件平台，都只使用一个全局硬件时钟。针对 Intel X86 硬件平台的 3 种不同的时钟硬件，PRTOS 提供了 3 种时钟驱动，分别是 Intel 8253 时钟驱动、TSC 时钟驱动、HPET（High Precision Event Timer，高精度事件时钟）时钟驱动，如图 3-2 所示。

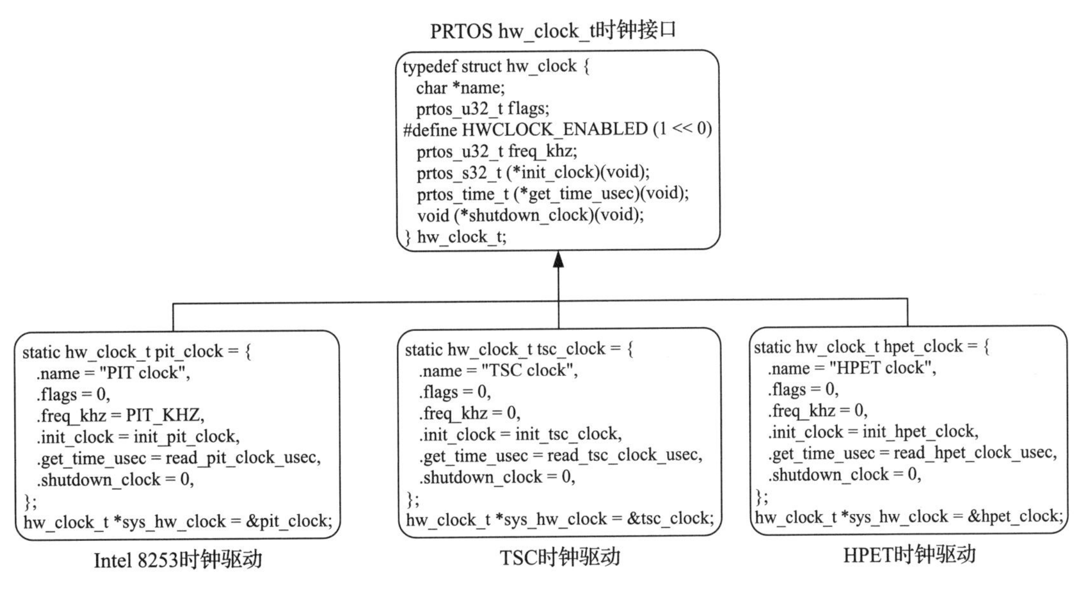

图 3-2　PRTOS 的 3 种时钟驱动

1. Intel 8253 时钟驱动

Intel 8253 是一种常见的可编程间隔定时器，常用作计算机系统中的时钟驱动，用于生成精确的时间间隔和周期性中断。

Intel 8253 通常由系统软件通过编程来配置和控制，包含 3 个独立的计数器通道，并且每个通道都可以用作定时器或计数器。每个通道都有一个 16 位计数器，可以根据需要进行加载和读取。

PRTOS 可以将 Intel 8253 用作系统的时钟源，通过设定计数器的初始值和工作模式生成固定的时钟间隔，用于操作系统的调度和计时。在 X86 单核硬件平台上，PRTOS 将 Intel 8253 PIT 的通道 0 作为计时通道，通道 0 的定时器设置为（Binary, Mode 2, LSB/MSB），即周期为 1ms 的周期触发模式，并定义一个全局结构 struct pit_clock_data 来记录 PRTOS 启动后的定时中断发生次数，再结合当前通道 0 中计数器的值，可以计算出 PRTOS 自启动后到当前时刻的精确到微秒的时间戳。具体实现参考 PRTOS 源码 core/kernel/x86/pit.c。

2. TSC 时钟驱动

TSC 是一个 64 位的寄存器，从 Intel Pentium 开始，在所有的 X86 平台上均会提供。它存放的是 CPU 从启动以来执行的时钟周期，因此可以用来精确地测量程序的执行时间。TSC 由处理器硬件提供，因此它的计时操作比使用软件定时器要快得多，这使得 TSC 成为性能分析和调试工具中的一个重要组件。在某些情况下，使用 TSC 进行时间测量可以提高精度，并且不会受到操作系统时钟频率调整的影响。

要使用 TSC，需要使用相关的 CPU 指令来读取 TSC 寄存器的值。例如，在 X86 架构中，可以使用 rdtsc 指令来读取 TSC 寄存器的值。rdtsc 指令将 TSC 寄存器的值读取到 EDX:EAX 寄存器中（高 32 位保存在 EDX 寄存器中，低 32 位保存在 EAX 寄存器中）。由于 TSC 是对驱动 CPU 的时钟脉冲进行计数的，因此 TSC 的频率就是 CPU 的时钟频率。基于 TSC 的时钟驱动实现，请参考 PRTOS 源码 core/kernel/x86/tsc.c。

提示： TSC 也存在一些限制。由于 TSC 基于 CPU 主频（记录 CPU 的时钟脉冲），因此在多核 CPU 或 CPU 频率变化的情况下，不同处理器核心或不同 CPU 之间的 TSC 可能不同步，导致计时不准确。为了解决这个问题，一些处理器提供了 TSC 同步机制，例如 Intel 的 TSC 同步引擎（TSC Sync Engine）和 AMD 的 TSC 同步模式（TSC Sync Mode）。另外，TSC 还可能受到频率变化、睡眠模式和动态频率调整等因素的影响。比如，空闲的操作系统内核可能会调用 HALT 指令，使处理器完全停止，直到接收到外部中断被唤醒，在此期间 TSC 停止计数。

---

3. HPET 时钟驱动

HPET 是一种高精度定时器。它是一种系统级别的硬件设备，通常用于代替早期的定时器，如 Intel 8253 PIT。与早期的定时器相比，HPET 具有更高的分辨率和更准确的时钟频率，并且可以更精确地测量和记录系统事件和时间间隔。HPET 通常由系统主板上的芯片提供支持，并且可以在 BIOS 中进行配置。具体实现可参考 PRTOS 源码 core/kernel/x86/hpet.c。

提示： 在 X86 单处理器硬件平台中，PRTOS 用 Intel 8253 PIT 或者 TSC 定时器作为时钟源；在 X86 多处理器硬件平台中，PRTOS 用 HEPT 定时器作为时钟源。

3.1.4 定时器驱动

PRTOS 的定时器组件用于分区调度、追踪分区中的时间以及处理虚拟机中的事件。类似 PRTOS 的时钟硬件，PRTOS 也为硬件定时器定义了一组驱动。

PRTOS 使用定时器驱动数据结构 hw_timer_t 来管理硬件定时器，具体定义请参考源码 core/include/ktimer.h。硬件定时器资源属于 Per-CPU 资源。不管是单处理器硬件平台还是多处理器硬件平台，硬件定时器和 pCPU 都是一一对应关系，每个 pCPU 独占一个硬件定时器。PRTOS 的 hw_timer_t 定时器接口基于 3 种不同的定时器硬件提供了 3 种类型的定时器驱动，分别是 Intel 8253 定时器驱动、HPET 定时器驱动和 LAPIC（Local Advanced Programmable Interrupt Controller，本地高级可编程中断控制器）定时器驱动，如图 3-3 所示。

提示： Per-CPU 资源是每个 CPU 专用的资源，只有所属的 CPU 才可以访问。

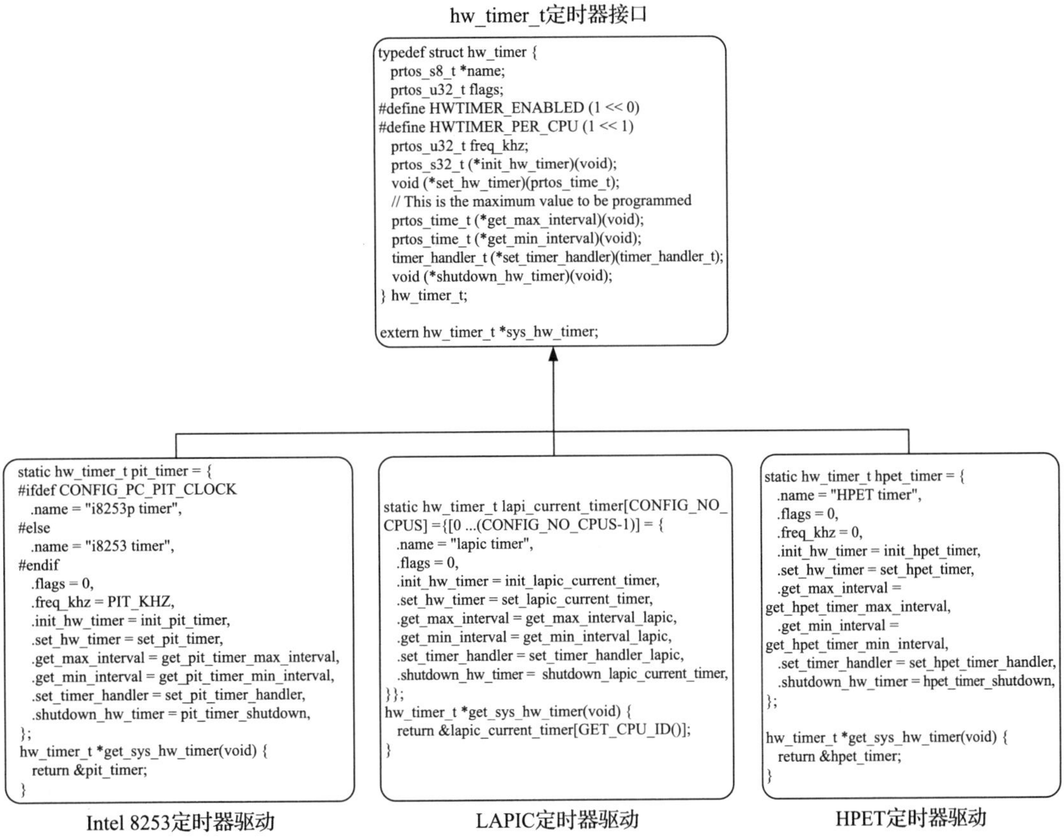

hw_timer_t定时器接口

```
typedef struct hw_timer {
  prtos_s8_t *name;
  prtos_u32_t flags;
#define HWTIMER_ENABLED (1 << 0)
#define HWTIMER_PER_CPU (1 << 1)
  prtos_u32_t freq_khz;
  prtos_s32_t (*init_hw_timer)(void);
  void (*set_hw_timer)(prtos_time_t);
  // This is the maximum value to be programmed
  prtos_time_t (*get_max_interval)(void);
  prtos_time_t (*get_min_interval)(void);
  timer_handler_t (*set_timer_handler)(timer_handler_t);
  void (*shutdown_hw_timer)(void);
} hw_timer_t;

extern hw_timer_t *sys_hw_timer;
```

```
static hw_timer_t pit_timer = {
#ifdef CONFIG_PC_PIT_CLOCK
  .name = "i8253p timer",
#else
  .name = "i8253 timer",
#endif
  .flags = 0,
  .freq_khz = PIT_KHZ,
  .init_hw_timer = init_pit_timer,
  .set_hw_timer = set_pit_timer,
  .get_max_interval = get_pit_timer_max_interval,
  .get_min_interval = get_pit_timer_min_interval,
  .set_timer_handler = set_pit_timer_handler,
  .shutdown_hw_timer = pit_timer_shutdown,
};
hw_timer_t *get_sys_hw_timer(void) {
  return &pit_timer;
}
```

Intel 8253定时器驱动

```
static hw_timer_t lapi_current_timer[CONFIG_NO_
CPUS] ={[0 ...(CONFIG_NO_CPUS-1)] = {
  .name = "lapic timer",
  .flags = 0,
  .init_hw_timer = init_lapic_current_timer,
  .set_hw_timer = set_lapic_current_timer,
  .get_max_interval = get_max_interval_lapic,
  .get_min_interval = get_min_interval_lapic,
  .set_timer_handler = set_timer_handler_lapic,
  .shutdown_hw_timer = shutdown_lapic_current_timer,
}};
hw_timer_t *get_sys_hw_timer(void) {
  return &lapic_current_timer[GET_CPU_ID()];
}
```

LAPIC定时器驱动

```
static hw_timer_t hpet_timer = {
  .name = "HPET timer",
  .flags = 0,
  .freq_khz = 0,
  .init_hw_timer = init_hpet_timer,
  .set_hw_timer = set_hpet_timer,
  .get_max_interval =
get_hpet_timer_max_interval,
  .get_min_interval =
get_hpet_timer_min_interval,
  .set_timer_handler = set_hpet_timer_handler,
  .shutdown_hw_timer = hpet_timer_shutdown,
};

hw_timer_t *get_sys_hw_timer(void) {
  return &hpet_timer;
}
```

HPET定时器驱动

图 3-3　PRTOS 的 3 种定时器驱动

1. Intel 8253 定时器驱动

如果 PRTOS 选中 Intel 8253 PIT 作为硬件时钟源（即 CONFIG_PC_PIT_CLOCK 宏将被定义），PIT 的通道 1 定时器工作在周期性触发模式，PRTOS 使用全局变量 pit_clock_data 来记录时钟中断的触发次数，以辅助实现 PRTOS 的时钟驱动。Intel 8253 PIT 定时器驱动的实现，请参考 PRTOS 源码 core/kernel/x86/pit.c。

提示：32 位 X86 单核处理器硬件平台（基于 QEMU 或者 VMware Workstation 创建）均采用 Intel 8253 作为定时器硬件。

---

2. HPET 定时器驱动

HPET 定时器驱动用于操作和管理 HPET 硬件定时器。使用 HPET 定时器驱动可以在 PRTOS 中实现高精度的定时功能，从而满足实时性要求高的应用程序和系统的需求。在 PRTOS 内核中，HPET 的管理机制和 Intel 8253（或 Intel 8254）PIT 类似，具体实现可参考源码 core/kernel/x86/hpet.c。

3. LAPIC 定时器驱动

LAPIC 定时器是集成在 pCPU 中的本地定时器，用于提供处理器级别的定时和中断功能。LAPIC 定时器驱动用于操作和管理 LAPIC 定时器，它对于实现处理器级别的定时和中断功能非常重要，在操作系统和应用程序中应用广泛，用于实现定时任务、计时、事件触发和性能测量等功能。LAPIC 定时器的具体实现可参考 PRTOS 源码 core/kernel/x86/lapic_timer.c。

提示：硬件定时器是 Per-CPU 专用的硬件资源。在单处理器硬件平台上，无论选择 Intel 8253 PIT 定时器，还是选择 HPET 硬件定时器，定时器资源都是 Per-CPU 类型的；在多处理器硬件平台上，LAPIC 定时器集成在 CPU 内部。当 PRTOS 配置成支持 SMP 模式时，只能选择 LAPIC 定时器。

3.1.5　中断控制器驱动

中断控制器是一种集成电路，可以将来自多个设备的中断信号合并为单个中断信号，并将其传递给 CPU。这样，CPU 就可以以一种有效的方式处理中断请求，而不必处理来自每个设备的中断信号。中断控制器还可以为每个设备分配一个中断优先级，以确保高优先级的中断请求被优先处理。

中断是硬件和软件交互的一种机制，可以说 PRTOS 系统在某种程度上是由中断来驱动的。一个中断的处理会经历设备、中断控制器、CPU 这 3 个阶段，由设备来产生中断信号，由中断控制器来翻译信号，由 CPU 来实际处理信号。

PRTOS 内核中管理中断控制器硬件的是中断控制器驱动，中断控制器驱动中的数据结构 hw_irq_ctrl_t 用于管理与中断控制器连接的各个外围设备中断线。如图 3-4 所示，基于不同的中断控制器（Intel 8259A PIC 或者 APIC），PRTOS 内核提供了不同的 hw_irq_ctrl_t 类型的对象，不同 hw_irq_ctrl_t 类型的对象中封装了操作各个中断线的中断控制器驱动接口。为了便于对中断线进行操作，PRTOS 还封装了一组全局 API 来管理各个中断线，具体实现请参考源码 core/include/irqs.h。

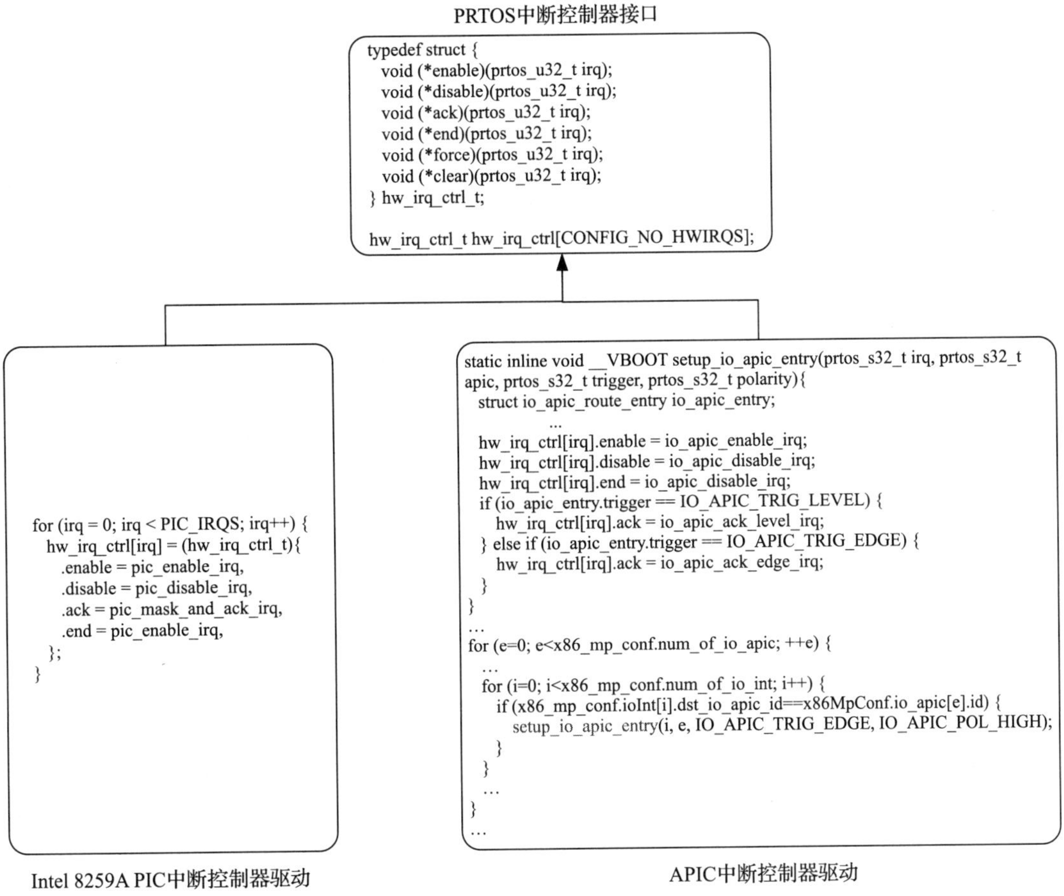

PRTOS中断控制器接口

```
typedef struct {
  void (*enable)(prtos_u32_t irq);
  void (*disable)(prtos_u32_t irq);
  void (*ack)(prtos_u32_t irq);
  void (*end)(prtos_u32_t irq);
  void (*force)(prtos_u32_t irq);
  void (*clear)(prtos_u32_t irq);
} hw_irq_ctrl_t;

hw_irq_ctrl_t hw_irq_ctrl[CONFIG_NO_HWIRQS];
```

```
for (irq = 0; irq < PIC_IRQS; irq++) {
  hw_irq_ctrl[irq] = (hw_irq_ctrl_t){
    .enable = pic_enable_irq,
    .disable = pic_disable_irq,
    .ack = pic_mask_and_ack_irq,
    .end = pic_enable_irq,
  };
}
```

Intel 8259A PIC中断控制器驱动

```
static inline void __VBOOT setup_io_apic_entry(prtos_s32_t irq, prtos_s32_t
apic, prtos_s32_t trigger, prtos_s32_t polarity){
  struct io_apic_route_entry io_apic_entry;
          ...
  hw_irq_ctrl[irq].enable = io_apic_enable_irq;
  hw_irq_ctrl[irq].disable = io_apic_disable_irq;
  hw_irq_ctrl[irq].end = io_apic_disable_irq;
  if (io_apic_entry.trigger == IO_APIC_TRIG_LEVEL) {
    hw_irq_ctrl[irq].ack = io_apic_ack_level_irq;
  } else if (io_apic_entry.trigger == IO_APIC_TRIG_EDGE) {
    hw_irq_ctrl[irq].ack = io_apic_ack_edge_irq;
  }
}
...
for (e=0; e<x86_mp_conf.num_of_io_apic; ++e) {
  ...
  for (i=0; i<x86_mp_conf.num_of_io_int; i++) {
    if (x86_mp_conf.ioInt[i].dst_io_apic_id==x86MpConf.io_apic[e].id) {
      setup_io_apic_entry(i, e, IO_APIC_TRIG_EDGE, IO_APIC_POL_HIGH);
    }
  }
  ...
}
...
```

APIC中断控制器驱动

图 3-4　Intel 8259A PIC 和 APIC 的中断控制器驱动

PRTOS X86 系统在单处理器硬件平台上采用的是两片 8259A PIC（Programmable Interrupt Controller，可编程中断控制器）级联的中断控制器；在多处理器硬件平台上采用的是 APIC（Advanced Programmable Interrupt Controller，高级可编程中断控制器）。

提示： 本小节假设读者对 8259A PIC、APIC 已有基本的了解，缺乏这方面知识的读者可自行阅读相关的资料。

---

1. Intel 8259A PIC 中断控制器驱动

单处理器硬件平台采用两片 Intel 8259A PIC 芯片进行级联，共管理 15 个外部 I/O 设备的中断请求（Interrupt Request，IRQ）线。这些 IRQ 线从 Intel 8259A 芯片的 INT 引脚连接到主 Intel 8259A 芯片的 IRQ2 引脚上。在单 CPU 硬件平台中，硬件中断通过 Intel 8259A PIC 芯片进行处理。每个 Intel 8259A PIC 芯片有 8 个 IRQ 线，直接和外部 I/O 设备相连。这些 IRQ

线有一个隐式的优先级，通常 IRQ0 具有最高的优先级，其后依次是 IRQ1，IRQ2，…，IRQ7。当某个 I/O 设备触发 IRQ 请求时，如果没有同级或者更高优先级的中断请求要处理，并且这个 IRQ 线没有被屏蔽，Intel 8259A PIC 会通知 CPU 中断请求的到来。否则，Intel 8259A PIC 不会转发这个 IRQ 线上的中断请求给 CPU。

对于 PRTOS 来说，中断信号通常分成两类：硬件中断和软件中断（异常）。每个中断由 0～255 之间的一个数字来标识。中断 Int0～Int31（0x00-0x1F）由 Intel 公司预留使用，由 CPU 在执行指令时探测到异常情况而触发，分为故障和陷阱两类；中断 Int32~Int255（0x20～0xFF）由用户自己设定。在单处理器平台中，Int32～Int47（0x20~0x2F）对应 Intel 8259A 中断控制芯片发出的硬件中断请求号 IRQ0～IRQ15。具体实现可参考 PRTOS 源码 core/kernel/x86/pic.c。

2. APIC 中断控制器驱动

Intel X86 多处理器硬件平台兼容 Intel MP（Multi-Processor，多处理器）Spec v1.4 规范，采用 APIC 中断控制器。APIC 中断控制器通常由两个部分组成：LAPIC 和 I/O APIC。LAPIC 集成在每个处理器上，负责处理本地处理器的中断请求；I/O APIC 则安装在系统芯片组上，负责处理外部设备的中断请求，并将它们分发给各个处理器。一个典型的 MP 硬件平台通常有一个 I/O APIC 和多个 LAPIC，它们相互配合，形成一个中断的分发网络。

PRTOS 创建了一个全局变量 x86_mp_conf，用来记录多核硬件平台的 CPU、中断控制器以及总线等配置信息，具体实现请参考源码 core/include/x86/smp.h。兼容 Intel MP Spec v1.4 规范的硬件平台通常保存一个 MP 浮动指针结构 struct mp_floating_pointer，操作系统必须按照指定的顺序搜索 MP 浮动指针结构。MP 浮动指针结构包含一个指向 MP 配置表和其他 MP 特征信息字节的物理地址指针。这个表的存在表明当前的多核处理器架构符合 MP 规范。根据 MP 规范，该结构必须存储在下列内存位置。

1）在 EBDA（Extended BIOS Data Area，扩展 BIOS 数据区）的第一个 KB 数据范围内。

2）在系统基本内存的最后一个 KB 内。

3）在 BIOS ROM 地址空间的 0F0000h～0FFFFFh 之间。

PRTOS 中对应的实现请参考源码 core/kernel/x86/mpspec.c。PRTOS 检索到 MP 浮动指针结构后，从 mpf 指向的 MP 浮动指针结构获取 MP 配置表，解析 MP 配置表的每个表项，即可获取当前平台的所有 CPU、总线、I/O APIC 地址、I/O APIC IRQ 线、中断源信息，如图 3-5 所示。

在图 3-5 中，PRTOS 解析 MP 配置表后，最终获取一个 MP 配置信息结构 x86_mp_conf。PRTOS 通过 x86_mp_conf 配置信息来初始化 I/O APIC 的 PRT（Programmable Redirection Table，可编程重定向表）用于中断分发。通过 PRT，I/O APIC 可以格式化出一条中断消息，发送给某个 CPU 的 LAPIC，由 LAPIC 通知 CPU 进行处理。在遵循 Intel MP Spec v1.4 规范的硬件平台中，I/O APIC 一般具有 24 个中断引脚，每个引脚对应一个 RTE（Redirection Table Entry，重定向表项）。

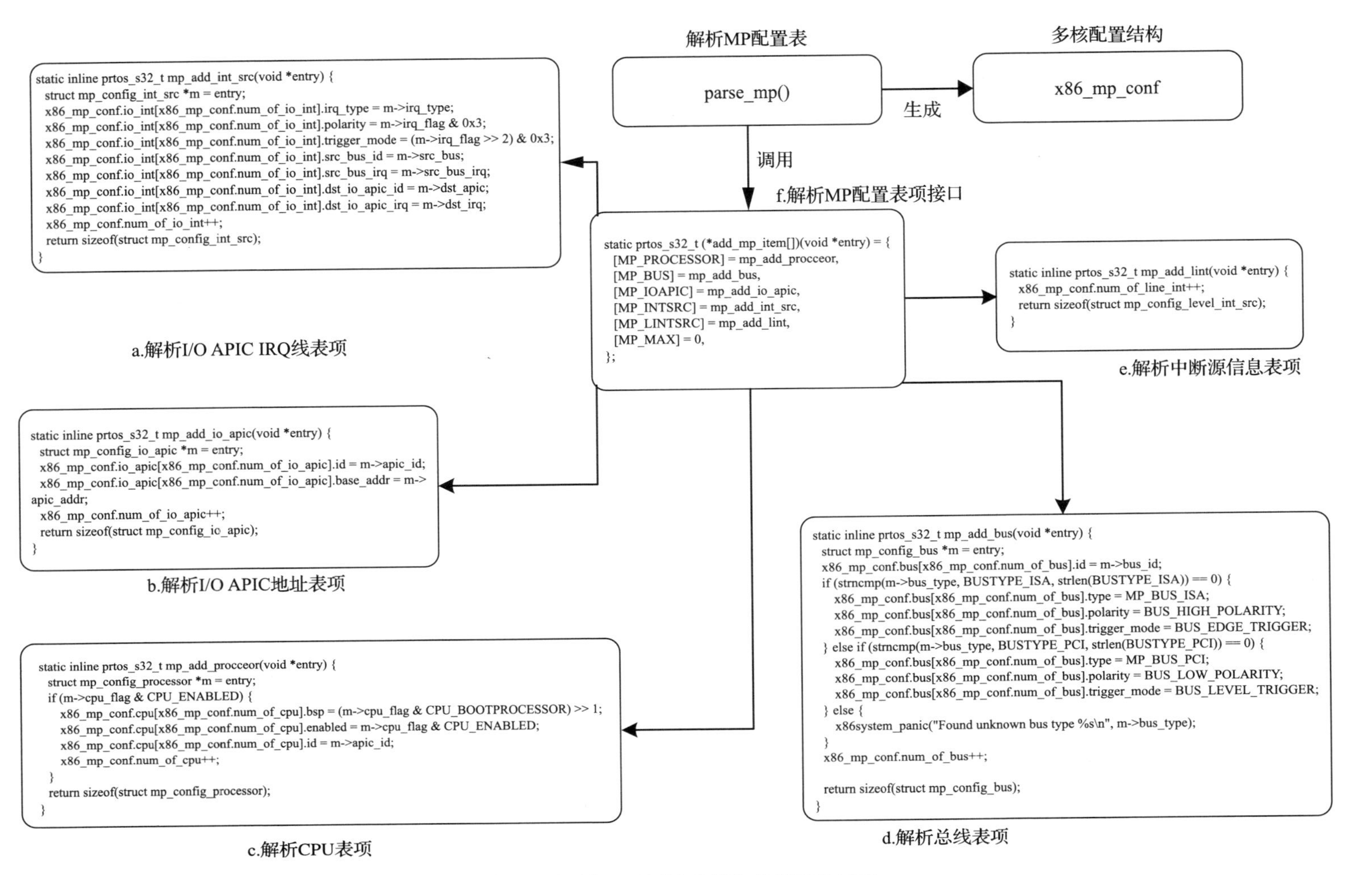

图 3-5　解析 MP 配置表获取多核配置信息

与 PIC 不同的是，I/O APIC 的引脚没有优先级，即连接在引脚上的设备是平等的。但这并不意味着 APIC 系统中没有硬件优先级。设备的中断优先级由它对应的中断向量号决定，APIC 将优先级控制的功能放到了 LAPIC 中实现。I/O APIC 的 24 个引脚对应 24 个 RTE，派发的目标字段采用 LAPIC 的逻辑 ID，以便设置一组接收该引脚中断信号的 LAPIC 设备。

除了通过解析 MP 配置表获取多核配置信息外，PRTOS 也支持解析符合 APIC 接口标准的配置表来初始化 x86_mp_conf。关于 PRTOS 解析 APIC 配置表的具体实现，请参考 core/kernel/x86/apic.c。

提示： 关于 APIC 接口标准，读者可查询相关的资料。使用 VMware 和 QEMU 搭建的 Intel X86 多核处理器硬件平台既支持 Intel MP Spec v1.4 标准，也支持 APIC 接口标准。

3.1.6 页式内存管理驱动

1. 页式内存管理机制

内存管理有两种方式：一种是段式内存管理，另一种是页式内存管理。Intel 从 80286 开始使用保护模式，即段式内存管理模式。Intel 80386 实现了对页式内存管理机制的支持。从 Intel 80386 处理器开始，后续的 X86 指令集在段式内存管理的基础上实现了页式内存管理。

X86 的段式内存管理是将指令中结合段寄存器使用的 32 位逻辑地址（即 CS:OFFSET 方式）映射成同样是 32 位的物理地址。之所以称为物理地址，是因为这是真正放到地址总线上去，并将访问物理上存在的具体内存单元的地址。

但是段式内存管理机制的灵活性和效率都比较差：一方面，段是可变长度的，这就给盘区交换操作带来了不便；另一方面，如果为了增加灵活性而将一个进程的空间划分成很多小段，就势必要求在程序中频繁地改变段寄存器的内容。此外，即便将段分小，一个段描述表可以容纳 8192 个描述项（段选择子有 13 位用于索引段描述符表项），也未必能保证够用。因此，比较好的办法是采用页式内存管理。

正常情况下，页式内存管理并不需要建立在段式内存管理的基础之上，这是两种不同的机制。可是 X86 中保护模式的实现与段式存储密不可分，比如 CPU 的当前执行权限就是在有关的代码段描述符表项中规定的。因此，X86 页式内存管理只能建立在段式内存管理的基础上。这也意味着页式内存管理的作用是在由段式内存管理所映射而成的地址上再加上上一层的地址映射。因此，此时段式内存管理映射而成的地址不再是物理地址了，Intel 称之为线性地址。也就是说，段式内存管理先将逻辑地址映射成线性地址，然后由页式内存管理将线性地址映射成物理地址。或者，当不使用页式内存管理时，就将线性地址直接用作物理地址。

X86 把线性地址空间划分成 4KB 大小的页面，每个页面可以被映射至物理存储空间中任意一块 4KB 大小的区间（边界必须与 4KB 对齐）。在段式内存管理中，连续的逻辑地址经过映射后在线性地址空间中还是连续的。但是在页式内存管理中，连续的线性地址经过映射后在物理空间中不一定连续（其灵活性也正在于此）。

提示：虽然页式内存管理建立在段式内存管理的基础上，但一旦启用了页式内存管理，所有的线性地址都要经过页式映射，连 GDTR 与 LDTR 中给出的段描述表起始地址也不例外。

PRTOS 为了简化设计，启动段式内存管理后，只是将 4GB 大小的逻辑地址空间映射到自身，作为线性地址出现，这样 PRTOS 的所有内核线程（kthread）共享同一个 GDT，详情请参考源码 core/kernel/x86/head.S 中全局描述符表 early_gdt_table 的定义。early_gdt_table 中代码段和数据段的基地址为 0x0，段限长为 4GB，DPL=0（DPL 为描述符特权级）。也就是说，代码段和数据段都是从 0 地址开始的整个 4GB 逻辑地址空间，逻辑地址到线性地址的映射保持原值不变。

提示：正因为 PRTOS 的内核代码段和数据段都是从 0 地址开始的整个 4GB 逻辑地址空间，逻辑地址到线性地址的映射保持原值不变，所以线性地址和逻辑地址具有相同的含义，程序中直接使用的逻辑地址空间和线性地址空间是等价的。

当页式内存映射启用后，以 4KB 大小的页为例，对 32 位的线性地址做进一步的地址映射，如图 3-6 所示。

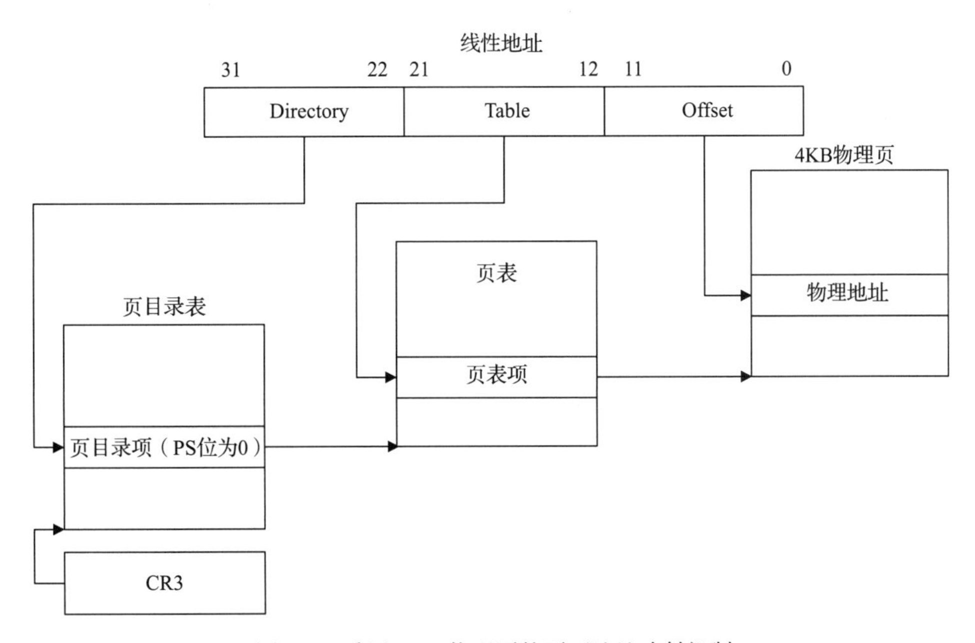

图 3-6 采用 4KB 物理页的页面地址映射机制

图 3-6 中的页目录表共有 $2^{10} = 1024$ 个页目录项，每个页目录项指向一个页表，而每个页表中又有 1024 个页表项，寄存器 CR3 是指向当前页目录表的指针寄存器。从线性地址到物理地址的映射过程如下。

1）从 CR3 取得页目录表的基地址。

2）以线性地址中的 Directory 位段为下标，在页目录表中取得相应页目录项的基地址。

3）以线性地址中的 Table 位段为下标，在所得到的页表中取得相应的页表项。

4）将页表项中给出的页面基地址与线性地址中的 Offset 位段相加得到物理地址。

从 X86 Pentium 处理器开始，Intel 引入了 PSE（Page Size Extension，页面大小扩展）机制。启动 PSE 机制后，页目录项的 PS 位为 1 时，页的大小就成了 4MB，而页表就不再使用了。这时线性地址中的低 22 位就全部用作 4MB 物理页中的偏移。这样，总的寻址能力还是没有改变，即 1024 × 4MB = 4GB，但是映射的过程减少了一个层次，如图 3-7 所示。

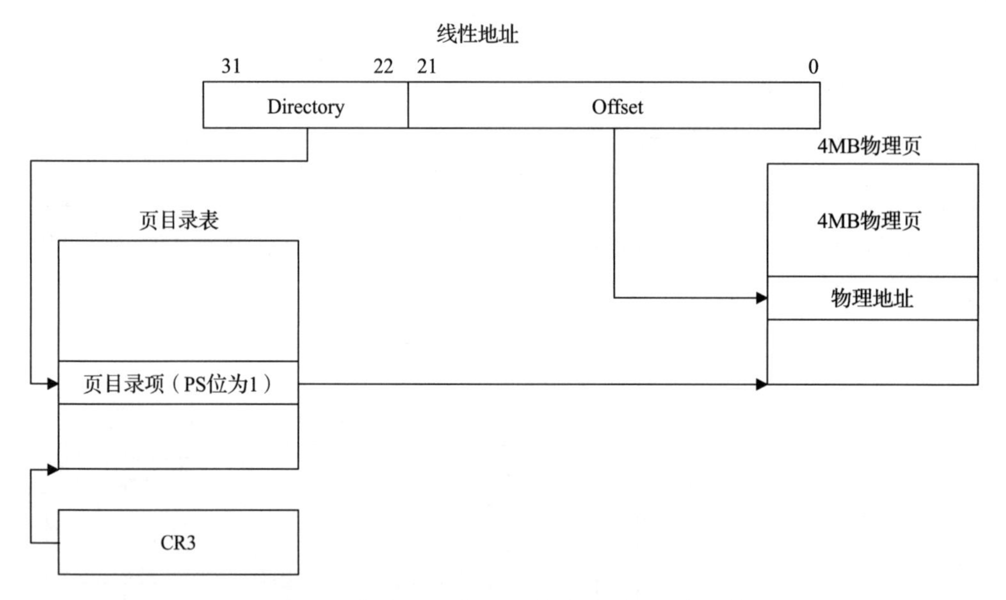

图 3-7　采用 4MB 物理页的页面地址映射机制

PRTOS 使用 4KB 物理页和 4MB 物理页混合的方案，如图 3-8 所示。

采用 4KB 物理页和 4MB 物理页混合映射方案时，PRTOS 内核空间采用 4MB 页面映射，这样可以提高 TLB 命中率，提升系统性能。

2. 虚拟内存地址空间

在 32 位的 X86 硬件平台中，PRTOS 内核占用的虚拟内存地址空间为 0xFC000000～0xFFFFFFFF（即 64MB 大小的虚拟地址空间），其他的虚拟内存地址空间留给分区使用。具体实现请参考 core/kernel/mmu/virtmm.c。

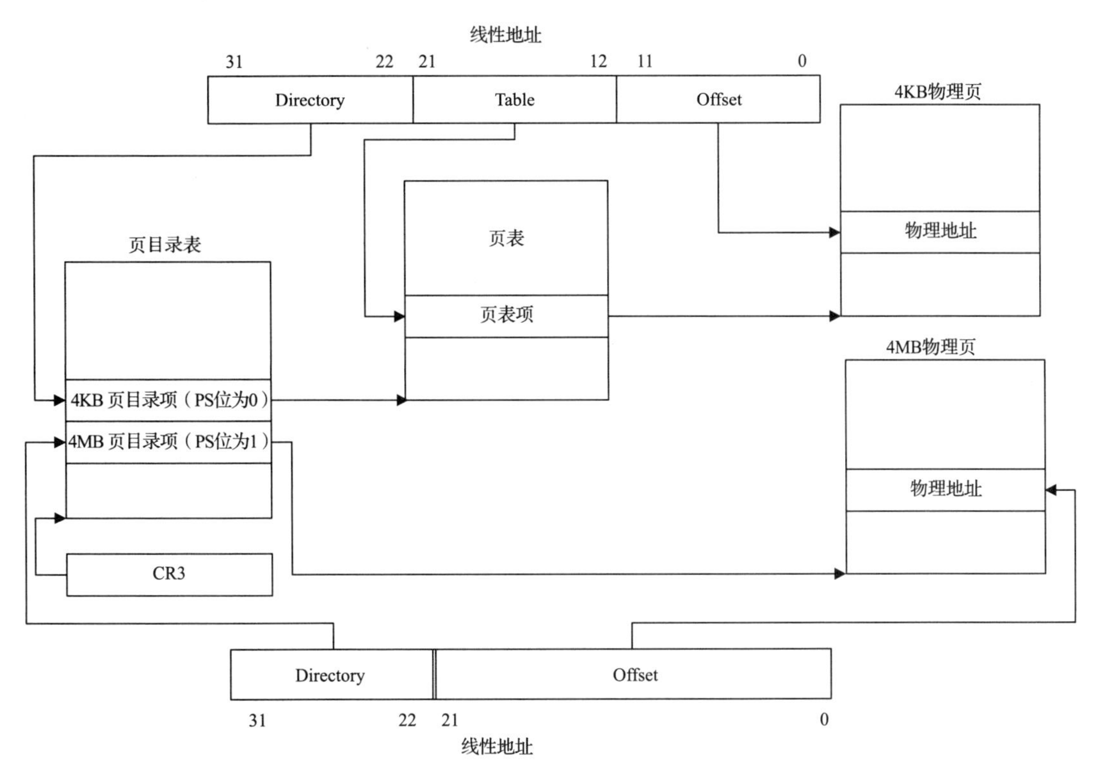

图 3-8　采用 4MB 物理页和 4KB 物理页混合的页面地址映射机制

3.1.7　控制台驱动

PRTOS 是一个轻量级的嵌入式I型 Hypervisor，旨在提供强隔离和实时保证。PRTOS 内核没有用户模式，没有 shell 访问，没有动态内存分配，所有辅助功能都被推送到分区客户操作系统中实现，由于 PRTOS 采用了极小化的实现，PRTOS 控制台驱动仅包含 UART（Universal Asynchronous Receiver/Transmitter，通用异步收发传输器）驱动和 VGA（Video Graphics Array，视频图形阵列）驱动，分别用于管理 UART 设备和 VGA 设备，目的是为 PRTOS 做基本的调试和状态输出。

PRTOS 内核提供了两个格式化输出接口（具体实现请参考 core/klibc/stdio.c）：

```
//用于PRTOS的初始化早期（PRTOS驱动框架建立之前）
extern prtos_s32_t eprintf(const char *, …);
extern prtos_s32_t kprintf(const char *, …);     //用于PRTOS驱动框架建立之后
```

eprintf() 在 PRTOS 初始化的早期使用。当输出设备初始化完成后，我们就可以调用 eprintf() 实现 PRTOS 内核状态的输出。在 X86 硬件平台上，可用的输出设备有 UART 设备和 VGA 设备。具体使用哪些设备进行输出，可以在 make menuconfig 中进行配置，如图 3-9 所示。

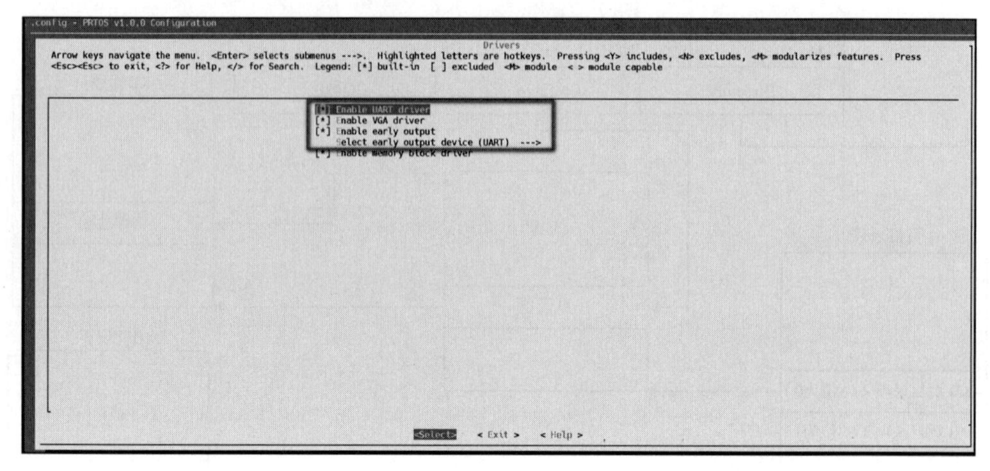

图 3-9 配置输出设备

prtos_s32_t kprintf() 的实现基于 PRTOS 的设备驱动框架，因此只有在驱动框架建立后才可以使用。kprintf() 使用的输出设备通过 PRTOS 内核控制台节点 SystemDescription/PRTOSHypervisor@console 进行配置。示例代码请参考 user/bail/examples/helloworld/prtos_cf.x86.xml。

3.1.8 分区上下文切换

分区上下文切换指的是 PRTOS 根据指定的调度策略从一个分区切换到另一个分区。在 PRTOS 内核中，内核线程和 vCPU 是一一对应的。同一个分区内的不同 vCPU 共享内存资源和虚拟地址空间。但对调度器来说，多核分区中的 vCPU 和单核分区中的 vCPU 都是统一进行调度的。这和 Linux 内核中进程和线程的实现类似，同一个进程中的线程共享进程空间。但对 Linux 调度器来说，进程和线程是统一进行调度的。至于多核分区中的 vCPU 是否在同一个时刻进行切换，则取决于用户在每个物理核心上的调度策略（既可以让同一个分区的不同内核线程同时切换，也可以不同时切换）。

PRTOS 分区上下文切换主要分成以下 8 个步骤。

步骤 1：检测到时钟中断。

步骤 2：保存当前分区的上下文。

步骤 3：清理可能嵌套的中断服务程序。

步骤 4：从配置文件定义的调度策略中选择下一个将要执行的分区。

步骤 5：设置中断掩码和内存映射。

步骤 6：恢复下一个分区的中断状态位。

步骤 7：恢复下一个分区的虚拟时钟和虚拟定时器。

步骤 8：恢复下一个分区的上下文，跳转到下一个分区中运行。

具体实现请参考源码 core/kernel/sched.c，我们也会在第 6 章详细阐述。

3.2　虚拟化服务层

虚拟化服务层提供支持分区半虚拟化所需的内核服务，并通过超级调用提供给分区使用。其中一些服务也可以被 PRTOS 中的其他模块使用。虚拟化服务层包含虚拟中断服务、虚拟时钟和虚拟定时器服务、虚拟内存管理服务、虚拟设备管理服务、健康监控管理服务、虚拟处理器调度服务、分区管理服务、分区间通信服务、超级调用派发服务以及跟踪管理服务共 10 个组件。

3.2.1　虚拟中断服务

PRTOS 向分区提供启用 / 禁用、屏蔽 / 解除屏蔽两类虚拟中断服务。与硬件平台类似，有些中断是不能被禁用的，比如系统重置异常。

1）启用 / 禁用虚拟中断：启用虚拟中断意味着当前 vCPU 将响应触发虚拟中断的事件，而禁用虚拟中断则意味着当前 vCPU 不做出响应，有助于 vCPU 控制其对外部事件的响应。

2）屏蔽 / 解除屏蔽虚拟中断：类似于启用 / 禁用服务，屏蔽虚拟中断将暂时阻止 vCPU 响应指定类型的事件，而解除屏蔽虚拟中断则允许 vCPU 重新响应。这种机制可以暂时阻止 vCPU 对某些事件的处理，待需要时再恢复处理。

综上所述，PRTOS 允许分区内的应用程序动态地管理其对虚拟中断事件的响应。这种灵活性可以用于优化分区内部的任务调度、时间管理和系统响应等。

PRTOS 为每个分区构建了一个虚拟中断表，存储了虚拟中断号与分区内中断处理程序的映射关系。每个分区可以实现分区内部的中断处理函数。客户操作系统在分区中所看到的虚拟中断与硬件平台提供的中断基本类似。

1）分区虚拟中断表：是一个数据结构，用于将虚拟中断号与对应的中断处理程序关联起来。在虚拟化环境中，多个分区共享硬件资源。PRTOS 若要处理中断事件并正确地投递各个分区的中断处理程序，则必须建立中断机制。分区虚拟中断表就是这类中断机制的关键部分。

2）定义中断处理程序：每个分区可以在其虚拟中断表中定义与分区内部事件关联的虚拟中断号，并指定中断处理程序。当分区内部事件触发时，分区应用会查找虚拟中断表，根据虚拟中断号调用中断处理程序。

时钟和定时器是分区中重要的虚拟设备，基于虚拟中断实现。接下来我们分析虚拟时钟和虚拟定时器服务。

3.2.2　虚拟时钟和虚拟定时器服务

PRTOS 为分区提供了访问虚拟时钟和虚拟定时器的服务，呈现全局时钟和本地时钟的视图，以帮助分区控制任务执行时间。

（1）虚拟时钟

虚拟时钟是客户操作系统用来追踪时间的虚拟设备。客户操作系统通过超级调用服务读取虚拟时钟的计数值。PRTOS 提供了两种不同类型的时钟：全局时钟和本地时钟。

1）全局时钟：是一个系统级别的时钟，用于追踪 PRTOS 的整体运行时间，在整个 PRTOS 系统范围内进行计时，不受分区执行状态的影响，为分区提供了一个可以用来测量系统性能、计算时间间隔和时间戳的标准时间源。无论分区是否执行，全局时钟都会持续计时。

2）本地时钟：是与分区执行状态相关联的时钟，为每个分区提供一个独立的定时器。只有在分区执行时，本地时钟才会计时。一旦分区被挂起或被切换，对应的本地时钟将暂停计时，待分区恢复运行后再继续计时。

（2）虚拟定时器

虚拟定时器是用来设定周期性或单次定时事件的虚拟设备。PRTOS 提供了两种不同类型的定时器：全局定时器和本地定时器。

1）全局定时器：该定时器与全局时钟同步，不受分区的执行状态的影响，适用于需要在整个系统范围内触发的任务。

2）本地定时器：与每个分区的本地时钟同步，只有当分区处于执行状态时才会定时，适用于需要在分区内部执行的任务。

这两类定时器都可以被设置为单次触发模式和周期性触发模式。

1）单次触发模式：该模式下的定时器只触发一次就停止定时，适用于只执行一次的任务。

2）周期性触发模式：该模式下的定时器在设定的周期内反复触发，适用于重复执行的任务。

（3）虚拟时钟和虚拟定时器提供的服务

PRTOS 提供的虚拟时钟和虚拟定时器可为分区应用提供以下 3 种服务。

1）虚拟时间查询：查询当前分区时间，以获取时间戳或计算时间间隔。

2）定时器管理：支持分区内应用程序的创建、配置；管理定时器，包括设置定时器触发的时间间隔和触发模式等。

3）设定定时器回调函数：当虚拟定时器触发时，PRTOS 会自动执行回调函数，使得应用程序执行预定的操作。

PRTOS 为分区提供访问虚拟时钟和虚拟定时器服务的目的是保证分区任务的实时性和可预测性。

3.2.3 虚拟内存管理服务

PRTOS 借助硬件 MMU，使分区只能访问 PRTOS 系统配置文件分配给它的内存空间。绝大多数的客户实时系统不处理 MMU 页表，GPOS（如 Linux）等其他客户必须动态地填充页表。

1）MMU 是一种硬件组件，用于管理系统中的物理内存和虚拟内存之间的映射关系。它允许操作系统和应用程序将虚拟内存地址映射到物理内存地址，实现内存的隔离、保护和有效利用。

2）PRTOS 系统配置文件是一种用于描述系统配置的数据结构，包含每个分区被分配的内存空间的范围信息，包括起始地址、大小等。PRTOS 使用这些配置信息来告知硬件 MMU 如何设置内存映射，以使每个分区只能访问其分配的内存空间。

通过使用硬件 MMU，PRTOS 可以在硬件级别上限制每个分区只能访问为其分配的内存空间，从而提高了系统的隔离性，并能够检测分区的非法内存访问，从而提高了系统的安全性和可靠性。

3.2.4　虚拟设备管理服务

PRTOS 的虚拟设备管理服务可以分成两类。

（1）虚拟控制台管理虚拟串行设备

虚拟控制台用于 PRTOS 内核和分区输出运行状态信息。PRTOS 通过虚拟控制台将物理串行通信设备（例如 UART、VGA 设备）模拟为多个虚拟串行设备，以供内核和分区使用，使得内核和每个分区都可以拥有自己的虚拟串行设备，而实际的物理设备则由 PRTOS 透明地映射到这些虚拟设备上。

（2）系统配置表将其他设备分配给分区

PRTOS 并不直接操作和控制除串行设备外的其他硬件设备，而将操作和控制硬件设备的责任交给各个分区，由分区与所分配的设备进行交互，从而实现特定的功能。

PRTOS 通过系统配置表为分区分配外围设备，确保分区独占资源。配置表包含分区可访问设备的信息。启动时，PRTOS 根据配置信息将设备分配给分区，确保资源的安全可控，防止未经授权的访问和资源发生冲突。

同时，PRTOS 通过配置文件将设备所属的硬件中断也分配给分区，并且只允许配置文件中指定的分区来管理设备中断。特定设备触发的中断事件仅由一个特定的分区来管理。当该设备触发中断时，只有被分配为管理该设备中断的分区才会响应和处理这个中断，其他分区将被禁止干预这个中断。

这种中断分配和管理策略确保了中断处理的独占性和可控性。每个设备中断都有唯一的管理分区，并且只有在配置文件中明确指定的分区才能够处理该中断。这有助于避免资源冲突和混乱，同时提供了更可预测的系统行为。

3.2.5　健康监控管理服务

健康监控用于检测系统或者分区的异常事件、状态，并做出反应。健康监控的目的是在错误发生的早期阶段试图解决错误，或者将错误限定在发生故障的子系统，目的是避免或者减少可能的损失。

（1）健康监控的触发机制

PRTOS 具备处理处理器陷阱的功能。当系统中发生错误指令导致处理器陷阱时，PRTOS

会检测并确定生成错误的责任方是谁（例如应用程序、操作系统等），然后执行与该错误相关的操作。每个错误所需执行的操作定义在配置文件中，这使得系统可以根据配置来处理不同类型的错误。这种机制有助于确保系统在发生错误的情况下进行适当的处理，以保证系统的稳定性和可靠性。通过在配置文件中定义错误操作，系统管理员也可以灵活地定义系统在发生错误时的行为，以适应不同的需求和优先级。

（2）健康监控的管理机制

PRTOS 对故障采取简单操作。这些操作可能是忽略错误、将错误传播到故障分区、停止故障分区、重置故障分区、停止系统或重置系统。处理这些故障和错误的方式通常根据系统的要求和特定情况来选择。选择何种操作取决于故障的类型、优先级、影响范围等因素。在实时系统中，对于故障的快速响应和处理非常重要，以确保系统的稳定性和可靠性。

PRTOS 会捕获和处理处理器架构支持的异常情况，然后根据其配置和策略采取适当的操作，如错误处理、故障管理等。这种行为可确保 PRTOS 充分利用处理器提供的异常处理机制，并根据应用程序的实时性要求来处理可能发生的异常情况，以维护系统的稳定性和可靠性。在分区或 PRTOS 执行过程中，由软件检测到的错误通过健康监控事件通知给健康监控子系统。健康监控事件将启动分配给特定错误的健康监控操作，比如分区代码检测到的错误应在分区级别处理。PRTOS 提供健康监控事件机制，与故障相关的操作将按照配置文件中定义的方式执行，以维持系统的稳定性和可靠性。

（3）健康监控的日志维护

对性能、可靠性、安全性等要求非常高的关键系统，需要由特定分区进行验证。为了维护健康监控事件的历史记录，PRTOS 提供了一个日志系统。PRTOS 负责维护由健康监控系统生成的事件日志，这些事件日志包括系统的状态变化、故障情况等，会存储在配置文件指定的内存区域中，以便日后分析和审查。通过维护事件日志，系统可以更好地了解系统运行情况，进行故障排查和分析，以增加系统的可靠性和透明性，同时满足关键系统的要求。

3.2.6 虚拟处理器调度服务

PRTOS 为每个分区提供了 vCPU，每个 vCPU 都是 pCPU 的抽象。PRTOS 提供的 vCPU 旨在模拟 pCPU 的行为，并提供尽可能接近 pCPU 的性能。PRTOS 按照事先定义的循环表调度策略调度 vCPU 的执行。调度策略由一系列时间槽组成，每个时间槽将分配给分区中的一个 vCPU。

每个 pCPU 执行一个独立的调度策略，pCPU 会根据配置的调度策略来决定哪个 vCPU 在何时运行。通过在不同调度策略之间的切换，PRTOS 可以有效地适应不同的应用需求，从而提高系统的整体性能和资源利用率。与此同时，PRTOS 还提供了允许系统分区切换不同调度策略的超级调用服务。调度策略的切换在当前调度策略执行的末尾执行，以确保平稳地切换，避免资源冲突和混乱。

由于每个 pCPU 都有专属的调度策略，单 pCPU 的硬件平台只是多 pCPU 硬件平台的特例，因此对 PRTOS 内核调度器来说没有差别。循环表调度策略有助于确保每个分区得到适当的资源分配，避免资源竞争和冲突。

3.2.7　分区管理服务

分区是一个包含应用的执行环境。从 PRTOS 的角度来看，分区是应用的容器，由 PRTOS 负责管理，并提供分区虚拟化服务。根据配置文件的要求，PRTOS 会提供给分区一个或者多个 vCPU。vCPU 包括一组分区可直接访问的处理器寄存器、1 个栈空间、2 个时钟（全局和本地）、2 个定时器（基于全局时钟和本地时钟），以及必要的虚拟硬件资源（比如虚拟串行设备）。

（1）分区启动

从 PRTOS 的角度来看，分区是具有单一入口点的一段代码。这段代码代表了一个独立的执行空间，在其中可以运行一个应用程序、任务或特定功能。这个单一的入口点是分区内部的起始执行位置。当分区被调度执行时，系统将从这个入口点开始执行分区内的代码。

当分区启动的时候，PRTOS 会调用分区入口代码，这和非分区系统在重启过程中调用启动代码片段的工作方式是类似的。在启动过程中，无论是分区系统还是非分区系统，都需要执行特定的代码来准备系统环境并开始执行任务。分区系统中的分区入口代码与非分区系统中的启动代码在作用上是类似的，都是为了确保系统正确启动并开始执行任务。

（2）分区的任务

不管是运行客户操作系统的分区，还是运行裸机应用的分区，都要负责建立内部代码运行机制，包括以下 6 个任务。

1）每个执行环境都需要一个栈来管理函数调用、局部变量等。分区需要负责分配栈内存，并在代码执行过程中适当地管理栈空间。

2）中断是处理器响应硬件事件和异常情况的重要机制。分区需要设置虚拟中断表，以确保在发生中断时能够正确地跳转到相应的中断处理程序。

3）分区需要分配 CPU 时间片、内存和其他资源，以确保分区内的代码可以顺利运行，而不会与其他分区发生冲突。

4）分区开始执行之前需要初始化寄存器、设置初始状态等，这有助于确保代码在正确的环境中运行。

5）如果分区需要处理中断，它必须设置中断处理函数，以便在中断发生时正确地响应和处理。

6）如果分区需要使用内存，它需要管理内存分配和释放以及处理可能的内存碎片问题。

以上任务是确保分区能够正常运行并与其他分区协调工作的基础。

（3）多 vCPU 分区支持

多 vCPU 分区将会从 PRTOS 收到 vCPU0 的（默认）使能状态，分区中的 vCPU0 负责启动其他 vCPU，并分配资源运行多核应用，使多核应用能够在这些 vCPU 上并行运行。这种机制使得多处理器分区能够有效地协调和管理多核处理器的资源和任务，从而实现更高的性能和效率。

（4）分区管理

PRTOS 提供了一组服务来管理分区。

1）PRTOS 为分区提供了一组服务。通过这些服务，分区可以请求资源、进行配置、进行通信等。

2）通过 PRTOS 提供的服务，分区可以向 PRTOS 请求所需的虚拟化资源，例如分配特定的 CPU 时间片、内存容量等。

3）通过使用 PRTOS 提供的服务，虚拟化环境可以确保各个分区之间的资源隔离和安全性，防止资源冲突和未经授权的访问。

3.2.8 分区间通信服务

PRTOS 为分区提供授权的通信服务。

1. 分区通信的授权方式

分区通过系统配置文件定义的通信点进行通信。通信点是指分区用于与其他分区进行通信的端口，分区可以通过这些端口发送和接收数据。每个端口都用一个名称进行标识，这个名称可以用来唯一地识别特定的通信接口。分区并不知道连接到相同端口的其他分区是哪些。这种连接关系是在系统配置文件中定义的，这样的配置可以在 PRTOS 运行时为不同的分区分配不同的通信通道。通道是指不同分区之间进行通信的途径。通过定义端口和通信通道，不同的分区可以在不了解对方的情况下进行通信。为了确保系统的安全性和合规性，只有在系统配置允许的情况下，一个分区才能将数据发送给另一个分区，这种限制可以避免未经授权的通信。

这种方式确保了通信活动在预期的范围内进行，实现了分区间的安全通信，有助于维护系统的隔离性、安全性和可控性。

2. 分区间的端口通信

PRTOS 为分区提供了端口，用于实现分区间通信。端口通过配置文件指定给某个分区。

1）在 PRTOS 中，端口是用于分区之间通信的接口，允许分区发送和接收数据。

2）不同的分区需要在系统内部进行通信，以便共享数据、协调任务等。端口提供了这种通信的机制。

3）端口分为数据的源端口和目的端口。源端口用于发送数据，而目的端口用于接收数据。

3. 分区间的异步通信

PRTOS 提供的所有分区间通信都是异步的，这意味着在进行通信操作时，发送方和接收方之间的执行是相互独立的。在异步通信中，发送方将数据发送给通信通道或端口，然后可以继续执行其他任务。接收方可以在适当的时候从通信通道或端口中读取数据，并在需要时处理接收到的数据。

异步通信的特点是效率高，因为发送方和接收方可以并行执行任务，不会相互阻塞。然而，由于没有直接的同步机制，需要额外的处理来确保数据的正确性和一致性。

4. 分区间通信的种类

PRTOS 提供了非缓冲的采样通道和缓冲的排队通道，用于实现分区间通信的不同机制。这两种机制用来支持不同类型的通信需求。

（1）非缓冲的采样通道

非缓冲的采样通道用于实现异步通信，接收方周期性地从发送方读取数据。发送方在采样端口中写入数据，接收方则以固定的频率从采样端口中读取最新的数据。

采样方式包括广播、多播以及单播消息传递方式。这种模式不支持消息排队。消息在通过通道传递出去之前会一直停留在源端口，或者被新出现的消息覆盖。每一个消息实例到达目的端口后，都会覆盖目的端口的当前消息，并一直保留在那里，直到被新的消息覆盖。PRTOS 采用这种方式可以确保目的分区在任何时间访问的都是最新的消息。

（2）缓冲的排队通道

缓冲的排队通道用于实现异步通信，允许发送分区将数据写入通道，然后继续执行自己的任务，而不需要等待接收分区读取数据。接收分区可以在适当的时候从通道中读取数据，而无须与发送分区实时同步。通道有一个缓冲区，允许在一定程度上解耦发送分区和接收分区，提高了通信的灵活性和效率。在这种基于队列的通信方式中，数据按照先进先出（First In First Out，FIFO）的顺序进行传输。发送方将数据写入排队端口，接收方则从排队端口读取数据。排队端口可以在分区间进行异步通信，发送方和接收方之间没有实时通信的要求。排队端口适用于需要缓存多个数据项并按照先后顺序进行传输的场景。

3.2.9　超级调用派发服务

超级调用派发服务是 PRTOS 内核提供半虚拟化服务给分区使用的一种调用服务机制，用于处理 PRTOS 内核和分区应用之间的交互。超级调用派发的流程如下。

步骤 1：分区应用通过 Hypercall API 发起超级调用，将控制权转移给 PRTOS 内核。

步骤 2：PRTOS 内核中的超级调用派发程序接收到请求后会判断是否为超级调用。

步骤 3：如果是超级调用，超级调用派发程序将请求转发给对应的 PRTOS 内核服务程序。

步骤 4：PRTOS 内核服务程序完成处理后，将结果返回给超级调用派发程序。

步骤 5：超级调用派发程序将结果返回给 Hypercall API。

步骤 6：Hypercall API 将结果返回给分区程序，并将控制权转移回分区程序。

在超级调用派发流程中，超级调用派发程序的作用是根据请求类型将超级请求派发给相应的内核服务程序。因此，超级调用派发程序的实现需要高效、可靠，并具有一定的安全性能保障。同时，内核服务程序的实现也需要高效、可靠，以确保系统的可靠性和安全性。

提示： PRTOS 提供给分区使用的超级调用服务程序在 X86 平台上是通过 lcall 指令完成的。该指令通过调用门实现了外层 Ring 1/Ring 2/Ring 3 对内层 Ring 0 门服务程序的调用。

3.2.10 跟踪管理服务

跟踪日志指的是在软件开发和调试过程中生成的事件日志。这种日志会记录系统执行过程中的关键事件，以便开发人员在调试和分析中使用。跟踪日志对于识别问题、性能优化和理解程序行为都非常有帮助。

PRTOS 负责维护由跟踪系统生成的事件日志，事件日志包括系统的状态变化、故障情况等。事件日志会存储在配置文件指定的内存区域中，跟踪管理子系统可用于存储和检索存放在指定内存区域中的、由分区和 PRTOS 内核产生的跟踪消息，以便日后分析和审查。通过维护跟踪系统事件日志，系统工程师可以更好地了解系统运行情况，进行故障排查和分析。

3.3 内部服务层

内部服务层提供了服务程序，供 PRTOS 内核的其他组件使用，这些服务对分区来说是不可见的。内部服务层包含 KLIBC、分区引导程序以及队列操作数据结构。

3.3.1 KLIBC

PRTOS 内核使用 KLIBC（内核组件可用）有以下两个原因：一是 PRTOS 内核程序无法调用处于分区模式下的标准 C 库；二是即使 PRTOS 可以使用标准 C 库中的程序，但是为了减少对外部库的依赖，并简化内核实现，也很有必要使用一个仅供自己调用的 C 库。

KLIBC 包含两部分：一部分是与平台无关的代码；另一部分是出于效率考虑，使用平台相关代码。KLIBC 的 API 列表如代码清单 3-4 所示。

代码清单 3-4 KLIBC 的 API 列表

```
//源码路径：core/klibc
01 void *memset(void *dst, prtos_s32_t s, prtos_size_t count)
02 void *memcpy(void *dst, const void *src, prtos_size_t count)  // 平台相关
03 prtos_s32_t memcmp(const void *dst, const void *src, prtos_size_t count)
04 char *strcpy(char *dst, const char *src)
05 char *strncpy(char *dst, const char *src, prtos_size_t n)
06 char *strcat(char *s, const char* t)
07 char *strncat(char *s, const char *t, prtos_size_t n)
```

```
08 prtos_s32_t strcmp(const char *s, const char *t)
09 prtos_s32_t strncmp(const char *s1, const char *s2, prtos_size_t n)
10 prtos_size_t strlen(const char *s)
11 char *strrchr(const char *t, prtos_s32_t c)
12 char *strchr(const char *t, prtos_s32_t c)
13 char *strstr(const char *haystack, const char *needle)
14 void *memmove(void *dst, const void *src, prtos_size_t count)
15 unsigned long strtoul(const char *ptr, char **endptr, prtos_s32_t base)
16 long strtol(const char *nptr, char **endptr, prtos_s32_t base)
17 prtos_u64_t strtoull(const char *ptr, char **endptr, prtos_s32_t base)
18 prtos_s64_t strtoll(const char *nptr, char **endptr, prtos_s32_t base)
19 char *basename(char *path)
20 prtos_s32_t vprintf(const char *fmt, va_list args)
21 prtos_s32_t sprintf(char *s, char const *fmt, …)
22 prtos_s32_t snprintf(char *s, prtos_s32_t n, const char *fmt, …)
23 prtos_s32_t kprintf(const char *format, …)
24 prtos_s32_t eprintf(const char *format, …)
```

3.3.2 分区引导程序

PBL（Partition Boot Loader，分区引导程序）位于每个分区的内存区域中，用于 PRTOS 分区映像的加载。

PBL 的主要职责如下。

1）加载分区操作系统或者裸机应用。PBL 从存储介质中读取操作系统或者裸机应用映像，并将其加载到指定分区的内存中。

2）跳转到分区操作系统或者裸机应用入口。一旦操作系统或者裸机应用被加载到内存中，PBL 就将控制权转移到分区中操作系统的启动代码入口或者裸机应用的启动代码入口，从而启动操作系统或者裸机应用。

PBL 在 vCPU0 上运行。一旦 PBL 初始化并加载了操作系统或者裸机应用，控制权就会被传递给该操作系统或者裸机应用。该操作系统或者裸机应用将在其自己的 vCPU 上运行。

3.3.3 队列操作数据结构

PRTOS 内核使用队列操作，而队列操作并不专属于 PRTOS 的某个模块（如中断管理、内存管理等）。比如，如果需要维持一个 foo 数据结构的双链队列，常用的办法是在这个数据结构的类型定义中加入两个指针，以实现队列操作，如代码清单 3-5 所示。

代码清单 3-5　加入两个指针实现队列操作

```
01 typedef struct foo
02 {
03 struct foo *prev;      //指向当前结构的前驱节点
04 struct foo *next;      //指向当前结构的后继节点
05 …
06 } foo;
```

之后，为这种数据结构写一套用于各种队列操作的子程序。由于用来维持队列的两个指针的类型是固定的（都指向 foo 数据结构），因此这些子程序不能用于其他数据结构的队列操作。换言之，需要维持多少种数据结构的队列，就需要提供多少套队列操作子程序。这对使用队列较少的应用程序来说或许不是一个问题，但对频繁使用队列的 PRTOS 内核就成问题了。所以 PRTOS 内核中采用了一套通用的、可以用于各种不同数据结构的队列操作。PRTOS 把指针 prev 和 next 从具体的“宿主”数据结构中抽象出来，使其成为一种数据结构。这种数据结构既可以“寄宿”在具体的宿主数据结构内部，成为该数据结构的一个“连接件”；也可以独立存在而成为一个队列的头。具体实现请参考 PRTOS 源码 core/include/list.h。

例如，PRTOS 的定时器 struct ktimer 的数据结构代码清单 3-6 所示。

代码清单 3-6　PRTOS 定时器的数据结构

```
//源码路径：core/include/ktimer.h
01 typedef struct ktimer {
02     struct dyn_list_node dyn_list_ptrs;
03     hw_time_t value;
04     hw_time_t interval;
05     prtos_u32_t flags;
06 #define KTIMER_ARMED (1 << 0)
07     void *action_args;
08     void (*action)(struct ktimer *, void *);
09 } ktimer_t;
```

如果要将一个 ktimer_t 结构的对象插入一个队列，可将其队列头 dyn_list_ptrs 作为链接件，调用 dyn_list_insert_head 链入一个队列，示例代码如代码清单 3-7 所示。

代码清单 3-7　定时器对象初始化

```
//源码路径：core/kernel/ktimer.c
01 void init_ktimer(int cpu_id, ktimer_t *ktimer, void (*act)(ktimer_t *, void *),
       void *args, void *kthread) {
02     kthread_t *k = (kthread_t *)kthread;
03 
04     memset((prtos_s8_t *)ktimer, 0, sizeof(ktimer_t));
05     ktimer->action_args = args;
06     ktimer->action = act;
07     if (dyn_list_insert_head((k) ? &k->ctrl.local_active_ktimers : &local_processor_
           info[cpu_id].time.global_active_ktimers, &ktimer->dyn_list_ptrs)) {
08         cpu_ctxt_t ctxt;
09         get_cpu_ctxt(&ctxt);
10         system_panic(&ctxt, "[KTIMER] Error allocating ktimer");
11     }
12 }
```

在上述代码中，第 07 行表示队列操作通过 dyn_list_ptrs 实现。由于连接件在宿主结构的首部，所以连接件的地址就是宿主结构的地址，这样我们可以通过函数 traverse_ktimer_ queue() 遍历这个队列来遍历宿主结构。traverse_ktimer_queue() 函数的实现请参考源码 core/kernel/ktimer.c。

3.4 超级调用接口函数库

超级调用接口函数库是 PRTOS 提供的一组半虚拟化服务接口，包含系统管理类 API、分区管理类 API、vCPU 管理类 API、虚拟时钟和虚拟定时器 API、vCPU 调度策略管理 API、分区间通信 API、内存管理 API、健康监控 API、跟踪管理 API、虚拟中断管理 API 以及与具体处理器平台相关的 API。

PRTOS 将提供给分区的超级调用服务封装在 PRTOS 函数库 libprtos 中。libprtos 库屏蔽了与超级系统调用相关的底层细节，使得开发人员可以使用更高级别的编程语言（C 语言）请求超级调用服务，进一步降低了分区应用开发的复杂性，提高了应用程序的可维护性和安全性。

PRTOS 能够有效地分配和管理处理器、内存、I/O 设备等资源，并提供可靠的通信机制，以便分区之间可以进行安全的消息传递和数据共享。超级调用服务 API 的设计注重轻量级、低开销以及可预测性，以适应嵌入式系统的资源有限性和实时性要求。

3.5 本章小结

PRTOS 是一种嵌入式 I 型 Hypervisor，可对系统硬件资源（包括 CPU、内存和 I/O 设备）进行虚拟化，确保系统安全，并防止应用程序之间的干扰。PRTOS 主要包含硬件依赖层、虚拟化服务层、内部服务层以及超级调用接口函数库这 4 个核心组件，本章分别介绍了它们的功能与设计原理。

第 4 章
中断隔离技术的设计与实现

Hypervisor 中断隔离技术是虚拟化技术中的关键特性之一。在传统的操作系统中，中断是用于响应硬件事件的一种机制，例如键盘输入、网络数据包到达等。当操作系统接收到一个中断请求时，它会暂停当前正在执行的任务，执行中断处理程序，并在处理程序执行完毕后继续之前的任务。在虚拟化环境中，由于多个虚拟机共享同一个物理硬件平台，因此会出现中断请求冲突的情况。如果不进行隔离处理，不同虚拟机之间的中断请求会相互干扰，导致虚拟机运行异常或崩溃。

为了解决这个问题，Hypervisor 中断隔离采用了中断控制器虚拟化（Interrupt Controller Virtualization）和中断共享屏蔽（Interrupt Sharing Masking）技术。中断控制器虚拟化会将物理硬件平台的中断控制器虚拟化成多个，每个虚拟机都可以独立使用自己的中断控制器，这样不同虚拟机之间的中断请求不会相互干扰。中断共享屏蔽则是在虚拟机之间共享中断请求的同时，通过屏蔽掉一些不必要的中断请求来减少冲突和干扰，提高安全性、稳定性和性能。

本章将介绍 Hypervisor 中断隔离技术的设计与实现。

4.1 中断模型

中断模型是指 Hypervisor 处理中断事件的一种框架或模式。当计算机执行一个程序时，如果发生了中断事件（如硬件错误、软件异常、I/O 请求等），计算机会停止当前执行的程序，并将控制权转移给 Hypervisor。Hypervisor 会根据中断事件的类型，执行相应的中断处理程序。

中断模型包括以下 4 个部分。

1）中断源：引起中断事件的硬件设备或软件程序。

2）中断处理程序：Hypervisor 根据中断事件类型提前定义的处理程序。

3）中断控制器：用于管理不同设备发出的中断信号的硬件设备。

4）中断向量表：用于将中断事件映射到相应的中断处理程序的查找表。

中断模型的目的是允许 Hypervisor 响应异步事件并进行相应的处理。通过中断模型，Hypervisor 可以在需要时随时中断当前程序的执行，转而执行特定的中断处理程序。这使得客户操作系统能够同时处理多个任务和事件，并允许多个程序在同一时间内运行。

PRTOS 中断模型的设计考虑到了响应中断的可预测性和安全性，其架构如图 4-1 所示。

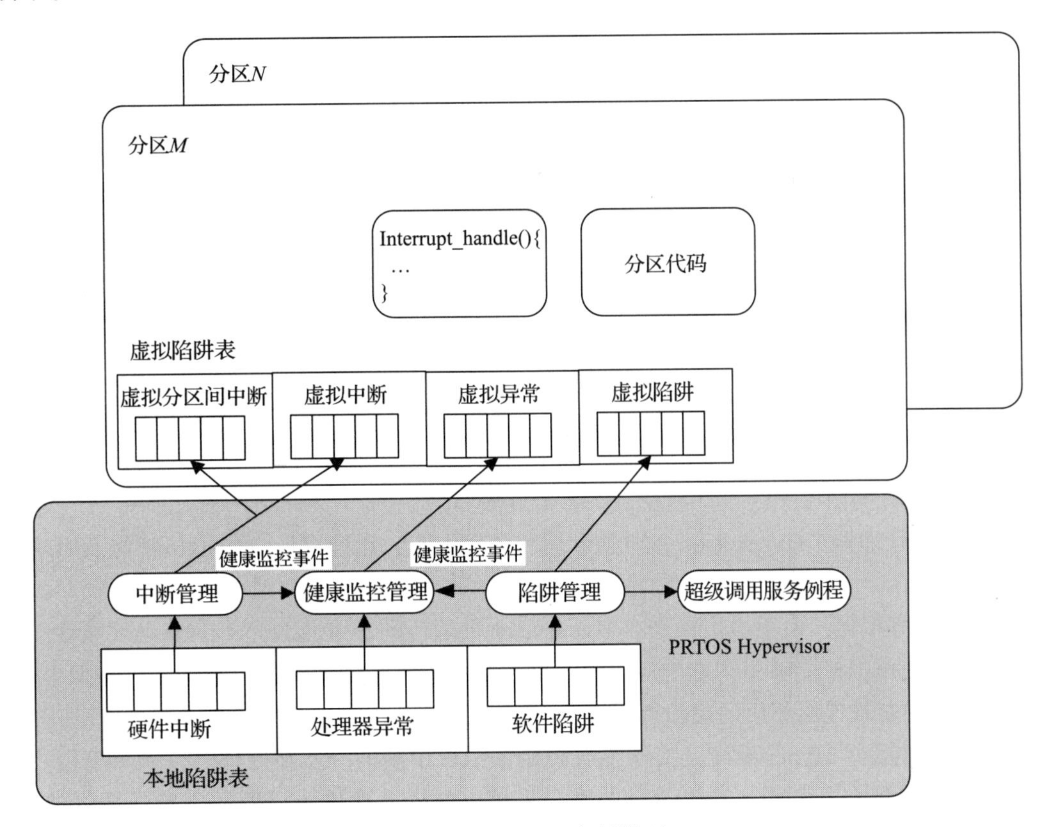

图 4-1　PRTOS 中断模型

在图 4-1 中，PRTOS 中断模型提供了可配置的中断处理机制来处理本地硬件中断，并生成适当的虚拟中断分配给分区（分区 *M*、*N*）。分区必须处理以下虚拟中断。

1）虚拟陷阱是由 PRTOS 向分区生成的陷阱，是本地软件陷阱的触发结果。

2）虚拟异常是由 PRTOS 向分区传播的异常，是本地处理器异常发生的结果。一方面，并非所有本地异常都会传播给分区。例如，因空间隔离违规而生成的内存访问错误会由 PRTOS 内核处理，PRTOS 内核可以执行停止分区操作，也可以生成另一个不同的虚拟异常（例如内存隔离故障）。另一方面，数值错误会直接传播给分区，由分区自行处理。虚拟异常是原生异常的超集，包括 Hypervisor 生成的附加异常，其中一些是内存隔离错误、I/O 隔离错误以及时间隔离错误。

3）虚拟中断由真实硬件或虚拟硬件直接产生。真实硬件对应于外部设备（专用设备）或外围设备，虚拟硬件包括与虚拟化相关联的不同虚拟设备。

只有虚拟硬件中断可以被所在分区启用或禁用。为了防止分区危及时间隔离，PRTOS

使用了 4 种策略。

1）分区无法访问 pCPU 的原生陷阱表，因此分区应用无法将自己的陷阱处理程序安装到原生陷阱表中。所有陷阱都由 PRTOS 内核接管，并在必要时由 PRTOS 传递给分区定义的、属于自己的虚拟陷阱表。

2）分区不能与 pCPU 的陷阱交互。分区在用户模式下执行，从而保证它们没有访问本地 CPU 控制寄存器的权限。

3）分区无法屏蔽未分配给该分区的虚拟硬件中断。

4）当一个分区被调度时，与其他分区关联的所有硬件中断都被禁用。当分区上下文切换发生时，PRTOS 会检测下一个要执行的分区硬件中断，并根据该分区的中断屏蔽掩码来触发这些中断。

4.2 内核中断设计

Hypervisor 的内核中断设计涉及以下 4 个方面。

1）中断管理器：Hypervisor 必须能管理和分发中断，以确保所有虚拟机都能及时响应中断。

2）中断虚拟化：由于虚拟机是在 Hypervisor 上运行的，因此 Hypervisor 必须能够虚拟化中断，以使虚拟机能够感知和响应中断。这涉及将来自物理硬件的中断转换为虚拟中断，并将该虚拟中断投递给相应的虚拟机。

3）中断控制：Hypervisor 还必须能够控制虚拟机中断的分发和处理，以确保虚拟机的资源和时间得到充分利用。这涉及分区客户系统中的任务优先级调度和中断屏蔽等技术，以确保高优先级任务能够及时响应中断。

4）中断处理程序：在收到中断后，Hypervisor 必须能够调用适当的中断处理程序来处理中断。这涉及虚拟化硬件设备、更新虚拟机状态等操作，以确保虚拟机能正确响应中断。

PRTOS 使用的是基于 QEMU 或者 VMware 搭建的 X86 硬件平台。单核硬件平台使用的是两片级联的 i8259A PIC，如图 4-2 所示。

多核硬件平台采用的是 APIC 中断控制器。与传统的 PIC 不同，APIC 能够提供更多的中断处理功能，具体如下。

1）更高的中断处理能力：APIC 支持更多的中断输入，最多可以支持 255 个中断请求。

2）更快的中断响应速度：APIC 能够快速识别和响应中断请求，从而减少处理器延迟。

3）更好的中断管理：APIC 可以动态地分配和管理中断请求，从而避免中断冲突和竞争。

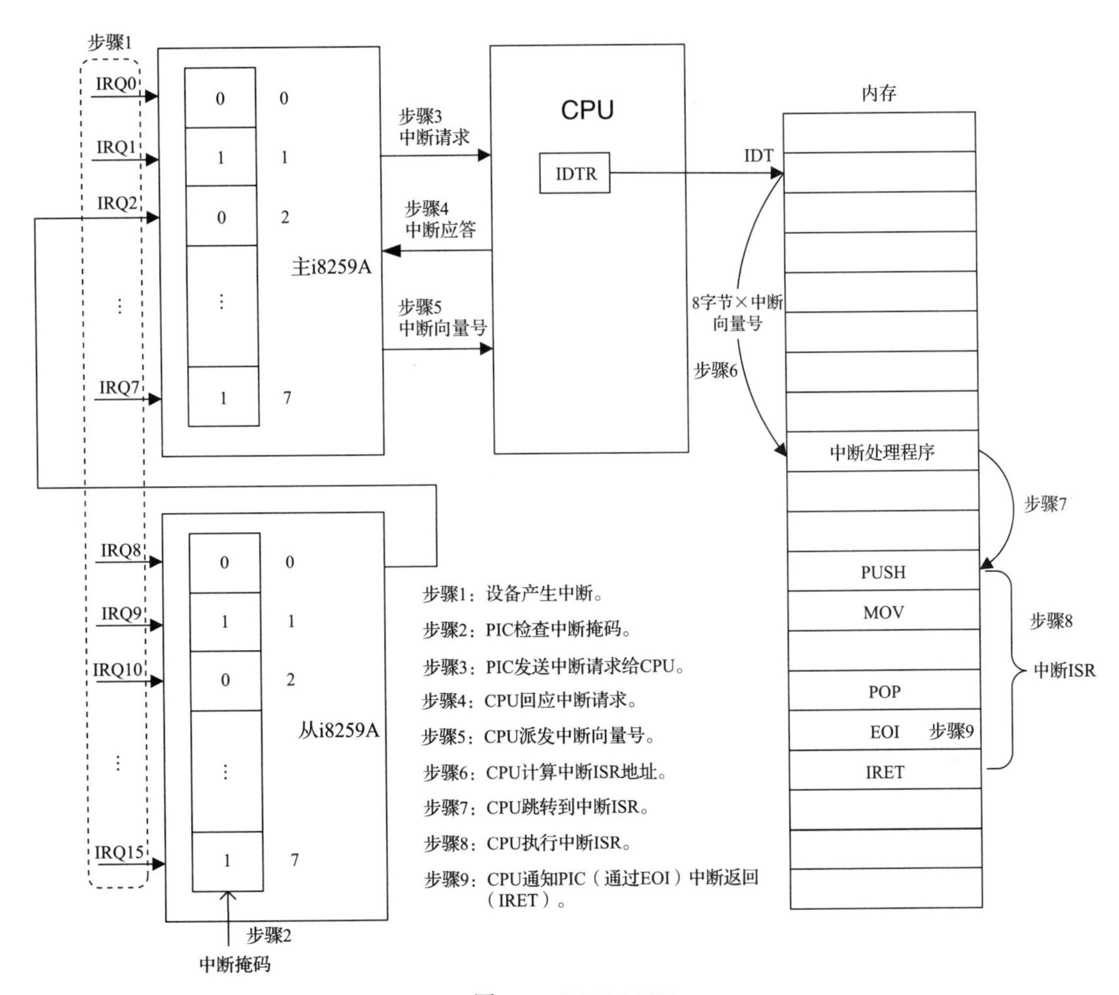

图 4-2　i8259A PIC

APIC 通常由多个子设备组成，包括 LAPIC 和 I/O APIC。LAPIC 位于处理器上，用于管理处理器内部的中断请求；I/O APIC 则位于系统总线上，用于管理外部设备（如网卡、磁盘控制器等）的中断请求，如图 4-3 所示。

PRTOS 中的中断驱动是一种软件组件，它负责 PRTOS 内核和物理硬件平台之间的中断传递。当外部设备发出中断请求时，PRTOS 会拦截这个请求，并根据 PRTOS 配置向量，来决定中断请求的处理方式。PRTOS 内核中断向量表 IDT（Interrupt Descriptor Table，中断描述符表）的初始化请参考 3.1.2 小节，这里不再赘述。

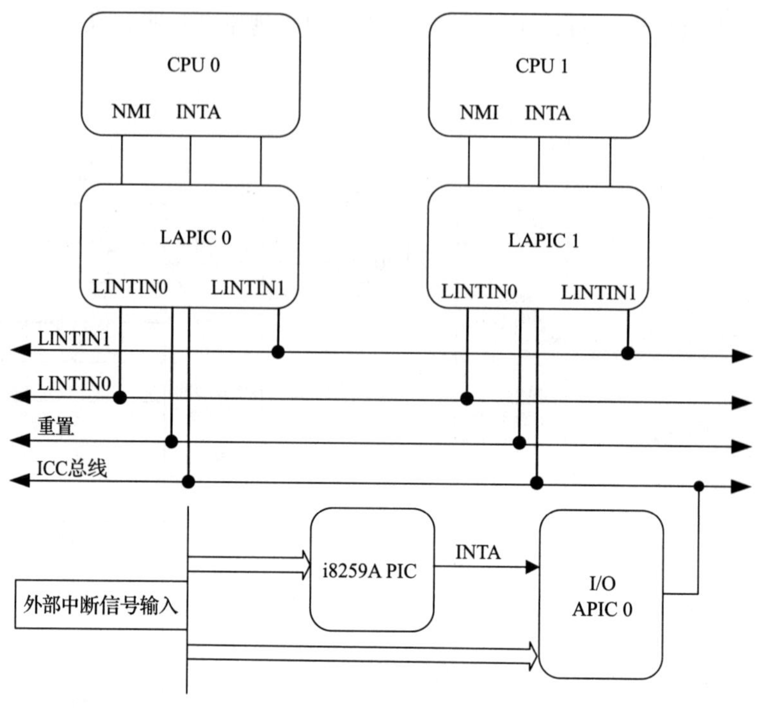

图 4-3　APIC 中断控制器

4.3　分区中断设计

PRTOS 的分区中断设计是指设计 PRTOS 处理和分发分区中断的方式，以确保每个分区都能够及时响应中断。PRTOS 的分区中断设计包括以下 4 个方面。

1）中断触发：当一个虚拟机需要响应中断时，PRTOS 需要将中断注入到虚拟机中。为此，PRTOS 会将物理中断转换为虚拟中断，并将其投递给目标虚拟机。

2）中断分发：当多个虚拟机都需要响应中断时，PRTOS 需要将中断分发给所有需要响应中断的虚拟机。PRTOS 采用静态配置策略来实现中断分发。

3）中断处理程序：当虚拟机收到中断后，PRTOS 需要调用相应的中断处理程序来处理中断。中断处理程序通常由分区应用程序提供，PRTOS 需要将中断处理程序注入到虚拟机中，以确保虚拟机能够正确响应中断。

4）中断屏蔽：当虚拟机不希望响应中断时，PRTOS 需要实现中断屏蔽功能，以防止虚拟机被不必要的中断打扰。中断屏蔽通常由虚拟机客户操作系统控制，PRTOS 需要将中断屏蔽功能注入到虚拟机中。

如图 4-1 所示，PRTOS 为分区中断管理提供了一个虚拟陷阱表，虚拟陷阱表和本地陷阱表相结合形成了一个虚拟中断模型，它虚拟化了硬件中可用的底层中断服务程序，并添加了一组与分区系统相关的新中断（虚拟分区间中断）。

4.3.1 分区中断处理流程

在分区执行的过程中，当外部中断事件因为某种条件（如硬件错误、软件异常、I/O 请求等）触发时，本地 CPU 会停止当前执行的程序（保存当前分区的 vCPU 上下文），将 CPU 的控制权转移给 PRTOS Hypervisor。PRTOS 会根据外部中断向量号从本地 CPU 中断陷阱表中取出对应的表项，并执行本地中断处理程序。本地中断处理程序的执行逻辑如下。

第 1 步：检测当前中断事件是否属于某个分区。如果属于该分区，则将中断投递到该分区（即将分区中断挂起寄存器中该中断对应的位置 1）；如果该中断不属于任何分区，则执行 PRTOS 预留的默认中断处理程序。

第 2 步：检测当前分区的中断挂起寄存器是否有处于挂起状态的中断。如果有中断处在挂起状态，则处理该中断。

分区中断处理流程如图 4-4 所示。

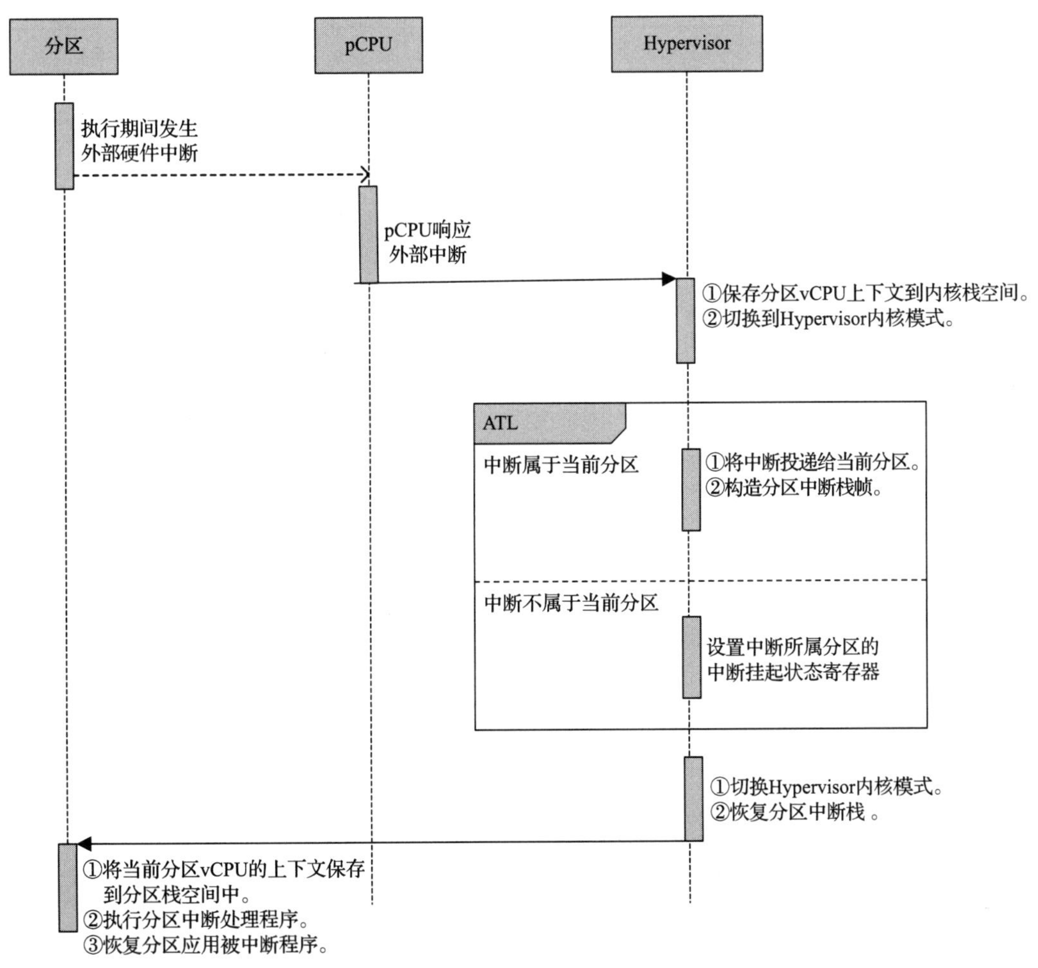

图 4-4 分区中断处理流程

提示：如果触发的中断属于当前运行分区，则该中断会立即得到处理；如果不属于当前分区，则 PRTOS 会将其投递到所属目标分区（前提是已经给该中断配置了所属分区）。由于切换到 pCPU 内核模式后，分区 vCPU 的上下文保存在 Hypervisor 的内核栈中，并且外部硬件中断向量号和分区虚拟中断向量号不一定一致，因此当 PRTOS Hypervisor 将中断投递到目标分区时，仍需要构造分区环境来处理这个中断的栈帧。

4.3.2 分区陷阱表的初始化

分区陷阱表 vtrap_table 在分区中断虚拟化中起着非常关键的作用，分区的虚拟 ISR（Interrupt Service Routines，中断服务程序）需要通过 vtrap_table 来派发。vtrap_table 的构建过程如代码清单 4-1 所示。

代码清单 4-1 分区陷阱表 vtrap_table 的构建过程

```
//源码路径：user/bail/x86/boot.S
01 TABLE_START vtrap_table
02 BUILD_TRAP_NOERRCODE 0x0
03 BUILD_TRAP_NOERRCODE 0x1
04 BUILD_TRAP_NOERRCODE 0x2
05 BUILD_TRAP_NOERRCODE 0x3
06 BUILD_TRAP_NOERRCODE 0x4
07 BUILD_TRAP_NOERRCODE 0x5
08 BUILD_TRAP_NOERRCODE 0x6
09 BUILD_TRAP_NOERRCODE 0x7
10 BUILD_TRAP_ERRCODE 0x8
11 BUILD_TRAP_NOERRCODE 0x9
12 BUILD_TRAP_ERRCODE 0xa
13 BUILD_TRAP_ERRCODE 0xb
14 BUILD_TRAP_ERRCODE 0xc
15 BUILD_TRAP_ERRCODE 0xd
16 BUILD_TRAP_ERRCODE 0xe
17 BUILD_TRAP_NOERRCODE 0xf
18 BUILD_TRAP_NOERRCODE 0x10
19 BUILD_TRAP_ERRCODE 0x11
20 BUILD_TRAP_NOERRCODE 0x12
21 BUILD_TRAP_NOERRCODE 0x13
22 BUILD_TRAP_ERRCODE 0x14
23 BUILD_TRAP_ERRCODE 0x15
24 BUILD_TRAP_ERRCODE 0x16
25 BUILD_TRAP_ERRCODE 0x17
26 BUILD_TRAP_ERRCODE 0x18
27 BUILD_TRAP_ERRCODE 0x19
28 BUILD_TRAP_ERRCODE 0x1a
29 BUILD_TRAP_ERRCODE 0x1b
30 BUILD_TRAP_ERRCODE 0x1c
31 BUILD_TRAP_ERRCODE 0x1d
32 BUILD_TRAP_ERRCODE 0x1e
```

```
33 BUILD_TRAP_ERRCODE 0x1f
34 BUILD_TRAP_BLOCK 0x20 NUM_OF_PART_IDT_ENTRIES
35 TABLE_END
36
37 .data
38 .word 0
39 ENTRY(part_idt_desc)
40     .word NUM_OF_PART_IDT_ENTRIES*8-1
41     .long part_idt_table
42
43 part_gdt_table:
44         .quad 0x0000000000000000
45         .quad 0x00cfba000000bfff
46         .quad 0x00cfb2000000bfff
47
48 .word 0
49 ENTRY(part_gdt_desc)
50     .word 3*8-1
51     .long part_gdt_table
52
53 debug_string:
54     .asciz "XAL Irq: Calling address 0x%08x\n"
55
56 .bss
57
58 .globl _stack
59 _stack:
60         .fill (STACK_SIZE/4)*CONFIG_MAX_NO_VCPUS,4,0
61
62 .globl part_idt_table
63 part_idt_table:
64     .zero (NUM_OF_PART_IDT_ENTRIES*8)
65
66 .previous
```

在上述代码中，vtrap_table 的前 32 表项（01～31）是 vCPU 的预留表项，和 X86 处理器中前 32 个处理器预留表项相对应（第 02～33 行），其余的 256 表项为分区的所属外围设备中断和虚拟中断预留（第 34 行）。

在 X86 平台中，vtrap_table 表项通过分区中断描述符表完成跳转，所以第 62～64 行定义了 part_idt_table。

同时，分区应用也具有自己的代码段和数据空间，所以第 43～46 行为分区定义了虚拟全局描述符表 part_gdt_table 以及虚拟全局描述符 part_gdt_desc（第 49～51 行）。

4.3.3　分区中断描述符表的初始化

在 X86 平台上，vtrap_table 表项是通过分区中断描述符表完成跳转的，所以分区中断描述符表 part_idt_table 的初始化也非常关键，如代码清单 4-2 所示。

代码清单 4-2　分区中断描述符表的初始化

```
//源码路径: user/bail/x86/arch.c
01 void init_arch(void) {
02     extern vtrap_table_t vtrap_table[];
03     long irq_nr;
04
05     hw_set_trap_gate(0, vtrap_table[0], 1);
06     hw_set_irq_gate(1, vtrap_table[1], 1);
07     hw_set_irq_gate(2, vtrap_table[2], 1);
08     hw_set_trap_gate(3, vtrap_table[3], 1);
09     hw_set_trap_gate(4, vtrap_table[4], 1);
10     hw_set_trap_gate(5, vtrap_table[5], 1);
11     hw_set_trap_gate(6, vtrap_table[6], 1);
12     hw_set_trap_gate(7, vtrap_table[7], 1);
13     hw_set_trap_gate(8, vtrap_table[8], 1);
14     hw_set_trap_gate(9, vtrap_table[9], 1);
15     hw_set_trap_gate(10, vtrap_table[10], 1);
16     hw_set_trap_gate(11, vtrap_table[11], 1);
17     hw_set_trap_gate(12, vtrap_table[12], 1);
18     hw_set_trap_gate(13, vtrap_table[13], 1);
19     hw_set_irq_gate(13, vtrap_table[13], 1);
20     hw_set_irq_gate(14, vtrap_table[14], 1);
21     hw_set_trap_gate(15, vtrap_table[15], 1);
22     hw_set_trap_gate(16, vtrap_table[16], 1);
23     hw_set_trap_gate(17, vtrap_table[17], 1);
24     hw_set_trap_gate(18, vtrap_table[18], 1);
25     hw_set_trap_gate(19, vtrap_table[19], 1);
26
27     for (irq_nr = 0x20; irq_nr < IDT_ENTRIES; irq_nr++)
28         hw_set_irq_gate(irq_nr, vtrap_table[irq_nr], 1);
29
30     prtos_x86_load_gdt(&part_gdt_desc);
31     prtos_x86_load_idtr(&part_idt_desc);
32 }
```

在上述代码中，第 05～25 行用于初始化分区中断描述符表的预留表项；第 27～28 行完成外围设备中断和虚拟中断预留表项。分区中断描述符表 part_idt_table 的大小和类型与 pCPU 中预留的原生中断描述符表的大小和类型（参见 3.1.2 小节）一致。

4.4　虚拟时钟和虚拟定时器

Hypervisor 的虚拟时钟和虚拟定时器是虚拟化技术的重要组成部分，它们对于确保虚拟机在确定的时间内响应事件以及稳定运行非常重要。

4.4.1　虚拟时钟

1. 虚拟时钟概述

Hypervisor 提供虚拟时钟，以确保每个虚拟机都能够使用一个虚拟化的系统时钟。虚拟时钟由 Hypervisor 模拟，并在虚拟机中提供系统时间。虚拟时钟需要确保虚拟机系统时间与实际主机系统时间同步，避免虚拟机产生时钟漂移。

PRTOS 提供给分区两种类型的虚拟时钟接口：虚拟硬件时钟和虚拟执行时钟，从分区的角度来说，这两种时钟又称全局时钟和本地时钟。

PRTOS 提供的 API（即 prtos_get_time() 函数）接口如代码清单 4-3 所示。

代码清单 4-3　prtos_get_time() 函数

```
//源码路径：user/libprtos/include/prtoshypercalls.h
01 prtos_s32_t prtos_get_time(prtos_u32_ clock_id, prtos_time_t *time);
```

上述代码中，prtos_get_time() 函数读取参数 clock_id 指定的时钟类型中记录的自上一次硬件复位以来经过的微秒数，将数值存放在 time 指向的内存中。

PRTOS 定义了两种类型的时钟，如代码清单 4-4 所示。

代码清单 4-4　虚拟时钟的类型

```
//源码路径：core/include/hypercalls.h
01 #define PRTOS_HW_CLOCK (0x0)
02 #define PRTOS_EXEC_CLOCK (0x1)
```

以上两种类型的时钟均为单调非递减时钟，分辨率为 1μs，时间单位是 μs；时间用 64 位有符号整数表示，可以容纳足够的微秒数；可以表示超过 29 万年的时间。

该超级调用服务的返回值类型如代码清单 4-5 所示。

代码清单 4-5　时钟超级调用服务的返回值类型

```
//源码路径：core/include/hypercalls.h
01 [PRTOS_OK]              //表示操作成功
02 [PRTOS_INVALID_PARAM]   //表示clock_id是一个无效的虚拟时钟类型
```

由于时钟的分辨率为 1μs，因此如果快速调用两次 prtos_get_time() 函数接口，则可能返回时间相同。

虚拟硬件时钟的使用示例如代码清单 4-6 所示。

代码清单 4-6　虚拟硬件时钟的使用示例

```
01 prtos_time_t t1,t2,t3;
02 char msg[100];
03 prtos_get_time(PRTOS_HW_CLOCK, &t1);
04 prtos_get_time(PRTOS_HW_CLOCK, &t2);
05 //处理任务
06 prtos_get_time(PRTOS_HW_CLOCK, &t3);
07 snprintf(msg, 100, "Measured duration: %lld ",(t3-t2)-(t2-t1));
08 prtos_write_console(msg,29);
```

对于虚拟执行时钟，只需要将代码清单 4-6 中虚拟硬件时钟的类型 PRTOS_HW_CLOCK 换成虚拟执行时钟的类型 PRTOS_EXEC_CLOCK 即可。

2. 虚拟时钟实现

分区通过超级调用接口 prtos_get_time() 函数访问虚拟时钟，prtos_get_time() 函数在分区层的定义通过宏函数 prtos_hcall2r() 拼装而成。宏函数 prtos_hcall2r() 的定义如代码清单 4-7 所示。

代码清单 4-7　宏函数 prtos_hcall2r() 的定义

```
//源码路径：user/libprtos/include/x86/prtoshypercalls.h
01 #define prtos_hcall2r(_hc, _t0, _a0, _t1, _a1) \
02 __stdcall prtos_s32_t prtos_##_hc(_t0 _a0, _t1 _a1)  { \
03     prtos_s32_t _r ; \
04     if((_r=prtos_flush_hyp_batch())<0) return _r; \
05     _PRTOS_HCALL2(_a0, _a1, _hc##_nr, _r); \
06     return _r; \
07 }
```

展开宏函数调用 prtos_hcall2r(get_time, prtos_u32_t, clock_id, prtos_time_t *, time)，可以得到 prtos_get_time() 函数的实现，如代码清单 4-8 所示。

代码清单 4-8　prtos_get_time() 函数的实现

```
01 __stdcall prtos_s32_t prtos_get_time clock_id, prtos_time_t *, time)  {
02     prtos_s32_t _r ;
03     if((_r=prtos_flush_hyp_batch())<0) return _r;    //清理批处理超级调用队列
04     _PRTOS_HCALL2(clock_id, time, get_time_nr, _r);  //触发读取时钟超级调用
05     return _r;
06 }
```

上述代码中，第 04 行的 get_time_nr 是读取时钟服务的超级调用号。通过该超级调用号，PRTOS 的超级调用派发程序可确定该超级调用号对应的内核服务程序 get_time_sys()，如代码清单 4-9 所示。

提示： 超级调用派发程序请参考源码 core/kernel/x86/entry.S 中的 asm_hypercall_dispatch() 函数。

代码清单 4-9　get_time_sys() 内核服务程序实现

```
//源码路径：core/kernel/hypercalls.c
01 __hypercall prtos_s32_t get_time_sys(prtos_u32_t clock_id, prtos_time_t *__g_
       param time) {
02     local_processor_t *info = GET_LOCAL_PROCESSOR();
03
04     if (check_gp_aram(time, sizeof(prtos_s64_t), 8, PFLAG_RW | PFLAG_NOT_NULL) <
           0) return PRTOS_INVALID_PARAM;
05
06     switch (clock_id) {
07         case PRTOS_HW_CLOCK:  //读取硬件时钟数值
08             *time = get_sys_clock_usec();
09             break;
```

```
10          case PRTOS_EXEC_CLOCK://读取虚拟执行时钟数值
11              *time = get_time_usec_vclock(&info->sched.current_kthread->ctrl.g->vclock);
12              break;
13          default:                //clock_id参数非法
14              return PRTOS_INVALID_PARAM;
15      }
16
17      return PRTOS_OK;
18 }
```

当 clock_id 参数指定 PRTOS_HW_CLOCK 的类型时，返回虚拟硬件时钟（从分区的角度来说，是分区全局时间），与当前分区的执行状态无关。当 clock_id 参数指定 PRTOS_EXEC_CLOCK 的类型时，返回虚拟执行时钟数值（从分区的角度来说，是分区本地时间）。该时间与当前分区的执行状态相关，只有分区正在执行时，该时钟才会计数。

4.4.2　虚拟定时器

1. 虚拟定时器概述

虚拟定时器由 PRTOS 模拟，并在虚拟机中提供类似于硬件定时器的功能。在实现虚拟定时器时，PRTOS 会考虑以下 2 个因素。

1）精度和准确性。虚拟定时器的精度和准确性对于虚拟机的性能和稳定性非常重要。PRTOS 需要确保虚拟定时器的精度和准确性，避免虚拟机系统的时间漂移和定时任务失效。

2）性能和效率。虚拟定时器的性能和效率影响整个虚拟化系统的性能和效率。PRTOS 需要优化虚拟定时器的实现，避免成为虚拟化系统的一个性能瓶颈。

PRTOS 的虚拟定时器设置通过接口函数 prtos_set_timer() 实现，该函数的定义如代码清单 4-10 所示。

代码清单 4-10　prtos_set_timer() 函数的定义

```
//源码路径：user/libprtos/include/prtoshypercalls.h
prtos_s32_t prtos_set_timer( prtos_u32  clock_id, prtos_time_t abs_time, prtos_
    time_t interval);
```

prtos_set_timer() 函数启动定时器时，配置的参数功能解释如下。

1）如果 interval 为 0，则与虚拟时钟 clock_id 关联的定时器仅在绝对时间 abs_time 到达时启动一次。也就是说，当时钟达到由 abs_time 参数指定的值时，定时器将会到期。

2）如果 interval 不为 0，则定时器将会定期在绝对时间 abs_time + n * interval 到期时触发，其中 *n* 从 0 开始重复直到定时器重新启动。

3）如果指定的 abs_time 时间已经过去，则定时器总是执行成功并且定时器的到期中断会立即发生。一旦定时器启动，分区将在每次定时器到期时接收到一个虚拟定时器中断，分区代码负责安装相应的中断处理程序。

与虚拟时钟类似，PRTOS 也为虚拟定时器提供了两种类型，并配置了与之关联的虚拟中断号，如表 4-1 所示。

表 4-1　两种类型的虚拟定时器和关联虚拟中断号

虚拟定时器	关联的虚拟中断号
PRTOS_HW_CLOCK	PRTOS_VT_EXT_HW_TIMER
PRTOS_EXEC CLOCK	PRTOS_VT_EXT_EXEC_TIMER

每个时钟只有一个定时器。因此，如果在调用 prtos_set_timer() 函数时定时器已经启动，则前一个值将被重置并使用新值重新编程定时器。如果 abs_time 为 0，则定时器将被取消。如果在取消定时器时存在挂起的定时器中断，则不会删除中断，并将在适当的时候传递该中断。如果在禁用或屏蔽中断时调用 prtos_set_timer() 函数，则可能会发生这种情况：周期定时器在接收到中断之前多次到期（中断线屏蔽、中断禁用或分区未准备好），则只向分区传递一个中断。

prtos_set_timer() 函数的返回值类型如代码清单 4-11 所示。

代码清单 4-11　prtos_set_timer() 函数的返回值类型

```
//源码路径：core/include/hypercalls.h
01 [PRTOS_OK]              //定时器已成功设置
02 [PRTOS_INVALID_PARAM]  //clock_id指定的时钟类型是一个非法参数
```

在 PRTOS 的内部实现上，硬件定时器采用单次触发模式（One Shot Mode）。也就是说，硬件定时器并不是编程为周期性地产生中断，而是被重新编程，以确保中断精确地发生在关闭定时器接近过期的时刻（参见 3.1.4 小节）。在定时器硬件成本较低的系统上重新编程时，单次触发定时器模式是高效的实现方式，因为它提供了高分辨率和低开销。虽然绝对时间是正数，但时间用一个有符号整数表示，以便检测不正确的时间值。

prtos_set_timer() 函数的使用示例代码片段如代码清单 4-12 所示。

代码清单 4-12　prtos_set_timer() 函数的使用示例代码片段

```
01 void ext_irq_handler(int irqnr) {
02     if (irqnr == PRTOS_VT_EXT_HW_TIMER) {
03         prtos_unmask_irq(PRTOS_VT_EXT_HW_TIMER);
04         prtos_write_console("Periodic timer\n", irqnr);
05     } else {
06         prtos_write_console("Unexpected Irq\n", irqnr);
07     }
08 }
09 …
10 prtos_time_t start;
11 prtos_time_t period = (prtos_time_t)10000;
12 prtos_get_time(PRTOS_HW_CLOCK, &start);         //获取虚拟硬件时钟
13 start += (prtos_time_t)1000000;
14 prtos_set_timer(PRTOS_HW_CLOCK, start, period); //设置周期为1s的周期性定时器
15 prtos_enable_irqs();                            //开中断
16 prtos_unmask_irq(PRTOS_VT_EXT_HW_TIMER);        //解除屏蔽虚拟硬件时钟的定时器中断
```

如果要设置虚拟执行时钟定时器，只需要将代码清单 4-6 中的虚拟硬件时钟类型 PRTOS_HW_CLOCK 换成虚拟执行时钟类型 PRTOS_EXEC_CLOCK 即可。

2. 虚拟定时器实现

分区通过超级调用接口函数 prtos_set_timer() 来设置虚拟定时器。prtos_set_timer() 接口函数在分区层的定义如代码清单 4-13 所示。

代码清单 4-13　prtos_set_timer() 接口函数的定义

```
01 __stdcall prtos_s32_t prtos_set_timer(prtos_u32_t clock_id, prtos_time_t ab_
       stime, prtos_time_t interval) {
02     prtos_s32_t _r;
03     _PRTOS_HCALL5(clock_id, ab_stime, ab_stime >> 32, interval, interval >> 32,
           set_timer_nr, _r);
04     return _r;
05 }
```

其中 set_timer_nr 是设置虚拟定时器服务的超级调用号。通过该超级调用号，PRTOS 的超级调用派发程序可确定该超级调用号对应的内核服务程序 set_timer_sys()，如代码清单 4-14 所示。

代码清单 4-14　set_timer_sys() 内核服务程序

```
//源码路径：core/kernel/hypercalls.c
01 part_trap_handlers_table__hypercall prtos_s32_t set_timer_sys(prtos_u32_t
       clock_id, prtos_time_t abs_stime, prtos_time_t interval) {
02     local_processor_t *info = GET_LOCAL_PROCESSOR();
03     prtos_s32_t ret = PRTOS_OK;
04     ASSERT(!hw_is_sti());
05     if ((abs_stime < 0) || (interval < 0)) return PRTOS_INVALID_PARAM;
06     switch (clock_id) {
07         case PRTOS_HW_CLOCK:
08             ret = arm_ktimer(&info->sched.current_kthread->ctrl.g->ktimer, abs_
                  stime, interval);
09             break;
10         case PRTOS_EXEC_CLOCK:
11             ret = arm_vtimer(&info->sched.current_kthread->ctrl.g->vtimer,
12                 &info->sched.current_kthread->ctrl.g->vclock, abs_stime, interval);
13             break;
14         default:
15             return PRTOS_INVALID_PARAM;
16     }
17     return ret;
18 }
```

在上述代码中，第 05 行代码表示只有 abs_stime 和 interval 同时不小于 0 时，定时器才允许被设置；第 08 行和第 11 行代码调用 arm_ktimer() 和 arm_vtimer() 函数将定时器参数设置到定时器数据结构中。然而，定时器数据结构是在 PRTOS 内核的初始化过程中预先创建的（参考 10.1 节）。

两种定时器中，当 interval 为 0 时设置为单次触发模式，当 interval 大于 0 时设置为周期性触发模式。PRTOS 通过 traverse_ktimer_queue() 函数遍历定时器队列并执行到期定时器的回调函数，如代码清单 4-15 所示。而触发 traverse_ktimer_queue() 调用的是硬件定时器（参见 3.1.4 小节）的中断处理函数以及 PRTOS 的内核调度器（参见 6.2.3 小节）。

代码清单 4-15　遍历定时器队列并执行到期定时器的回调函数

```
01 prtos_time_t traverse_ktimer_queue(struct dyn_list *l, prtos_time_t current_
       time) {
02     prtos_time_t next_act = MAX_PRTOSTIME;
03     ktimer_t *ktimer;
04
05     DYNLIST_FOR_EACH_ELEMENT_BEGIN(l, ktimer, 1) {
06         ASSERT(ktimer);
07         if (ktimer->flags & KTIMER_ARMED) {
08             if (ktimer->value <= current_time) { //检测定时器是否到期
09                 if (ktimer->Action) ktimer->Action(ktimer, ktimer->action_args);
                       //到期的定时器，执行定时处理函数
10
11                 if (ktimer->interval > 0) {
12                     do {                        //周期性模式定时器，设置下一次到期时间
13                         ktimer->value += ktimer->interval;
14                     } while (ktimer->value <= current_time);
15                     if (next_act > ktimer->value) next_act = ktimer->value;
16                 } else                          //单次触发模式定时，禁用定时器
17                     ktimer->flags &= ~KTIMER_ARMED;
18             } else {
19                 if (next_act > ktimer->value) next_act = ktimer->value;
20             }
21         }
22     }
23     DYNLIST_FOR_EACH_ELEMENT_END(l);
24     return next_act;
25 }
```

4.5　BAIL

4.5.1　BAIL 概述

BAIL 是 PRTOS 提供给分区裸机应用的一个抽象层，用于支持嵌入式裸机应用的开发。BAIL 提供了对分区资源的抽象，以便应用程序可以在不同的硬件平台上运行而无须修改。这种抽象层的存在使得 PRTOS 能够在不同的硬件环境中为分区裸机应用提供相似的运行时环境，从而简化了系统移植和维护。

BAIL 是一个极小的 C 语言运行时环境，它提供以下服务。

1）分区初始化：初始化虚拟陷阱表、栈空间、分区入口（partition_main）。

2）最小的 C 库：string、stdlib、字符串。

3）用于陷阱 / 中断管理的通用处理框架。

①提供单独设置陷阱处理程序的接口函数 install_trap_handler()。

②提供启用 / 禁用虚拟中断的接口宏函数 hw_cli()/hw_sti()。

4）内部使用 LIBBAIL 库封装的 PRTOS Hypercall API 接口，如 printf() 函数对 prtos_write_console() 函数的进一步封装。

4.5.2　裸机应用示例

裸机应用示例 helloworld 的源码布局如图 4-5 所示。

```
prtos@debian12-64:~/prtos-sdk/bail-examples/helloworld$ tree ./
./
├── helloworld.output
├── Makefile
├── partition.c
├── prtos_cf.x86.xml
└── README.md
```

图 4-5　helloworld 的源码布局

提示： 运行 PRTOS BAIL 示例代码的详细步骤，请参考 PRTOS 用户开发手册 http://www.prtos.org/prtos_hypervisor_x86_user_guide/。

下面通过 helloworld 的 Makefile 文件来描述 PRTOS 系统映像的构建过程。helloworld 的 Makefile 文件如代码清单 4-16 所示。

代码清单 4-16　helloworld 的 Makefile 文件

```
01 # BAIL_PATH变量值随着PRTOS SDK位置的不同而调整
02 BAIL_PATH=../../
03
04 all: container.bin resident_sw
05 include $(BAIL_PATH)/common/rules.mk
06
07 # XMLCF: path to the XML configuration file
08 XMLCF=prtos_cf.$(ARCH).xml
09
10 # PARTITIONS: partition files (pef format) composing the example
11 PARTITIONS=partition.pef
12
13 partition: partition.o
14     $(TARGET_LD) -o $@ $^ $(TARGET_LDFLAGS) -Ttext=$(shell $(XPATHSTART) 0 $(XMLCF))
15
16 PACK_ARGS=-h $(PRTOS_CORE):prtos_cf.pef.prtos_conf \
17     -p 0:partition.pef
18
```

```
19 container.bin: $(PARTITIONS) prtos_cf.pef.prtos_conf
20     $(PRTOS_PACK) check prtos_cf.pef.prtos_conf $(PACK_ARGS)
21     $(PRTOS_PACK) build $(PACK_ARGS) $@
22
23 include ../run.mk
24
```

在上述代码中，主要的变量定义如下。

1）BAIL_PATH：定义 PRTOS SDK（Software Development Kit，软件开发工具包）的安装路径。

2）XMLCF：定义示例使用的 PRTOS 系统配置文件。

3）PARTITIONS：定义构成示例的分区代码。

Makefile 的其余部分定义了系统的构建方式，其构建过程如图 4-6 所示。我们通过 Make 工具自动构建最终的系统映像。构建过程包含 3 个组成部分：分区代码的编译、系统配置文件的编译、最终系统映像的构建。

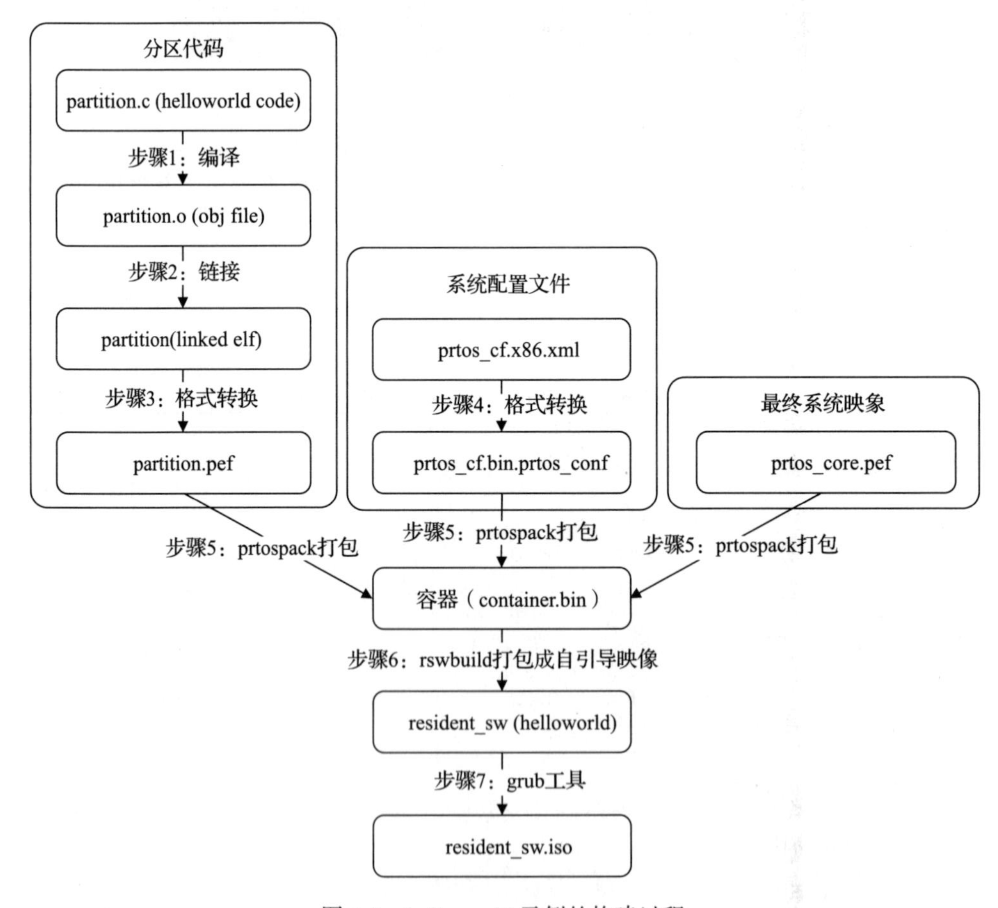

图 4-6　helloworld 示例的构建过程

图 4-6 包含以下 7 个步骤。

步骤 1：使用 GCC（GNU Compiler Collection，GNU 编译器套件）编译 C 源码文件，生成 .o 文件，代码如下所示：

```
$ cd /home/prtos/prtos-sdk/bail-examples/helloworld
$ make partition.o
$ make partition.o
```

步骤 2：使用 ld 链接器链接 .o 文件到固定的分区地址，代码如下所示：

```
$ make partition
```

步骤 3：使用 prtoseformat 工具将 EFL 格式的分区映像转换成 PEF（PRTOS Executable Format，PRTOS 可执行格式），代码如下所示：

```
$ make partition.pef
```

步骤 4：使用 prtoscparser 工具解析 PRTOS XML 配置文件（prtos_cf.x86.xml），生成二进制形式的配置数据，代码如下所示：

```
$ make prtos_cf.bin.prtos_conf
```

步骤 5：使用 prtospack 工具打包系统的各个组件，生成 container.bin 容器文件，代码如下所示：

```
$ make container.bin
```

步骤 6：构建自引导的 resident_sw 映像文件，代码如下所示：

```
$ make resident_sw
```

步骤 7：生成 grub 引导的镜像文件 resident_sw.iso，并在 QEMU 上运行，代码如下所示：

```
$ /home/prtos/prtos-sdk/prtos/bin/grub_iso resident_sw.iso resident_sw
$ make run.x86
```

提示：make run.x86 是一个集成命令，会自动调用前面所有命令，并将 resident_sw.iso 部署到 QEMU 上运行。本书中所有 BAIL 示例遵循同样的构建和部署过程。

4.6　实验：虚拟时钟和虚拟定时器示例

本节演示分区中两种类型的虚拟时钟和虚拟定时器的使用，示例代码路径为 user/bail/examples/example.001。示例代码布局如图 4-7 所示。

```
prtos@debian12-64:~/prtos-sdk/bail-examples/example.001$ tree ./
./
├── example.001.output
├── Makefile
├── partition0.c
├── partition1.c
├── prtos_cf.x86.xml
└── README.md

1 directory, 6 files
prtos@debian12-64:~/prtos-sdk/bail-examples/example.001$
```

图 4-7　示例代码布局

示例配置文件 prtos_cf.x86.xml 定义的分区循环调度表如表 4-2 所示。

表 4-2　分区循环调度表（调度周期 MAF 为 1000ms）

分区	起始时刻 /ms	持续时间 /ms
分区 0(partition0.c)	0	500
分区 0(partition1.c)	500	500

表 4-2 对应的分区循环调度表实现如代码清单 4-17 所示。

代码清单 4-17　分区循环调度表实现

```
//源码路径：user/bail/examples/example.001/prtos_cf.x86.xml
01 <CyclicPlanTable>
02 <Plan id="0" majorFrame="1000ms">
03 <Slot id="0" start="0ms" duration="500ms" partitionId="0" />
04 <Slot id="1" start="500ms" duration="500ms" partitionId="1" />
05 </Plan>
06 </CyclicPlanTable>
```

在上述代码中，分区 0 演示虚拟硬件时钟和虚拟硬件定时器的工作机制，分区 1 演示虚拟执行时钟和虚拟执行定时器的工作机制。接下来分别介绍两个分区上两种虚拟时钟和虚拟定时器的具体使用场景。

提示：从分区的角度来说，虚拟硬件时钟和虚拟硬件定时器是全局时钟和全局定时器；而虚拟执行时钟和虚拟执行定时器是本地时钟和本地定时器，详情请参考 3.2.2 小节。

4.6.1　分区 0 的裸机应用

分区 0 上的裸机应用用于创建一个周期为 1s 的虚拟硬件定时器，挂载对应的中断处理程序，并在中断处理程序中输出当前分区的虚拟硬件时钟计数值和虚拟执行时钟计数值。分区 0 的裸机应用代码片段如代码清单 4-18 所示，在中断处理函数中输出虚拟执行时钟计数值是为了便于和虚拟硬件时钟的计数值进行对比。

代码清单 4-18　分区 0 上的裸机应用代码片段

```
//源码路径：user/bail/examples/example.001/partition0.c
01 ……
02 volatile prtos_s32_t seq;
03 void hw_timer_handler(trap_ctxt_t *ctxt) {
04     prtos_time_t hw, exec;
05
06     //X86平台上虚拟硬件时钟和虚拟执行时钟的计数值单位是μs
07     prtos_get_time(PRTOS_HW_CLOCK, &hw);      //读取虚拟硬件时钟
08     prtos_get_time(PRTOS_EXEC_CLOCK, &exec); //读取虚拟执行时钟
09     PRINT("[%lld:%lld] IRQ HW Timer\n", hw, exec); //输出虚拟硬件时钟和虚拟执行时钟的计数值
10     ++seq;
11 }
12
13 void partition_main(void) {
14     prtos_time_t hw_clock;
15
16     //加载虚拟硬件时钟定时器的中断函数
17     install_trap_handler(BAIL_PRTOSEXT_TRAP(PRTOS_VT_EXT_HW_TIMER), hw_timer_handler);
18     hw_sti();                                          //开中断
19     prtos_clear_irqmask(0, (1 << PRTOS_VT_EXT_HW_TIMER)); //清除虚拟执行时钟的中断屏蔽
20     prtos_get_time(PRTOS_HW_CLOCK, &hw_clock);         //读取虚拟硬件时钟
21     seq = 0;
22     PRINT("Setting HW timer at 1 sec period\n");
23     //设置虚拟硬件时钟定时器，周期为1s
24     prtos_set_timer(PRTOS_HW_CLOCK, hw_clock + 1000000LL, 1000000LL);
25     …
26 }
```

4.6.2　分区 1 的裸机应用

分区 1 的裸机应用用于创建一个周期为 1s 的虚拟执行定时器，挂载对应的中断处理程序，并在中断处理程序中输出当前分区的虚拟硬件时钟计数值和虚拟执行时钟计数值。分区 1 的裸机应用代码片段如代码清单 4-19 所示，在中断处理函数中输出虚拟硬件时钟计数值是为了便于和虚拟执行时钟计数值进行对比。

代码清单 4-19　分区 1 的裸机应用代码片段

```
//源码路径：user/bail/examples/example.001/partition1.c
01 ……
02 volatile prtos_s32_t seq;
03 void exectimer_handler(trap_ctxt_t *ctxt) {
04     prtos_time_t hw, exec;
05
06     //X86平台上虚拟硬件时钟和虚拟执行时钟的计数值单位是μs
07     prtos_get_time(PRTOS_EXEC_CLOCK, &hw);     //读取虚拟硬件时钟
08     prtos_get_time(PRTOS_EXEC_CLOCK, &exec); //读取虚拟执行时钟
09     PRINT("[%lld:%lld] IRQ HW Timer\n", hw, exec); //输出虚拟硬件时钟和虚拟执行时钟的计数值
```

```
10      ++seq;
11 }
12
13 void partition_main(void) {
14      prtos_time_t exec_clock;
15
16      //加载虚拟执行时钟定时器的中断函数
17      install_trap_handler(BAIL_PRTOSEXT_TRAP(PRTOS_VT_EXT_HW_TIMER), exectimer_handler);
18      hw_sti();                                              //开中断
19      prtos_clear_irqmask(0, (1 << PRTOS_VT_EXT_HW_TIMER)); //清除虚拟执行时钟的中断屏蔽
20      prtos_get_time(PRTOS_EXEC_CLOCK, &exec_clock);      //读取虚拟执行时钟
21      seq = 0;
22      PRINT("Setting HW timer at 1 sec period\n");
23      //设置虚拟执行时钟定时器，周期为1s
24      prtos_set_timer(PRTOS_EXEC_CLOCK, exec_clock + 1000000LL, 1000000LL);
25      …
26 }
```

本示例的运行结果如图 4-8 所示。

```
2 Partition(s) created
P0 ("Partition0":0:1) flags: [ SYSTEM ]:
    [0x6000000:0x6000000 - 0x60fffff:0x60fffff] flags: 0x0
P1 ("Partition1":1:1) flags: [ SYSTEM ]:
    [0x6100000:0x6100000 - 0x61fffff:0x61fffff] flags: 0x0
[0] Setting HW timer at 1 sec period
[1] Setting EXEC timer at 1 sec period
[0] [1044374:519382] IRQ HW Timer
[0] [2035673:1010596] IRQ HW Timer
[1] [2541321:1003341] IRQ EXEC Timer
[0] [3041236:1507401] IRQ HW Timer
[0] [4037291:2007905] IRQ HW Timer
[1] [4538059:2002951] IRQ EXEC Timer
[0] [5036005:2504280] IRQ HW Timer
[0] Verification Passed
[0] Halting
[HYPERCALL] (0x0) Halted
[1] [6536425:3004535] IRQ EXEC Timer
[1] [8531412:4012948] IRQ EXEC Timer
[1] [10012407:5004309] IRQ EXEC Timer
[1] Verification Passed
[1] Halting
[HYPERCALL] (0x1) Halted
```

图 4-8　虚拟时钟和虚拟定时器运行结果

在图 4-7 中，分区 0 的虚拟硬件时钟计数与当前分区的执行状态无关。虚拟硬件定时器的中断处理函数中，硬件时钟的计数值以 1s 为周期。

分区 1 的虚拟执行时钟计数与当前分区的执行状态有关。虚拟执行定时器的中断处理函数中，虚拟硬件时钟的计数值以 2s 为周期，但是虚拟执行时钟的计数值显示的是以 1s 为周期。这是因为分区 1 在一个 MAF 调度周期内只执行了 500ms，需要执行两个 MAF 周期才能触发一次虚拟执行时钟定时器。虽然从分区 1 的角度看，它是以 1s 为周期的本地触发方式，但是从全局时钟（即虚拟硬件时钟）计数值上来看，是 2s 触发一次。

4.7　本章小结

本章详细介绍了 PRTOS 的中断模型，涵盖内核中断设计、分区中断设计、虚拟时钟和虚拟定时器 BAIL，最后以虚拟时钟和虚拟定时器为例介绍了虚拟中断的触发和使用过程，让读者对 PRTOS 中断隔离技术有了一个直观的了解。

第 5 章 内存隔离技术的设计与实现

内存隔离使得运行在同一原生硬件平台上的多台虚拟机具有独立的内存空间。为了保证虚拟机之间的内存隔离，PRTOS 使用两个关键技术：虚拟地址空间和内存页表。

1）虚拟地址空间是每个虚拟机使用的内存地址空间，它与物理内存地址空间是分离的，并且每个虚拟机都有自己独立的虚拟地址空间。当虚拟机访问内存时，PRTOS 会将虚拟内存地址转换为物理内存地址。

2）内存页表是一种数据结构，用于跟踪虚拟机使用的物理内存页面。PRTOS 维护每个虚拟机的页表，以确保虚拟机只能访问被分配的内存页面。当虚拟机需要访问内存时，PRTOS 会检查虚拟机的页表，以确保它只能访问允许的物理内存。

本章着重阐述 PRTOS 内存隔离技术（又称虚拟化内存技术。）内存隔离的设计与实现需要考虑虚拟机内存管理、内存访问控制、内存共享隔离和内存写入保护等，以确保虚拟机之间具有高度的地址空间隔离和安全性。同时，PRTOS 内存隔离必须依赖 CPU 的特权模式以及硬件 MMU 机制。

5.1 PRTOS 内核的工作模式

PRTOS 的主要特征之一是强空间隔离。所有分区均在处理器的用户模式下运行，利用硬件 MMU 与 XML 配置文件静态配置分区的内存地址空间，PRTOS 内核运行在处理器的特权模式。这种设计可以使不同分区在运行时互相隔离，并通过硬件支持的 MMU 来确保这种隔离。为了有效检测分区的非法内存访问，PRTOS 需要依赖硬件 MMU 的支持。硬件 MMU 能够实时监测内存访问，并在发现非法访问时触发处理器异常，通知 PRTOS 进行相应的处理。这种硬件支持是确保系统可以在硬件层面进行内存访问监视和控制的关键。

PRTOS 有能力监测每个分区是否尝试访问了不在其分配范围内的内存空间。这可能是分区尝试越界访问、试图读取其他分区的内存等情况导致的。当 PRTOS 检测到分区的非法内存访问时，它会根据预先定义的配置文件规范发出警告、错误信息、中断或其他的响应机制，用于通知系统发生了非法访问。

使用 XML 配置文件进行静态配置有助于简化系统的配置和维护，并且 PRTOS 内核是在特权模式下运行的，具有足够的权限来执行系统级任务。了解 X86 的特权模式，有助于理解 PRTOS 在处理器中的特权划分和内存隔离实现。

5.1.1　X86 处理器的特权模式

X86 处理器采用了特权级别的概念，也称为 Ring 级别，用于对不同的软件或操作系统内核的权限进行管理。特权级别的划分使得 PRTOS 在不同的特权级别之间建立了保护隔离，以防止恶意软件或应用程序对系统资源的滥用。只有处于 Ring 0 特权级别的 PRTOS 内核代码才能够直接操作硬件资源，而处于 Ring 3 特权级别的应用程序则受到限制，只能通过受控的超级调用接口来请求 PRTOS 提供的服务。这种特权级别的划分有助于维护系统的安全性和稳定性，防止未授权的访问和操作。

5.1.2　PRTOS 内核和分区的实现方式

PRTOS 内核采用单体式（Monolithic Approach）实现，内核代码运行在扁平的地址空间中。PRTOS 内核代码可以直接访问 Hypervisor 的任何组件。

PRTOS 内核在处理器的最高特权级别（X86 Ring 0 级别）下执行，对 CPU、内存、中断和一些特定外围设备进行虚拟化，并为分区提供虚拟化服务。每个分区由一个或多个并发进程组成（由每个分区的操作系统实现），根据应用程序的需求使用 PRTOS 提供的虚拟化服务。分区代码可以是以下两类。

1）可直接使用 PRTOS 超级调用服务和可在裸机上执行的应用程序。

提示：PRTOS 提供的执行环境与原始裸机硬件并不完全相同，但某些接口比裸机驱动更“友好”，比如控制台输出信息接口 prtos_write_console()、易于使用的定时器 API prtos_set_timer() 等。

2）操作系统（如 RTOS 或者 GPOS）及其应用程序。

操作系统代码需要虚拟化后才能在 Hypervisor 上执行，但应用程序运行在操作系统之上时，它使用操作系统提供的服务，不需要进行调整。

5.1.3　PRTOS 内核空间的初始化

在初始化的早期阶段，PRTOS 内核需要初始化 CPU 中与内存管理相关的寄存器，如 CPU 中除 CS 寄存器以外的所有段寄存器（DS、ES、FS 以及 GS）。不管是主 CPU（Boot CPU，BP）还是应用 CPU（Application CPU，AP），在 PRTOS 内核中都要进入页式映射模式运行。在系统初始化早期，CPU 用物理地址取指令，无法在代码中向符号地址做绝对转移或调用子程序，因此，PRTOS 在初始化的过程中要尽快准备好页面映射表并开启 pCPU 的页面映射机制。因为页面映射由所有 CPU 共享，所以只需要对应用 CPU 进行初始化即可。下面通过 PRTOS 的初始化代码来描述 PRTOS 内核空间的初始化过程，如代码清单 5-1 所示。

提示：此时的主 CPU 和应用 CPU 均是 pCPU，只不过是在系统初始化过程中扮演的角色不同而起了不同的名字，详情请参考 10.1.2 小节。

代码清单 5-1 PRTOS 内核空间的初始化

```
//源码路径：core/kernel/x86/start.S
01 ENTRY(start)
02 ENTRY(_start)
03     xorl %eax, %eax
04     movl $_VIRT2PHYS(_sbss), %edi
05     movl $_VIRT2PHYS(_ebss), %ecx
06     subl %edi, %ecx
07     rep
08     stosb
09
10     movl $_VIRT2PHYS(_sdata), %esi /* 为冷重置备份数据段 */
11     movl $_VIRT2PHYS(_edata), %ecx
12     movl $_VIRT2PHYS(_scdata), %edi
13     movl $_VIRT2PHYS(_cpdata), %eax
14     subl %esi, %ecx
15     mov (%eax), %ebx
16     testl %ebx, %ebx
17     jz 1f
18
19     movl $_VIRT2PHYS(_scdata), %esi
20     movl $_VIRT2PHYS(_sdata), %edi
21
22 1:      rep movsb
23     movl $1, (%eax)
24
25     lgdt _gdt_desc
26
27     ljmp $(EARLY_CS_SEL), $1f
28 1:      mov $(EARLY_DS_SEL), %eax
29     mov %eax, %ds
30     mov %eax, %es
31     mov %eax, %ss
32     xorl %eax, %eax
33     mov %eax, %fs
34     mov %eax, %gs
35
36     mov $_VIRT2PHYS(__idle_kthread)+CONFIG_KSTACK_SIZE, %esp
37     call boot_detect_cpu_feature
38
39     mov %eax, _VIRT2PHYS(cpu_features)
40
41     andl $_DETECTED_I586|_PSE_SUPPORT|_PGE_SUPPORT, %eax
42     xorl $_DETECTED_I586|_PSE_SUPPORT|_PGE_SUPPORT, %eax
43
```

```
44     jnz __boot_halt_system
45
46     movl $_VIRT2PHYS(_page_tables), %eax
47     movl $_VIRT2PHYS(_estack), %esp
48     call boot_init_page_table
49
50 #ifdef CONFIG_SMP
51     movb $0x0, _VIRT2PHYS(asp_ready)
52 smp_start32:
53 #endif
54
55     movl $(_CR4_PSE|_CR4_PGE),%eax
56     mov %eax, %cr4
57
58     movl $_VIRT2PHYS(_page_tables), %eax
59     movl %eax, %cr3
60     movl %cr0,%eax
61     orl $0x80000000,%eax
62     movl %eax,%cr0
63     jmp start_prtos
64
```

在上述代码中，第 03～08 行用于 BSS（Block Started by Symbol，通过符号开始的块）数据段清零。第 10～22 行用于为 PRTOS 的冷启动备份数据段。第 25 行用于加载全局描述符表。第 37～42 行用于检测当前处理器是否支持 4MB 大页和全局页表，如果不支持则停止系统。这里假设 X86 处理器支持这些特性，所以这部分代码的检测是可以通过的。

第 48 行代码中，由于 PRTOS 内核最终在页式映射模式运行，因此 PRTOS 调用 boot_init_page_table 创建页面映射表并启用 CPU 的页面映射机制。由于页面映射由所有 pCPU 共享，所以只由 BP 进行初始化，AP 则要跳过这一小段代码。第 60～63 行使能分页，然后 CPU 的 PC 指针跳转到 PRTOS 的 start_prtos 所在的虚拟地址空间，继续完成相关的初始化。后续的初始化将在第 10 章会继续深入讨论。

代码清单 5-1 中，全局描述符表的定义如代码清单 5-2 所示。

代码清单 5-2　全局描述符表的定义

```
01 _gdt_desc:
02     .word EARLY_PRTOS_GDT_ENTRIES*8-1
03     .long _VIRT2PHYS(early_gdt_table)
04
05 ENTRY(early_gdt_table)
06     .quad 0x0000000000000000 /* 空描述符 */
07     .quad 0x00cf9b000000ffff /* 1<<3 PRTOS Ring 0 代码段 */
08     .quad 0x00cf93000000ffff /* 2<<3 PRTOS Ring 0 数据段 */
```

在上述代码中，PRTOS 代码段和数据段的基地址为 0x0，段限长为 4GB，DPL=0。代码段和数据段都是从 0 地址开始的整个 4GB 大小的虚存空间，虚地址到线性地址的映射保持原值不变。因此，PRTOS 的页式映射可以直接将线性地址当作虚拟地址，二者完全一致。

boot_init_page_table() 的实现如代码清单 5-3 所示。

代码清单 5-3　boot_init_page_table() 的实现

```
01 void __BOOT boot_init_page_table(void) {
02     extern prtos_address_t _page_tables[];
03     prtos_u32_t *ptd_level_1, *ptd_level_2;
04     prtos_s32_t addr;
05
06     ptd_level_1 = (prtos_u32_t *)_VIRT2PHYS(_page_tables);      //获取页目录表地址
07     ptd_level_2 = (prtos_u32_t *)(_VIRT2PHYS(_page_tables) + PAGE_SIZE); //获取页表地址
08
09     ptd_level_1[VADDR_TO_PDE_INDEX(0)] = (prtos_u32_t)ptd_level_2 | _PG_ARCH_
           PRESENT | _PG_ARCH_RW;
10     for (addr = LOW_MEMORY_START_ADDR; addr < LOW_MEMORY_END_ADDR; addr +=
          PAGE_SIZE) {
11         ptd_level_2[VADDR_TO_PTE_INDEX(addr)] = addr | _PG_ARCH_PRESENT | _PG_
               ARCH_RW;
12     }
13     ptd_level_1[VADDR_TO_PDE_INDEX(CONFIG_PRTOS_LOAD_ADDR)] = (CONFIG_PRTOS_
           LOAD_ADDR & LPAGE_MASK) | _PG_ARCH_PRESENT | _PG_ARCH_PSE | _PG_ARCH_RW;
14     ptd_level_1[VADDR_TO_PDE_INDEX(CONFIG_PRTOS_OFFSET)] = (CONFIG_PRTOS_LOAD_
           ADDR & LPAGE_MASK) | _PG_ARCH_PRESENT | _PG_ARCH_PSE | _PG_ARCH_RW;
15 }
```

boot_init_page_table() 可实现以下两个页面地址的映射。

1）将线性地址空间 0x00000000～0x00100000-1 映射到物理地址空间 0x00000000～0x00100000-1 空间。

2）将线性地址空间 0xFC000000～0xFC400000-1 映射到物理地址空间 0x0100 0000～0x01400000-1 空间。其中，代码清单 5-1 的第 58 行用于初始化页目录表的基地址寄存器，_page_tables 占据两个物理页（8KB），第 1 个页面用于存放页目录表，第 2 个页面用于存放页表。因为只有一个页面用于映射虚拟内存空间，所以映射的空间大小为 4MB。

提示： 虽然 _page_tables 硬编码为 2 个物理页，但是 PRTOS 内核采用的是 4KB 页面和 4MB 页面的混合映射方案（见图 3-8），第 1 个页面存放的是页目录表，包含 1024 个表项。这 1024 个表项既可以直接指向一个 4MB 的物理页，也可以指向一个 4KB 大小的页表。第 2 个页面存放的是页表（页表项指向 4KB 的物理页），用于映射 0～1MB 的物理内存。因此两个物理页即可满足管理 PRTOS 内核预留的虚拟地址空间 0xFC000000～0xFFFFFFFF 所需要的物理内存。

5.2　处理器的内存管理模型

X86 处理器中的 MMU 负责管理物理内存与虚拟内存之间的映射关系以及对内存访问

的权限控制。X86 处理器采用段式和页式两级内存管理模型。

5.2.1　PRTOS 的虚拟地址空间分配

PRTOS 内核运行的虚拟地址空间范围为 0xFC000000～0xFC400000-1（即 4MB 的虚拟地址空间，采用线性映射方式）。例如，如果要把 PRTOS 内核加载到内存地址 0x01000000，只需将虚拟地址 0xFC000000～0xFC400000-1 映射到物理地址空间 0x1000000～0x1400000-1 即可。这建立了一个 4MB 大小的页面映射管理机制，专用于 PRTOS 的运行虚拟地址空间 0xFC000000～0xFC400000-1。

此外，PRTOS 为专属的虚拟地址空间 0xFC400000～0xFFFFFFFF（即 60MB 的虚拟地址空间）建立了 4KB 大小的页面映射管理机制。这意味着虚拟地址空间 0xFC400000～0xFFFFFFFF 被分成很多小的页面，每个页面大小为 4KB。

比如，一个具有 3 个分区的 PRTOS 系统的虚拟地址空间分布示意图如图 5-1 所示。这种地址空间分配有助于读者更好地理解 PRTOS 内核在虚拟地址空间中的映射和管理方式。

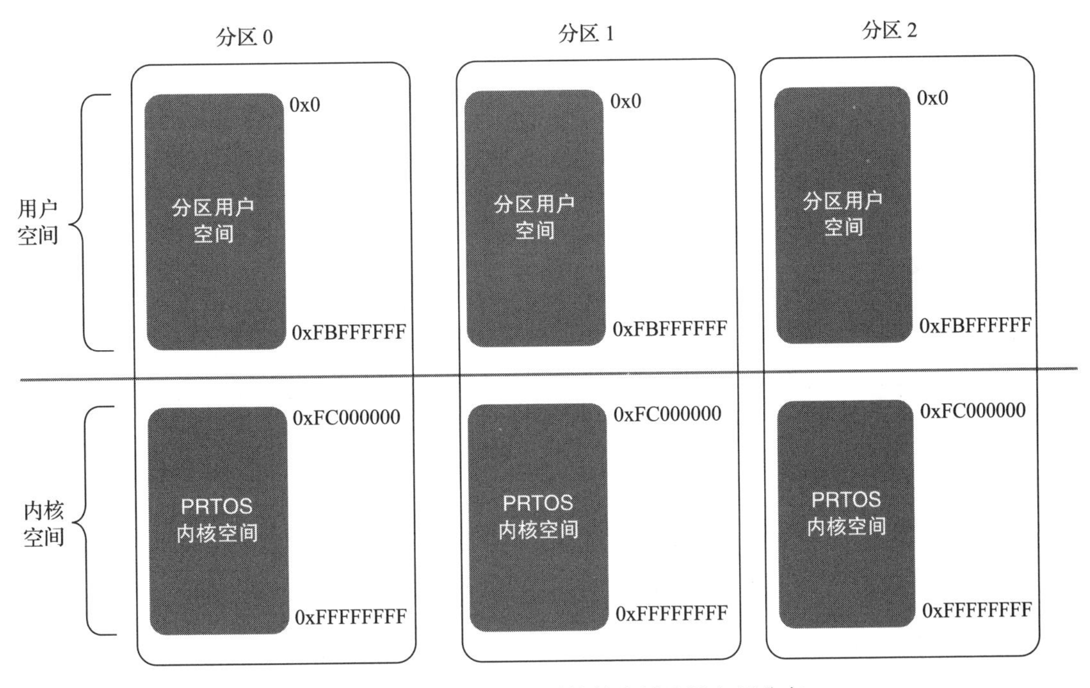

图 5-1　3 分区 PRTOS 系统的虚拟地址空间分布

在 64MB 的虚拟地址空间中，PRTOS 内核被分配了最小的运行地址空间，即 0xFC000000～0xFC400000-1，共 4MB 大小的虚拟地址空间。同时，为了支持这个虚拟地址空间，需要配置相应的 4MB 大小的物理内存。这个地址空间的大小可以通过 PRTOS 的 XML 配置文件中的 SystemDescription/PRTOSHypervisor/PhysicalMemoryArea@size 进行配置。

在配置文件中，通过调整 SystemDescription/PRTOSHypervisor/PhysicalMemoryArea@size 的值，可以灵活配置 PRTOS 内核的运行地址空间大小，以适应不同的系统需求和资源约束。这种配置的灵活性使得 PRTOS 能够在不同的环境中运行，并更好地适应系统的特定要求。

5.2.2 PRTOS 分区内存的虚拟化

X86 处理器具有硬件 MMU 与 4 种处理器特权级别，并且支持 SMP 系统，因此可以支持采用半虚拟化技术实现的 PRTOS Hypervisor。比如，基于 MMU 实现的空间隔离使得当一个分区的指令试图访问其他分区的内存时会触发一个 MMU 陷阱，PRTOS 通过该陷阱可以定位具体出问题的指令地址；基于 MMU 实现的共享内存可以实现高效、零复制的分区间通信，并且一些公共代码段可以实现分区共享，从而避免了代码的复制。

PRTOS 在 X86 处理器上实现内存虚拟化的关键是虚拟化 MMU，即每个分区都有自己的虚拟内存映射，其中顶部高地址区域为 PRTOS 的预留空间。PRTOS 本身通过处理器的最高特权级映射到此预留空间上，其余的部分根据分区 XML 系统配置文件的定义进行填充。此外，通过 PRTOS 提供的超级调用服务 prtos_update_page32()，分区还能够定义新的内存映射并更新这些映射，如虚拟化 Linux Kernel 会通过该超级调用更新页面地址映射。两个分区的地址空间映射如图 5-2 所示。

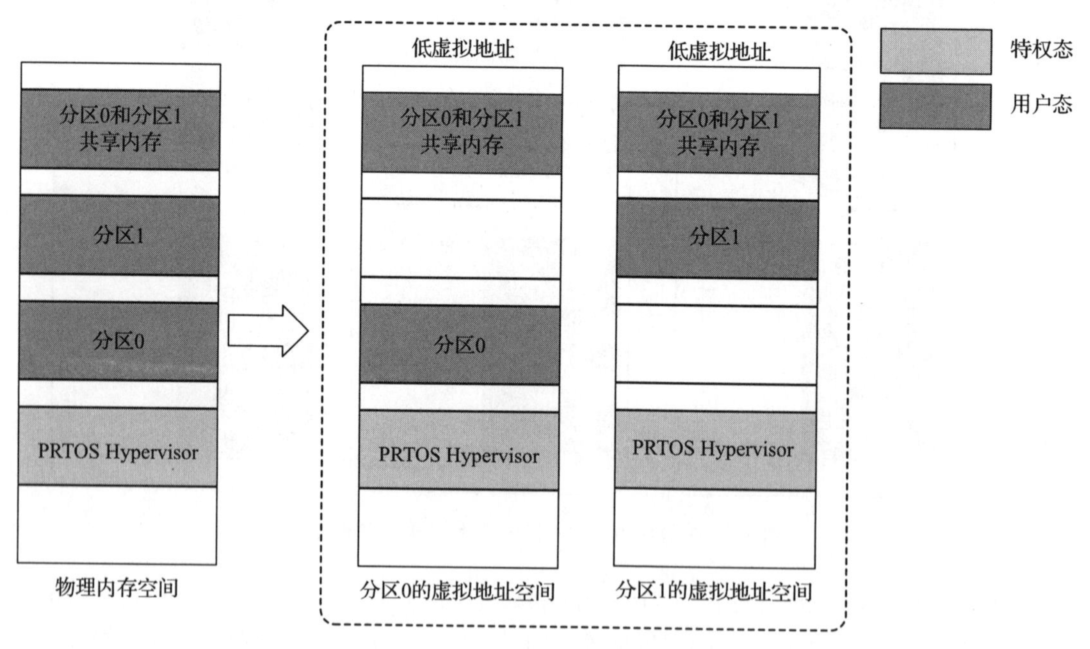

图 5-2 两个分区的地址空间映射

图 5-2 中，是两个分区拥有各自独立的地址空间，同时也具有共享地址空间。这两个

地址空间处于处理器的用户模式下。PRTOS 内核所在的地址空间为虚拟地址空间的顶部区域，PRTOS 被映射在每个内存映射的顶部，并处在 CPU 的特权模式下，从而使得分区内核线程在进入和离开 PRTOS 内核地址空间时避免了 TLB 刷新。两个分区的内存配置示例如代码清单 5-4 所示。

代码清单 5-4　两个分区的内存配置示例

```
01 <Partition id="0" name="Partition0" flags="" console="Uart">
02     <PhysicalMemoryAreas>
03         <Area start="0x6100000" size="1MB"  mappedAt="0x6100000" />
04         <Area start="0x6300000" size="1MB" mappedAt="0x6300000" flags="shared"/>
05     </PhysicalMemoryAreas>
06 </Partition>
07 <Partition id="1" name="Partition1" flags="" console="Uart">
08     <PhysicalMemoryAreas>
09         <Area start="0x6200000" size="1MB" mappedAt="0x6200000"/>
10         <Area start="0x6300000" size="1MB" mappedAt="0x6300000" flags="shared"/>
11     </PhysicalMemoryAreas>
12 </Partition>
```

在上述代码中，XML 配置文件定义了 P0 和 P1 两个分区，并为每个分区分配了两个内存区域，其中从 0x6300000 开始的 1MB 大小的区域由两个分区共享。此外，这个配置文件确定非共享区域是从 0x6100000 开始的区域和从 0x6200000 开始的区域，这两个区域被映射到同样的虚拟内存地址。属性 @mappedAt 允许系统开发者在初始内存映射中定义内存区域的位置。如果未指定此属性，则物理地址空间会映射到相同的虚拟地址空间，即物理地址空间 0x6300000～0x6400000 会映射到虚拟地址空间 0x6300000～0x6400000。

提示：这里也可以把分区所在的两个不同的物理地址空间映射到分区内部相同的虚拟地址空间。PRTOS 为了简化设计，直接将物理地址空间映射到相同的虚拟地址空间。

5.2.3　PRTOS 分区内存的虚拟化实现

PRTOS 分区内存虚拟化的实现基于 XML 配置文件中的分区地址空间分配表，通过初始化页面地址实现虚拟地址到分配的物理地址的映射。分区地址空间的初始化如代码清单 5-5 所示。在该代码清单中，setup_page_table() 的输入参数包含当前分区 p 以及当前分区 p 专属的页表和页目录表的内存区域基地址、大小。

代码清单 5-5　分区地址空间的初始化

```
//源码路径：core/kernel/mmu/vmmap.c
01 prtos_address_t setup_page_table(partition_t *p, prtos_address_t page_table,
        prtos_u_size_t size) {
02      prtos_address_t addr, v_addr = 0, a, b, pt;
03      prtos_word_t *p_ptd_level_1_table, attr;
04      struct phys_page *ptd_level_1_table, *page;
```

```
05      prtos_s32_t e;
06
07      if ((pt = alloc_mem(p->cfg, PTDL1SIZE, PTDL1SIZE, &page_table, &size)) == ~0) {
08          PWARN("(%d) Unable to create page table (out of memory)\n", p->cfg->id);
09          return ~0;
10      }
11
12      if (!(ptd_level_1_table = pmm_find_page(pt, p, 0))) {
13          PWARN("(%d) Page 0x%x does not belong to this partition\n", p->cfg->id, pt);
14          return ~0;
15      }
16
17      ptd_level_1_table->type = PPAG_PTDL1;
18
19      //ptd_level_1_table对应的物理页表管理数据结构计数加1
20      phys_page_inc_counter(ptd_level_1_table);
21      p_ptd_level_1_table = vcache_map_page(pt, ptd_level_1_table);
22      ASSERT(PTDL1SIZE <= PAGE_SIZE);
23      for (e = 0; e < PTDL1ENTRIES; e++)
            write_by_pass_mmu_word(&p_ptd_level_1_table[e], 0);
24
25      for (e = 0; e < p->cfg->num_of_physical_memory_areas; e++) {
26          if (prtos_conf_phys_mem_area_table[e + p->cfg->physical_memory_areas_
                offset].flags & PRTOS_MEM_AREA_UNMAPPED) continue;
27
28          a = prtos_conf_phys_mem_area_table[e + p->cfg->physical_memory_areas_offset].
                 start_addr;
29          b = a + prtos_conf_phys_mem_area_table[e + p->cfg->physical_memory_areas_
               offset].size - 1;
30          v_addr = prtos_conf_phys_mem_area_table[e + p->cfg->physical_memory_
                areas_offset].mapped_at;
31          for (addr = a; (addr >= a) && (addr < b); addr += PAGE_SIZE, v_addr +=
               PAGE_SIZE) {
32              attr = _PG_ATTR_PRESENT | _PG_ATTR_USER;
33
34              if (!(prtos_conf_phys_mem_area_table[e + p->cfg->physical_memory_areas_
                    offset].flags & PRTOS_MEM_AREA_UNCACHEABLE)) attr |= _PG_ATTR_CACHED;
35
36              if (!(prtos_conf_phys_mem_area_table[e + p->cfg->physical_memory_areas_
                    offset].flags & PRTOS_MEM_AREA_READONLY)) attr |= _PG_ATTR_RW;
37
38              if (vm_map_user_page(p, p_ptd_level_1_table, addr, v_addr, attr,
                    alloc_mem, &page_table, &size) < 0) return ~0;
39          }
40      }
41
42      attr = _PG_ATTR_PRESENT | _PG_ATTR_USER;
43      ASSERT(p->pctArraySize);
44      for (v_addr = PRTOS_PCTRLTAB_ADDR, addr = (prtos_address_t)_VIRT2PHYS(p->pctArray);
          addr < ((prtos_address_t)_VIRT2PHYS(p->pctArray) + p->pctArraySize);
45          addr += PAGE_SIZE, v_addr += PAGE_SIZE) {
```

```
46          if (vm_map_user_page(p, p_ptd_level_1_table, addr, v_addr, attr, alloc_
                mem, &page_table, &size) < 0) return ~0;
47      }
48
49      //硬编码PBL的地址空间
50      prtos_address_t v_addr_loader = PRTOS_PCTRLTAB_ADDR - 256 * 1024;
51      if (setup_pbl(p, p_ptd_level_1_table, v_addr_loader, page_table, size) < 0) return ~0;
52
53      attr = _PG_ATTR_PRESENT | _PG_ATTR_USER;
54      //为分区所属的页目录表和页表设置表项访问权限
55      for (e = 0; e < p->cfg->num_of_physical_memory_areas; e++) {
56          if (prtos_conf_phys_mem_area_table[e + p->cfg->physical_memory_areas_offset].
                flags & PRTOS_MEM_AREA_UNMAPPED) continue;
57
58          a = prtos_conf_phys_mem_area_table[e + p->cfg->physical_memory_areas_offset].
                start_addr;
59          b = a + prtos_conf_phys_mem_area_table[e + p->cfg->physical_memory_areas_
              offset].size - 1;
60          v_addr = prtos_conf_phys_mem_area_table[e + p->cfg->physical_memory_areas_
                offset].mapped_at;
61          for (addr = a; (addr >= a) && (addr < b); addr += PAGE_SIZE, v_addr += PAGE_
              SIZE) {
62              if ((page = pmm_find_page(addr, p, 0))) {
63                  phys_page_inc_counter(page);
64                  if (prtos_conf_phys_mem_area_table[e + p->cfg->physical_memory_
                        areas_offset].flags & PRTOS_MEM_AREA_UNCACHEABLE)
65                      attr &= ~_PG_ATTR_CACHED;
66                  else
67                      attr |= _PG_ATTR_CACHED;
68
69                  if (page->type != PPAG_STD) {
70                      if (vm_map_user_page(p, p_ptd_level_1_table, addr, v_addr,
                            attr, alloc_mem, &page_table, &size) < 0) return ~0;
71                  }
72              }
73          }
74      }
75
76      vcache_unlock_page(ptd_level_1_table);
77
78      return pt;
79  }
```

在上述代码中，第 07 行用于从当前分区的 page_table～page_table +size-1 中划分出页目录表所占用的内存区域，并返回对应的物理地址；第 12 行返回当前分配的物理地址所在的物理页所对应的物理内存管理结构；第 21 行返回页目录表所在物理页的基地址所对应的虚拟机地址；第 23～24 行将页目录表的所有 1024 个表项置零。

setup_page_table () 的目标是从当前分区所配置的内存区域中分配页表和页目录表，根据当前分区所配置的内存区域建立页式内存管理结构，并返回页目录表的基地址。

下面以代码清单 5-4 中的分区 0 为例来具体分析 setup_page_table() 建立页表地址映射的过程。

setup_page_table() 建立的地址映射为。

1）将虚拟地址空间 0x6100000～0x6200000–1 映射到 0x6100000～0x6200000–1。

2）将虚拟地址空间 0x6300000～0x6400000–1 映射到 0x6300000～0x6400000–1。

3）将虚拟地址 PRTOS_PCTRLTAB_ADDR–256K = 0xFC000000–256K–256K 作为 PBL 代码段的基地址，虚拟地址空间 0xFC000000–256K–256K～0xFC000000–256K–1= PRTOS_PCTRLTAB_ADDR–256K～PRTOS_PCTRLTAB_ADDR–1 对应 PBL 的代码段。

4）虚拟地址空间 0xFC000000–256K–256K–72K～0xFC000000–256K–256K–1 对应分区 PBL 的栈空间。

5）映射当前分区映像的地址空间。

6）映射当前分区的自定义文件空间。

7）以虚拟地址 PRTOS_PCTRLTAB_ADDR=0xFC000000–256K 为 PCT 的基地址，将虚拟地址空间 PRTOS_PCTRLTAB_ADDR～PRTOS_PCTRLTAB_ADDR + p->pct_array_size –1 映射到物理地址空间 p->pct_array～p->pct_array + p->pct_array_size–1)。

提示：分区的页目录表根据 XML 配置文件中的设置给当前分区的地址空间建立地址映射。这和 32 位 Linux 内核进程中每个进程共享 3GB～4GB–1B 的内核地址空间是类似的。分区的地址空间和内核空间完全隔离。同样，内核访问分区空间也是通过使用属于自己的内核空间，比如实例中

0xFC400000～0xFFFFFFFF 通过内核页表建立页表映射后才可以访问分区空间。另外，本书假设“～”包含两个端点，所以 3GB～4GB–1B 更准确。

X86 处理器的地址空间限制为 4GB，包括物理内存和 I/O 设备的映射空间。因此在设计 PRTOS 的内存模型时，需要合理管理和分配这 4GB 的地址空间，以满足不同虚拟机的内存需求，并保障虚拟机之间的隔离和安全性。

5.3 PRTOS 内存管理的虚拟化

1. 内存虚拟化的解决方案

无论是从 Hypervisor 所需的机制方面，还是从适配客户操作系统所需的修改方面考虑，内存管理虚拟化都是计算机中比较有挑战性的虚拟化任务之一。为了虚拟化内存，PRTOS 采用的解决方案如下。

1）每个分区负责管理页表（最初的一个页表由 PRTOS 创建）。比如对虚拟化的 Linux 内核来说，PRTOS 在初始化 Linux 分区时为其创建初始化的页表，并根据 XML 配置文件

来初始化页面映射。但是 Linux 内核在初始化时会根据自身的需求调用超级调用服务 prtos_update_page32() 和 prtos_multicall()，并重新更新页面映射。Linux 内核初始化页面映射的实现如代码清单 5-6 所示。

代码清单 5-6　Linux 内核初始化页面映射的实现

```
//源码路径：prtos-linux-3.4.4/arch/x86/prtos\hdr.c
01 notrace asmlinkage void __prtosinit prtos_setup_vmmap(prtos_address_t *pg_tab) {
02     int i, e, k, ret;
03     prtos_u32_t __mc_up32_batch[32][4];
04 
05     k = 0;
06     i = __PAGE_OFFSET >> 22;
07     for (e = 0; (e < i) && (e + i < 1024); e++) {
08         if (pg_tab[e]) {
09             __mc_up32_batch[k][0] = update_page32_nr;        //超级调用号
10             __mc_up32_batch[k][1] = 2;                       //超级调用的参数个数
11             __mc_up32_batch[k][2] = (prtos_address_t)&pg_tab[e+i];  //参数1
12             __mc_up32_batch[k][3] = pg_tab[e];               //参数2
13             ++k;
14         }
15         if (k >= 32) {
16             _PRTOS_HCALL2((void *)&__mc_up32_batch[0],
                             (void *)&__mc_up32_batch[k], multicall_nr, ret);
17             k = 0;
18         }
19     }
20     if (k > 0) {
21         _PRTOS_HCALL2((void *)&__mc_up32_batch[0],
                         (void *)&__mc_up32_batch[k], multicall_nr, ret);
22     }
23 }
```

2）PRTOS 被映射在每个分区地址空间的顶部，从而在分区内核线程进入和离开 Hypervisor 时避免了 TLB 刷新。

每个分区的初始内存映射都由 PRTOS 按照 XML 配置文件中的描述构建。如果一个分区需要一个新的内存映射，那么它必须通过在自己的内存中重新注册一组页面来定义新的内存映射。一旦注册完成，这些页面将变成只读页面，后续的更新必须通过 PRTOS 进行验证。

2. PRTOS 核心的基本功能

为了实现内存虚拟化，PRTOS 核心实现了两个基本功能。

1）PRTOS 实现了一个名为虚拟内存管理器的子模块，该模块负责管理虚拟映射，并能够创建 / 释放虚拟内存空间以及映射 / 取消映射物理页，详情请参考源码 core/kernel/x86/vmmap.c。

提示： 这与 PRTOS 内核的资源静态管理原则并不相悖，这些动态映射机制仅用于 PRTOS 根据配置文件中定义的内存区域为每个分区建立页面地址映射，即将分区的虚拟内存地址映射到分配的物理内存地址。分区虚拟地址空间初始化完成后，将不会再使用这些临时的映射机制。

2）PRTOS 实现了两个新的超级调用：prtos_set_page_type() 允许分区注册新的内存映射；prtos_update_page32() 允许分区更新现有内存映射中的条目，允许一个分区使用新的内存映射更改当前的内存映射。

3. XML 配置文件的新属性

XML 配置文件在物理内存区域元素的定义中添加了两个新属性。

1）@flags（/Partition/PhysicalMemoryAreas/Area/@flags）。

2）@mappedAt（/Partition/PhysicalMemoryAreas/Area/@mappedAt）。

（1）属性 @flags

属性 @flags 使系统开发者能够为每个内存区域赋予以下属性。

1）当使用 uncacheable 属性时，内存区域在虚拟内存映射中保持为非缓存状态。这提供了更精细的控制可能性，可以定义是否缓存该内存区域。默认情况下，内存区域是要缓存的。

2）当设置为 read-only 属性时，内存区域始终被映射为只读，即分区无法修改其内容。在默认情况下，内存区域具有读 / 写权限。

3）当指定为 unmapped 属性时，内存区域不会在初始内存映射中被映射。然而，这个属性并不阻止分区映射内存区域。默认情况下，所有内存区域都在初始内存映射中被映射。

4）当设置为 shared 属性时，系统集成商可以将同一内存区域分配给一个或多个分区。默认情况下，内存区域是私有的，并且只能分配给一个分区。

（2）属性 @mappedAt

属性 @mappedAt 允许系统开发者在初始内存映射中定义内存区域的位置。如果未指定此属性，则内存区域将进行 1：1 映射。MMU 的虚拟化使得适配 Linux 内核成为可能。

5.4 实验：分区内存隔离示例

分区内存隔离的实现通过硬件 MMU 技术为每个分区提供一组内存页表映射。这样一来，当分区应用试图访问其他分区的内存时，将触发一个 MMU 陷阱。PRTOS 能够定位到具体出问题的指令地址，并触发健康监控事件。这种机制不仅确保了分区间的内存隔离，还有助于在发生非法地址访问时进行快速定位和处理。

另外，基于共享内存的方式可以用于实现分区间的通信。通过共享内存，不同分区的应用程序可以直接读写同一块内存区域，从而实现数据的交换和协作。这在某些情况下是非常有用的，比如实现高效的数据传递和共享资源。

示例 user/bail/examples/example.009 演示了非法地址访问的截获和共享内存通信的使用方式。这个示例有助于理解 PRTOS 处理非法内存访问及通过共享内存实现分区间通信的方式。

示例代码的布局如图 5-3 所示。

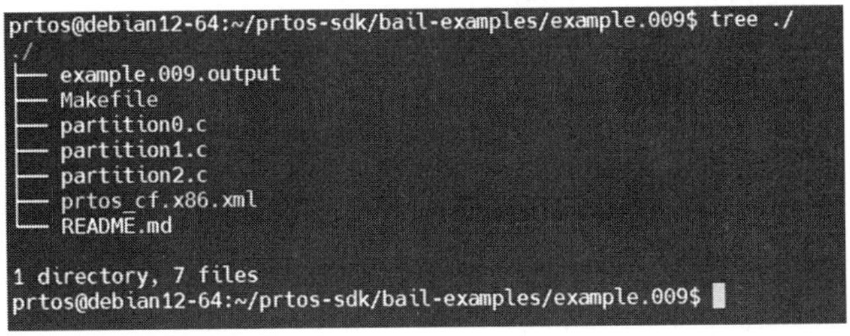

```
prtos@debian12-64:~/prtos-sdk/bail-examples/example.009$ tree ./
./
├── example.009.output
├── Makefile
├── partition0.c
├── partition1.c
├── partition2.c
├── prtos_cf.x86.xml
└── README.md

1 directory, 7 files
prtos@debian12-64:~/prtos-sdk/bail-examples/example.009$
```

图 5-3　示例代码的布局

示例配置文件 prtos_cf.x86.xml 定义的调度策略如表 5-1 所示。

表 5-1　循环调度表（调度周期 MAF 为 1000ms）

分区	起始时刻 /ms	持续时间 /ms
分区 0（partition0.c）	0	500
分区 1（partition1.c）	500	500
分区 2（partition2.c）	1000	500

3 个分区的内存区域划分如代码清单 5-7 所示。

代码清单 5-7　3 个分区的内存区域划分

```
//源码路径：user/bail/examples/example.009/prtos_cf.x86.xml
01 <PartitionTable>
02     <Partition id="0" name="Partition0" flags="" console="Uart">
03         <PhysicalMemoryAreas>
04             <Area start="0x6000000" size="1MB" />
05         </PhysicalMemoryAreas>
06     </Partition>
07     <Partition id="1" name="Partition1" flags="" console="Uart">
08         <PhysicalMemoryAreas>
09             <Area start="0x6100000" size="1MB" />
10             <Area start="0x6300000" size="1MB" flags="shared"/>
11         </PhysicalMemoryAreas>
12     </Partition>
13     <Partition id="2" name="Partition2" flags="" console="Uart">
14         <PhysicalMemoryAreas>
15             <Area start="0x6200000" size="1MB" />
16             <Area start="0x6300000" size="1MB" flags="shared"/>
17         </PhysicalMemoryAreas>
18     </Partition>
19 </PartitionTable>
```

在上述代码中，分区 0 独占内存空间 0x6000000～0x6100000-1。PRTOS 为了简化配置过程，默认将物理地址空间 0x6000000～0x6100000-1 映射到虚拟地址空间 0x6000000～0x6100000-1。分区 1 独占 0x6100000～0x6200000-1 的物理内存，同理映射到虚拟地址空间 0x6100000～0x6200000-1。分区 2 独占 0x6200000～0x6300000-1 的物理内存，同理映射到虚拟地址空间 0x6200000～0x6300000-1。

同时分区 1 和分区 2 均将物理地址空间 0x6300000～0x6400000-1 映射至虚拟地址空间 0x6300000～0x6400000-1，因此物理地址空间 0x6300000～0x6400000-1 由分区 1 和分区 2 所共享。

本示例的预期行为是分区 0 试图访问属于分区 1 的地址空间，触发健康监控事件，分区 0 被健康监控子模块停用；分区 1 向分区 1 和分区 2 共享的内存空间写入数据，并发送分区间虚拟中断，通知分区 2 数据已经写入共享内存；分区 2 响应分区 1 发送的分区间虚拟中断，通过分区间虚拟中断处理程序读取分区 1 写入的数据。

5.4.1　分区 0 的裸机应用

本示例中，分区 0 的裸机应用试图访问不属于自己的内存地址空间。这打破了分区间的内存隔离，是 PRTOS 内核不允许的行为，因此该行为会被 PRTOS 的健康监控模块检测到，并触发默认配置，将当前分区停用。分区 0 的裸机应用实现如代码清单 5-8 所示。

代码清单 5-8　分区 0 的裸机应用实现

```
//源码路径：user/bail/examples/example.009/partition0.c
01 #define INVALID_ADDRESS 0x6100000      //不属于P0的地址空间
02 …
03 void partition_main(void) {
04     prtos_u32_t value = 0xFFFFFFFF;
05         //如果分区0向不属于自己的内存地址空间写入数据，将触发健康监控事件
06     *(volatile prtos_u32_t *)INVALID_ADDRESS = value;
07     …
08 }
```

5.4.2　分区 1 的裸机应用

分区 1 的裸机应用通过周期性定时器向共享内存写入一个数据，然后向目标分区发送分区间虚拟中断，通知目标分区共享内存区域中已经写入数据。分区 1 的裸机应用实现如代码清单 5-9 所示。

代码清单 5-9　分区 1 的裸机应用实现

```
//源码路径：user/bail/examples/example.009/partition1.c
01 …
02 volatile prtos_s32_t seq;
03 #define SHARED_ADDRESS 0x6300000
04 #define DESTINATION_ID 2
```

```
05 //时钟中断服务程序
06 void hw_timer_handler(trap_ctxt_t *ctxt) {
07     PRINT("SHM WRITE %d\n", seq);
08     *(volatile prtos_u32_t *)SHARED_ADDRESS = seq++;
09     //向分区2发送分区间虚拟中断，告知数据已经写入共享内存
10     prtos_raise_partition_ipvi(DESTINATION_ID, PRTOS_VT_EXT_IPVI0);
11 }
12
13 void partition_main(void) {
14     prtos_time_t hw_clock, exec_clock;
15     //安装定时器中断处理程序
16     install_trap_handler(BAIL_PRTOSEXT_TRAP(PRTOS_VT_EXT_HW_TIMER), hw_timer_handler);
17     hw_sti();                                                   //开中断
18     prtos_clear_irqmask(0, (1 << PRTOS_VT_EXT_HW_TIMER));       //清除定时器中断屏蔽
19
20     prtos_get_time(PRTOS_HW_CLOCK, &hw_clock);                  //读取硬件时钟
21     seq = 0;
22
23     PRINT("Setting HW timer at 1 sec period\n");
24     //设置硬件定时器，定时周期为1s
25     prtos_set_timer(PRTOS_HW_CLOCK, hw_clock + 1000000LL, 1000000LL);
26     …
27 }
```

由于分区 1 需要向分区 2 发送分区间虚拟中断，因此我们需要在示例配置文件（代码清单 5-10）中的通信通道节点 SystemDescription/Channels/Ipvi 配置分区 1 到分区 2 的分区间虚拟中断，如代码清单 5-10 所示。

代码清单 5-10　配置分区 1 到分区 2 的分区间虚拟中断

```
//源码路径：user/bail/examples/example.009/prtos_cf.x86.xml
01     <Channels>
02         <Ipvi id="0" sourceId="1" destinationId="2"/>
03     </Channels>
```

5.4.3　分区 2 的裸机应用

分区 2 的裸机应用响应分区 1 发送过来的分区间虚拟中断，并在中断服务程序中读取共享内存中的数据。分区 2 的裸机应用实现如代码清单 5-11 所示。

代码清单 5-11　分区 2 的裸机应用实现

```
//源码路径：user/bail/examples/example.009/partition2.c
01 #define SHARED_ADDRESS 0x6300000
02 …
03 void ipi_ext_handler(trap_ctxt_t *ctxt) {
04     prtos_u32_t value = *(volatile prtos_u32_t *)SHARED_ADDRESS;
05     PRINT("READ SHM %d\n", value);
06     if (value == 1) {            //验证数据正确性
```

```
07          PRINT("Verification Passed\n");
08      }
09 }
10 void partition_main(void) {
11      install_trap_handler(BAIL_PRTOSEXT_TRAP(PRTOS_VT_EXT_IPVI0), ipi_ext_handler);
12      hw_sti();                                          //开中断
13      prtos_clear_irqmask(0, (1 << PRTOS_VT_EXT_IPVI0));//解除分区间虚拟中断屏蔽
14      …
15 }
```

本示例的运行结果如图 5-4 所示。

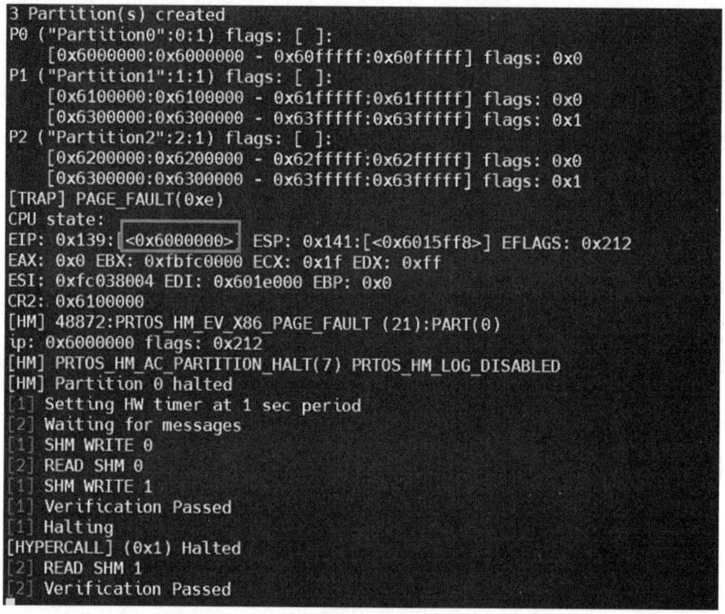

```
3 Partition(s) created
P0 ("Partition0":0:1) flags: [ ]:
    [0x6000000:0x6000000 - 0x60fffff:0x60fffff] flags: 0x0
P1 ("Partition1":1:1) flags: [ ]:
    [0x6100000:0x6100000 - 0x61fffff:0x61fffff] flags: 0x0
    [0x6300000:0x6300000 - 0x63fffff:0x63fffff] flags: 0x1
P2 ("Partition2":2:1) flags: [ ]:
    [0x6200000:0x6200000 - 0x62fffff:0x62fffff] flags: 0x0
    [0x6300000:0x6300000 - 0x63fffff:0x63fffff] flags: 0x1
[TRAP] PAGE_FAULT(0xe)
CPU state:
EIP: 0x139:[<0x6000000>] ESP: 0x141:[<0x6015ff8>] EFLAGS: 0x212
EAX: 0x0 EBX: 0xfbfc0000 ECX: 0x1f EDX: 0xff
ESI: 0xfc038004 EDI: 0x601e000 EBP: 0x0
CR2: 0x6100000
[HM] 48872:PRTOS_HM_EV_X86_PAGE_FAULT (21):PART(0)
ip: 0x6000000 flags: 0x212
[HM] PRTOS_HM_AC_PARTITION_HALT(7) PRTOS_HM_LOG_DISABLED
[HM] Partition 0 halted
[1] Setting HW timer at 1 sec period
[2] Waiting for messages
[1] SHM WRITE 0
[2] READ SHM 0
[1] SHM WRITE 1
[1] Verification Passed
[1] Halting
[HYPERCALL] (0x1) Halted
[2] READ SHM 1
[2] Verification Passed
```

图 5-4　示例运行结果

从图 5-4 可以看出，分区 0 由于访问不属于自己的地址空间被健康监控模块检测到而停止。分区 0 的健康监控输出了试图访问非法内存地址的指令所在位置，即 0x6000000。如果反汇编分区 0 的映像文件，可用如下命令：

```
$objdump -D partition0 >  partition0.asm
```

根据指令地址 0x6000000 检索 partition0.asm 文件，即可定位具体的非法写入指令，如图 5-5 所示。

分区 1 两次向共享内存写入数据，并通过分区间虚拟中断通知分区 2 从共享内存中读取数据；分区 2 均响应了分区 1 发送的两次分区间虚拟中断，并在中断服务程序中读取共享内存中的数据，正如我们预期的那样。

```
partition0:     file format elf32-i386


Disassembly of section .text:

06000000 <partition_main>:
 6000000:       c7 05 00 00 10 06 ff    movl   $0xffffffff,0x6100000
 6000007:       ff ff ff
 600000a:       eb fe                   jmp    600000a <partition_main+0xa>

0600000c <_start>:
 600000c:       bc 80 c0 01 06          mov    $0x601c080,%esp
 6000011:       b8 20 00 00 00          mov    $0x20,%eax
 6000016:       9a 00 00 00 00 08 01    lcall  $0x108,$0x0
 600001d:       83 f8 00                cmp    $0x0,%eax
 6000020:       75 12                   jne    6000034 <_start+0x28>
```

图 5-5　非法写入指令的位置

5.5　本章小结

本章介绍了 PRTOS 内存隔离技术，该技术使得同一物理机上运行的多个虚拟机具有独立的内存空间。内存隔离技术借助 CPU 的工作模式（特权模式 / 用户模式）和硬件 MMU 实现。本章最后通过一个实验演示并验证了内存隔离和共享内存的功能。

第 6 章 循环表调度器的设计与实现

PRTOS 采用循环表调度器，循环表调度器借鉴了 ARINC653 标准。在 ARINC653 标准中，循环表调度器是基本的 Hypervisor 调度算法，用于对虚拟机进行调度。ARINC653 循环表调度器的特征如下。

1）调度表。循环表调度器使用调度表，其中包含所有虚拟机的调度信息。调度表是一个二维表格，每一行表示一个虚拟机，每一列表示虚拟机的调度参数。

2）时间片分配。每个虚拟机都被分配了一个固定长度的时间片，称为时间槽（Time Slot）或者时间窗口。时间槽通过调度表中的参数进行配置，不同的虚拟机有不同的时间槽。

3）灵活性。循环表调度算法可以根据实际需求进行配置和调整，从而满足不同的虚拟化场景和性能要求。例如，可以通过调整调度表中的时间槽来改变虚拟机的调度行为。

4）可靠性。循环表调度器设计简单，不容易出错。调度表中的参数可以在设计和配置阶段进行验证，从而确保虚拟机的调度行为符合预期的需求。

本章介绍 PRTOS 的调度器设计。

6.1 PRTOS 调度器概述

PRTOS 的调度器支持单 pCPU 调度和多 pCPU 调度，单 pCPU 调度是基础调度，多 pCPU 调度在前者的基础上进行了多核扩展。

6.1.1 单处理器调度策略

PRTOS 的基本调度策略是循环表调度策略。该调度策略确保每一个分区使用处理器的时间不会超过预先设定的时间槽，以免影响其他分区的执行。分配给每个分区的时间槽在系统设计阶段确定，并在 PRTOS 配置文件中定义。每个时间槽定义为包含开始时间和持续时间的时间窗口。每个分区按照定义的时间槽进行调度。在一个时间槽内，PRTOS 将 pCPU 分配给当前分区的 vCPU 运行。如果分区内存在多个活动的任务，则遵循分区内客户操作系统的调度算法。这种两级调度策略称为分层调度。分区内的调度策略对 PRTOS Hypervisor 不可见。PRTOS 的循环策略由周期性 MAF 组成。MAF 通常定义为各个分区调度周期的最小公倍数。

比如，表 6-1 定义了 5 个分区，每个分区都有自己的执行周期，每个周期又有各自的 CPU 利用率需求。

表 6-1　分区应用和对 CPU 利用率的需求

分区	应用	周期 /ms	执行时间 /ms	CPU 利用率 / (%)
Partition 0	系统管理	100	20	20
Partition 1	飞行控制	100	10	10
Partition 2	飞行管理应用软件	100	30	30
Partition 3	I/O 数据处理	100	20	20
Partition 4	人机交互	200	20	10

这里将 MAF 定义为 200ms，满足表 6-1 需求的一种可能的循环调度策略如表 6-2 所示。

表 6-2　一种可能的循环调度策略

分区	开始时间 /ms	持续时间 /ms
Partition 0	0	20
Partition 1	20	10
Partition 3	30	10
Partition 2	40	30
Partition 3	70	10
空闲	80	20
Partition 0	100	20
Partition 1	120	10
Partition 3	130	10
Partition 2	140	30
Partition 3	170	10
Partition 4	180	20

在相应的 PRTOS 配置文件中，调度策略实现如代码清单 6-1 所示。

代码清单 6-1　PRTOS 调度策略实现

```
01 <CyclicPlanTable>
02     <Plan id="0" majorFrame="200ms">
03         <Slot id="0" start="0ms" duration="20ms" partitionId="0"/>
04         <Slot id="1" start="20ms" duration="10ms" partitionId="1"/>
05         <Slot id="2" start="30ms" duration="10ms" partitionId="3"/>
06         <Slot id="3" start="40ms" duration="30ms" partitionId="2"/>
07         <Slot id="4" start="70ms" duration="10ms" partitionId="3"/>
08         <Slot id="5" start="100ms" duration="20ms" partitionId="0"/>
09         <Slot id="6" start="120ms" duration="10ms" partitionId="1"/>
10         <Slot id="7" start="130ms" duration="10ms" partitionId="3"/>
11         <Slot id="8" start="140ms" duration="30ms" partitionId="2"/>
12         <Slot id="9" start="170ms" duration="10ms" partitionId="3"/>
13         <Slot id="10" start="180ms" duration="20ms" partitionId="4"/>
14     </Plan>
15 </CyclicPlanTable>
```

这里需要指出的是，在单处理器硬件平台中，CPU 的调度策略不限于一种，原因如下。

1）不同的客户操作系统，其分区的初始化时间不同。如果只有一个调度策略，这个调度策略通常是根据系统正常运行时的执行时间来确定的，那么分区系统的初始化可能会需要多个时间槽才能完成。这意味着一个分区已经正常工作并开始处理外部响应需求，而其他分区可能仍处于系统初始化阶段。

2）分区系统可能会要求执行一些维护操作。这些操作可能需要分配不同于分区正常工作模式所需要的 CPU 时间等资源。

为了处理这些问题，PRTOS 引入了多调度策略，允许分区根据工作模式的变化，以可控的方式重新分配计时（处理器）资源。图 6-1 显示了 PRTOS 的多调度策略流程。

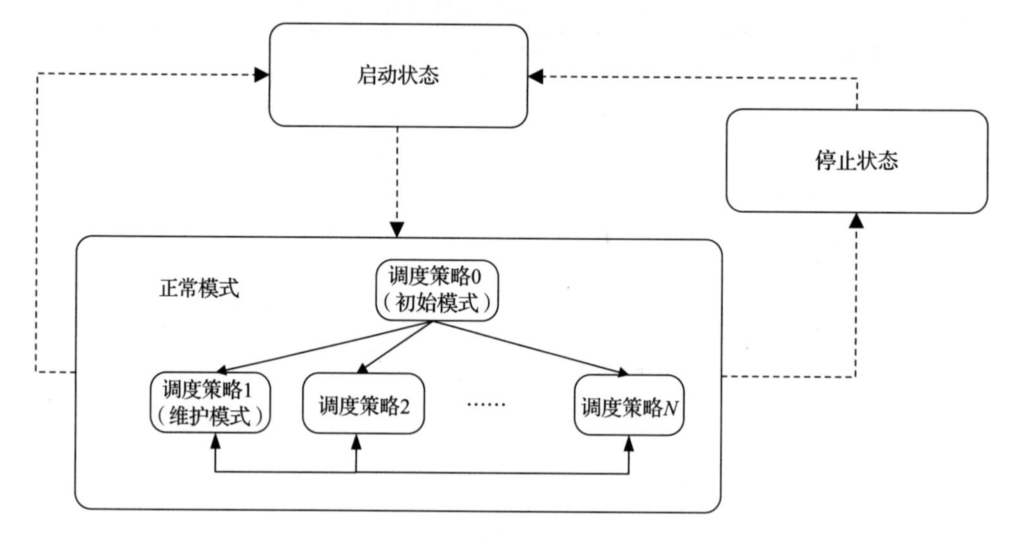

图 6-1　多调度策略流程

1）调度策略 0：初始化策略。系统复位后，系统会选择并一直使用此调度策略，直到收到分区更改调度策略的请求。

提示：重新改回调度策略 0 是不合法的。也就是说，调度策略 0 仅在系统重置（软件重置或硬件重置）后执行。

2）调度策略 1：维护策略。该策略可以通过两种方式激活。

①由健康监控的行为 PRTOS_HM_AC_SWITCH 触发，策略切换立即完成。

②系统分区请求。策略切换发生在当前计划的末尾。

3）调度策略 $N\,(N > 1)$：大于 1 的策略均为用户自定义的。系统分区可以在任何时候切换为这些已定义的调度策略。

PRTOS 使用内部定时器来进行策略的调度，比如单处理器平台选用 HPET（High Precision Event Timer，高精度定时器）。调度策略在每个 MAF 开始时启动定时器。一旦定时器启动，在当前的 MAF 内，每个分区时间槽的开始时间和持续时间都是相对于这个定时器运行的。

这种调度策略就是本章描述的循环表调度，PRTOS 为每个 pCPU 配置一个周期性定时器，定时周期为 MAF。该定时器在 MAF 结束时触发一个定时器中断（重设定时器的开销是确定的）。循环表调度器的实现如图 6-2 所示。

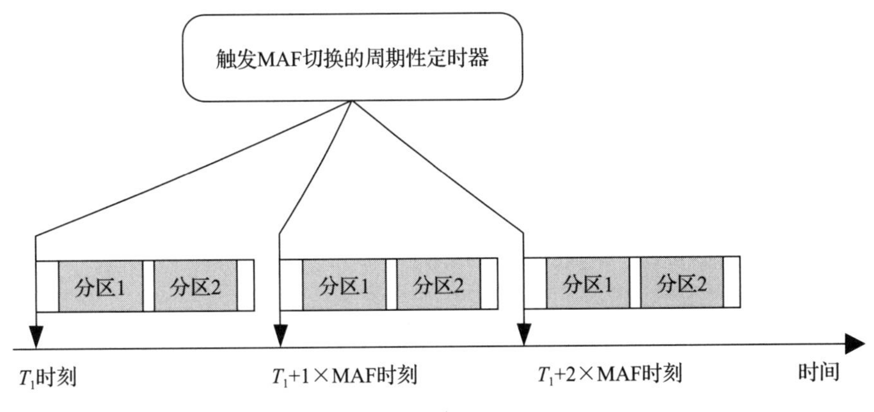

图 6-2　循环表调度器的实现

在图 6-2 中，循环表调度器的执行流程如下。

步骤 1：设置周期性定时器，定时器周期为 MAF。

步骤 2：执行 MAF 内的所有分区时间槽（比如图 6-2 中两个分区的时间槽）。

步骤 3：MAF 定时周期到期，触发 MAF 周期切换。

步骤 4：跳到步骤 1。

如果循环表调度器在当前 MAF 结束之前被调用，那么该调度会被忽略。因此，在下一次同步中断发生之前，新的 MAF 不会启动。

当系统分区通过超级调用接口 prtos_switch_sched_plan() 请求切换调度策略时，策略切换不会立即进行，而是在当前策略的所有时间槽全部执行完毕后（即当前策略的 MAF 结束），新策略才会生效。注意：当健康监控的 ACTION PRTOS_HM_AC_SWITCH_TO_MAINTENANCE 操作请求策略切换时，只要当前的时间槽执行完毕，策略 1 会立即启动。

6.1.2　多处理器调度策略

在多处理器调度策略中，调度的基本单位是分区内的 vCPU。默认情况下，如果没有指定 vCPU 标识符，则假定是 vCPU0（即 vCPU 标识符的起始编号为 0）。

PRTOS 支持的基本调度策略是基于单 CPU 平台扩展的循环表调度策略，基本调度单元是 vCPU。分区内的每个 vCPU 用 <Partition_ID, vCPU_ID> 标识，以固定的循环表方式调度。该调度策略确保每一个分区内 <Partition_ID, vCPU_ID> 使用 pCPU 的时间不会超过预先设定的时间槽，以免影响其他分区的执行。分配给每个分区中虚拟机处理器 <Partition_ID, vCPU_ID> 的时间槽是在系统设计阶段确定的，在 PRTOS XML 配置文件中定义。分区的 vCPU 按照定义的时间槽进行调度。在一个时间槽内，PRTOS 将 pCPU 分配给当前分区的 vCPU 运行。代码清单 6-2 提供了一个描述多核调度策略的配置向量。

代码清单 6-2 多核调度策略配置向量

```
01 <Processor id="0"> <!-- pCPU0上绑定的调度策略 -->
02     <CyclicPlanTable>
03         <Plan id="0" majorFrame="800ms">
04             <Slot id="0" start="0ms" duration="200ms" partitionId="0" vCpuId="0"/>
05             <Slot id="1" start="200ms" duration="200ms" partitionId="2" vCpuId="0"/>
06             <Slot id="2" start="400ms" duration="200ms" partitionId="0" vCpuId="1"/>
07             <Slot id="3" start="600ms" duration="200ms" partitionId="1" vCpuId="0"/>
08         </Plan>
09     </CyclicPlanTable>
10 </Processor>
11 <Processor id="1"><!-- pCPU1上绑定的调度策略 -->
12     <CyclicPlanTable>
13         <Plan id="0" majorFrame="800ms">
14             <Slot id="0" start="0ms" duration="300ms" partitionId= "3" vCpuId="0"/>
15             <Slot id="1" start="300ms" duration="200ms" partitionId= "0" vCpuId= "2"/>
16             <Slot id="1" start="500ms" duration="200ms" partitionId= "2" vCpuId= "1"/>
17         </Plan>
18     </CyclicPlanTable>
19 </Processor>
```

代码清单 6-2 一般用于处理图 6-3 所示的多处理器调度场景。

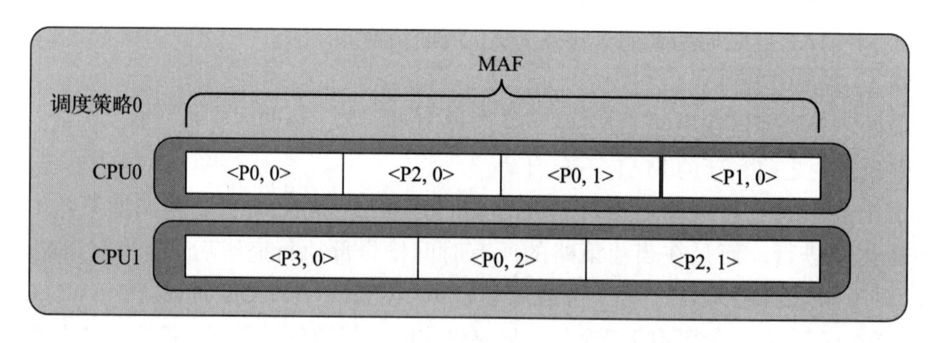

图 6-3 多处理器调度场景

在此调度计划中，配置文件定义如下。

1）分区 P0 将 vCPU0 和 vCPU1 分配给 CPU0，vCPU2 分配给 CPU1。

2）分区 P1 将 vCPU0 分配给 CPU0。

3）分区 P2 将 vCPU0 分配给 CPU0，vCPU1 分配给 CPU1。

4）分区 P3 将 vCPU0 分配给 CPU1。

PRTOS 实现的多核调度策略支持 vCPU 和 CPU 的多对多映射关系，用户可以根据需求进行灵活配置。

6.2　循环表调度器的数据结构与实现

在 ARINC653 中，循环表调度器是管理和调度各个分区的核心组件。它负责按照预定的调度策略执行分区，以确保航空和航天系统中的应用能够满足时间和可靠性要求。PRTOS 采用循环调度表来调度分区中的 vCPU。为了清楚地描述 PRTOS 中循环表调度的实现，下面先介绍 PRTOS 中内核线程的数据结构和服务于调度器的 Per-CPU 数据结构。

6.2.1　内核线程数据结构

1. vCPU

PRTOS 管理的是分区，分区分为单核分区和多核分区。

1）单核分区内只有一个 vCPU，可以运行单核裸机应用或者单核操作系统。

2）多核分区内有两个以上的 vCPU，可以运行支持多核的裸机应用或者多核操作系统。

从 PRTOS 内核的角度来看，分区切换的上下文是分区中 vCPU 的上下文。分区是一个具有空间隔离和时间隔离特性的运行时环境，分区内支持单核 / 多核应用，同一个分区的多个 vCPU 之间共享定时器、内存和外围设备资源。

从 PRTOS 的角度来说，一个正在运行的 vCPU（即内核线程）具有以下几个特征。

1）有一段程序供其执行，这段程序由分区中的应用决定。

2）在 PRTOS 内核中有专用的内核栈空间。

3）vCPU 在 PRTOS 内核中有一个内核线程数据结构 kthread_t。有了这个数据结构，vCPU 才能成为分区调度的基本单位，并接受调度器的调度。同时，这个结构又记录着内核线程所占用的各项资源（内存、虚拟地址空间以及中断资源）。

4）有独立的内存空间，这意味着该内核线程代表分区中的 vCPU，也意味着除前述的内核栈外还有其专用的分区栈。分区栈由分区内的应用控制，对 PRTOS 内核不可见。

提示： 内核栈对分区不可见，任何 vCPU 都不可能直接（不通过超级调用）访问内核空间。

上述 4 条是构成 vCPU 的必要条件，缺了其中任何一条就不能称为 vCPU。如果只具备了前面 3 条而缺第 4 条，即没有用户空间，则称为空闲内核线程。在 PRTOS 内核中，每个 pCPU 都会分配一个空闲内核线程。

前面讲过，每个 vCPU 都有一个 kthread_t 数据结构和一片用于内核栈的内存空间。这二者缺一不可，又有紧密的联系，所以在物理内存空间中也连在一起。PRTOS 内核在为每个 vCPU 分配一个 kthread_t 结构时，实际上分配了 CONFIG_KSTACK_SIZE 个字节（CONFIG_KSTACK_SIZE 默认设置为 8KB）的空间。这 8KB 空间的底部空间划给了 kthread_t 数据结构，顶部空间用作 kthread_t 的内核栈空间，如图 6-4 所示。

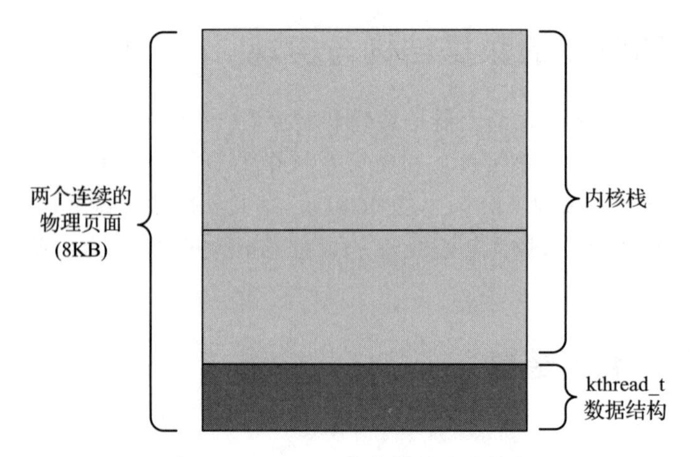

图 6-4　kthread_t 数据结构和内核栈

2. kthread_t 数据结构

kthread_t 数据结构的定义如代码清单 6-3 所示。

代码清单 6-3　kthread_t 数据结构的定义

```
//源码路径：core/include/kthread.h
01 typedef union kthread {
02     struct __kthread {
03         prtos_u32_t magic1;
04         prtos_address_t *kstack;
05         spin_lock_t lock;
06         volatile prtos_u32_t flags;
07         struct dyn_list local_active_ktimers;
08         struct guest *g;
09         void *sched_data;
10         cpu_ctxt_t *irq_cpu_ctxt;
11         prtos_u32_t irq_mask;
12         prtos_u32_t magic2;
13     } ctrl;
14     prtos_u8_t kstack[CONFIG_KSTACK_SIZE];
15 } kthread_t;
16
17 struct guest {
18     prtos_id_t id;
19     struct kthread_arch karch;
20     vtimer_t vtimer;
21     ktimer_t ktimer;
22     ktimer_t watchdog_timer;
23     vclock_t vclock;
24     prtos_u32_t op_mode; /*Only for debug vcpus*/
25     partition_control_table_t *part_ctrl_table;
26     prtos_u32_t sw_trap;
27     struct trap_handler override_trap_table[NO_TRAPS];
28 };
```

在内核数据结构 kthread_t 中，成员变量 ctrl（第 13 行）的大小小于 1KB，分区内核栈空间的大小大于 7KB。

提示： 内核栈的空间不像用户栈那样可以在运行时动态地扩展，而是静态地确定了的。所以，在内核中断服务程序以及其他设备驱动程序的设计中，不能让这些函数嵌套太深；同时，在这些函数中也不宜使用太多、太大的局部变量，以防止内核栈溢出。

这里先把成员变量 ctrl 中几个特别重要的成员介绍一下，这些成员大体可以分成状态、性质、资源和组织等几大类。

kstack（第 14 行）指向的是内核栈顶，在分区上下文切换中用来保存上一个分区的 vCPU 上下文。struct guest*g（第 08 行）指向的是与分区运行时环境相关的资源（对空闲内核线程来说，g 为空指针）。第 19 行 karch 中保存的是与具体 CPU 架构的相关信息，如代码清单 6-4 所示。

代码清单 6-4　CPU 架构的相关信息

```
//源码路径：core/include/x86/kthread.h
01 struct kthread_arch {
02     prtos_address_t ptd_level_1;
03     prtos_u32_t cr0;
04     prtos_u32_t cr4;
05     prtos_u32_t p_cpuid;
06
07     prtos_u8_t fp_ctxt[108];
08     struct x86_desc_reg gdtr;
09     struct x86_desc gdt_table[CONFIG_PARTITION_NO_GDT_ENTRIES + PRTOS_GDT_ENTRIES];
10     struct x86_desc_reg idtr;
11     struct x86_gate hyp_idt_table[IDT_ENTRIES];
12     struct io_tss tss;
13 };
```

3. TSS

代码清单 6-4 中，第 12 行保存的是 TSS 字段信息，如代码清单 6-5 所示。

代码清单 6-5　TSS 字段信息

```
//源码路径：core/include/x86/segments.h
01 struct x86_tss {
02     prtos_u16_t back_link, _blh;
03     prtos_u32_t sp0;
04     prtos_u16_t ss0, _ss0h;
05     prtos_u32_t sp1;
06     prtos_u16_t ss1, _ss1h;
07     prtos_u32_t sp2;
08     prtos_u16_t ss2, _ss2h;
09     prtos_u32_t cr3;
```

```
10      prtos_u32_t ip;
11      prtos_u32_t flags;
12      prtos_u32_t ax;
13      prtos_u32_t cx;
14      prtos_u32_t dx;
15      prtos_u32_t bx;
16      prtos_u32_t sp;
17      prtos_u32_t bp;
18      prtos_u32_t si;
19      prtos_u32_t di;
20      prtos_u16_t es, _esh;
21      prtos_u16_t cs, _csh;
22      prtos_u16_t ss, _ssh;
23      prtos_u16_t ds, _dsh;
24      prtos_u16_t fs, _fsh;
25      prtos_u16_t gs, _gsh;
26      prtos_u16_t ldt, _ldth;
27      prtos_u16_t trace_trap;
28      prtos_u16_t io_git_map_offset;
29  } __PACKED;
30
31  struct io_tss {
32      struct x86_tss t;
33      prtos_u32_t io_map[2048];
34  };
```

虽说 TSS 像代码段、数据段一样，也是一个“段”，实际上却只是一个固定大小的数据结构，用以记录一个任务的关键状态信息，具体包括以下方面。

①内核线程切换前夕（在切入点上），该内核线程各个通用寄存器的内容。

②内核线程切换前夕（在切入点上），该内核线程各个段寄存器（包括 ES、CS、SS、DS、FS 和 GS）的内容。

③内核线程切换前夕（在切入点上），该内核线程 EFLAGS 寄存器的内容。

④内核线程切换前夕（在切入点上），该内核线程指令地址寄存器 EIP 的内容。

⑤指向前一个内核线程的 TSS 结构的段选择子。当前任务执行 IRET（Interrupt Return，中断返回）指令时，就返回由这个段选择子所指向的（TSS 所代表的）内核线程（返回地址则由栈决定）。

⑥该内核线程的 LDT 段选择子，该选择子指向内核线程的 LDT。

⑦控制寄存器 CR3 的内容，该内容指向内核线程的页目录。

⑧ 3 个栈指针，分别为内核线程运行于 Ring 0、Ring 1 和 Ring 2 时的栈指针，包括栈段寄存器 SS0、SS1 和 SS2 以及栈指针寄存器 ESP0、ESP1 和 ESP2 的内容。注意：CPU 中只有一个 SS 和一个 ESP（Extended Stack Pointer，扩展栈指针寄存器）寄存器，但是 CPU 在进入新的运行级别时会自动在当前内核线程的 TSS 中装入相应 SS 和 ESP 的内容，实现栈的切换。

⑨一个用于程序追踪的标志位 T。当 T 标志位为 1 时，CPU 就会在切入该进程时产生一次 debug 异常，这样就可以在 debug 异常的服务程序中安排所需的操作，如记录、显示等。

⑩在一个 TSS 中，除了基本的 104 字节的 TSS 结构以外，还有一些附加信息，例如表示 I/O 权限的位图。X86 系统结构允许 I/O 指令在比 Ring 0 级低的状态下执行，即可以将外围设备驱动在一个既非内核（Ring 0）也非用户（Ring 3）的空间中实现。该位图就是用于这个目的。

像其他的“段”一样，TSS 在段描述表中也有个表项。不过 TSS 的描述项只能放在 GDT 中，而不能放在任何一个 LDT（Local Descriptor Table，局部描述符表）中或 IDT 中。如果通过段选择项访问 TSS，而选择项中的 T 标志位为 1（表示使用 LDT），就会产生一次 GP（General Protection，通用保护）异常。TSS 描述项的结构与其他段描述项基本相同，但有一个 B（Busy）标志位，表示相应 TSS 所代表的任务是否正在运行或者正被中断。另外，CPU 中还增设了一个任务寄存器（Task Register，TR），指向当前任务的 TSS。相应地，Intel X86 指令集还增加了一条指令 LTR，对 TR 进行装入操作。像 CS 和 DS 一样，TR 也有一个不可见的部分。每当将一个段选择码装入到 TR 中时，CPU 就自动找到所选择的 TSS 描述项并将其装入到 TR 中的不可见部分，以加速之后对该 TSS 的访问。

在 IDT 中，除中断门、陷阱门和调用门外，还定义了一种任务门。任务门中包含一个 TSS 段选择子。当 CPU 因中断而穿过一个任务门时，就会将任务门中的段选择子自动装入 TR，使 TR 指向新的 TSS，并完成任务切换。CPU 还可以通过 JMP 和 CALL 指令实现任务切换。当跳转或调用的目标段（代码段）实际上指向 GDT 中的一个 TSS 描述项时，就会引起一次任务切换。

但是 PRTOS 并不使用 X86 CPU 硬件提供的任务切换机制（正如 Linux 一样，并不是所有 TSS 里面的内容都需要切换）。不过，由于 X86 CPU 要求软件设置 TR 及 TSS，PRTOS 内核便只好“走过场”地设置好 TR 及 TSS，以满足 CPU 的要求。但是，PRTOS 内核中并不使用任务门，也不允许使用 JMP 或 CALL 指令实施任务切换。内核只是在初始化阶段设置 TR，使之指向一个 TSS（单核版本的 PRTOS 只有一个 TSS；SMP 版本的 PRTOS 中，每个 pCPU 都会对应一个 TSS），后续 PRTOS 将通过超级调用修改后的 TSS 的内容 API prtos_x86_load_tss() 提供给分区使用。TSS 中最重要的是栈段寄存器 SS0、SS1、SS2 和栈指针寄存器 ESP0、ESP1 和 ESP2 的内容以及 I/O 权限位图信息。也就是说，每个 CPU（如果有多个 CPU 的话）在初始化以后的全部运行过程中永远各自使用各自的一个 TSS。同时，PRTOS 内核也不依靠 TSS 保存每个 kthread_t 切换时的寄存器副本，而是将这些寄存器的副本保存在各个 kthread_t 的内核空间栈中。

因此，TSS 中的绝大部分内容已经失去了原来的意义。可是，当 CPU 因中断或 Hypercall 而从分区用户空间进入内核空间时，会由于运行级别的变化而自动更换栈空间。而新的栈指针（包括栈段寄存器 SS 的内容和栈指针寄存器 ESP 的内容）则取自当前

kthread_t 的 TSS，用于 PRTOS 运行在 Ring 0～Ring 3 的分区时使用。因为对 PRTOS 内核来说,TSS 中有意义的就只剩下 Ring 0 的栈指针，即 SS0 和 ESP0 两项了。即当前 kthread_t 的系统栈指针将随着 kthread_t 的调度切换而流水似地变动。原因在于改变 TSS 中 SS0 和 ESP0 所花的开销比通过装入 TR 来更换一个 TSS 要小得多。因此，在 PRTOS 单核版本中，TSS 并不是属于某个 kthread_t 的资源，而是个全局性的公共资源。在多处理器的 PRTOS 多核版本中，尽管 PRTOS 内核中确实有多个 TSS，但是每个 CPU 仍旧只有一个 TSS，一经装入就不再变了。

在内核线程的初始化过程中，PRTOS 中的 kthread_arch_init () 函数会初始化 TSS 中的 SS0，使其指向 DS_SEL，即 PRTOS 内核的数据段，而把 ESP0 设置成指向当前 kthread_t 内核栈的顶端，具体实现请参考 core/kernel/x86/kthread.c。

6.2.2 Per-CPU 数据结构

PRTOS 定义了 Per-CPU 类型的数据结构 local_processor_t，以简化调度器实现，如代码清单 6-6 所示。

代码清单 6-6 Per-CPU 类型的数据结构 local_processor_t

```
//源码路径: core/include/local.h
01 typedef struct {
02     struct local_cpu {
03         prtos_u32_t flags;
04 #define CPU_SLOT_ENABLED (1 << 0)
05 #define BSP_FLAG (1 << 1)
06         volatile prtos_u32_t irq_nesting_counter;
07         prtos_u32_t global_irq_mask;
08     } cpu;
09
10     struct local_processor_sched {
11         kthread_t *idle_kthread;
12         kthread_t *current_kthread;
13         kthread_t *fpu_owner;
14
15         struct sched_data {
16             ktimer_t ktimer;
17             struct {
18                 const struct prtos_conf_sched_cyclic_plan *current;
19                 const struct prtos_conf_sched_cyclic_plan *new;
20                 const struct prtos_conf_sched_cyclic_plan *prev;
21             } plan;
22             prtos_s32_t slot; //即要执行的下一个时间窗口
23             prtos_time_t major_frame;
24             prtos_time_t start_exec;
25             prtos_time_t plan_switch_time;
26             prtos_time_t next_act;
27             kthread_t *kthread;
```

```
28          } * data;
29
30          prtos_u32_t flags;
31 #define LOCAL_SCHED_ENABLED 0x1
32      } sched;
33
34      struct local_time {
35          prtos_u32_t flags;
36 #define NEXT_ACT_IS_VALID 0x1
37          hw_timer_t *sys_hw_timer;
38          prtos_time_t next_act;
39          struct dyn_list global_active_ktimers;
40      } time;
41
42 } local_processor_t;
```

在上述代码中，第 02～08 行表示每个 CPU 都有一个 struct local_cpu 对象，用于跟踪当前 CPU 的信息。

第 10～28 行表示每个 CPU 都有一个 struct local_processor_sched 对象，用于跟踪当前 CPU 的调度信息。

第 34～40 行表示每个 CPU 都有一个 struct local_time 对象，用于跟踪当前 CPU 的定时器信息。

local_processor_t 类型的全局变量 local_processor_info[CONFIG_NO_CPUS] 在系统初始化过程中由 PRTOS 的设备驱动根据具体的硬件平台进行初始化，如代码清单 6-7 的第 02 行所示。

代码清单 6-7　PRTOS 内核的初始化代码

```
//源码路径：core/kernel/setup.c
01 // 当前系统的所有pCPU信息表
02 local_processor_t local_processor_info[CONFIG_NO_CPUS];
```

PRTOS 的调度器子系统则基于 Per-CPU 类型的数组 local_processor_info[CONFIG_NO_CPUS] 实现。

6.2.3　调度器框架

PRTOS 的调度器框架如代码清单 6-8 所示。

代码清单 6-8　PRTOS 的调度器框架

```
//源码路径：core/kernel/sched.c
01 void schedule(void) {
02     local_processor_t *info = GET_LOCAL_PROCESSOR();
03     prtos_word_t hw_flags;
04     kthread_t *new_kthread;
05
06     CHECK_KTHR_SANITY(info->sched.current_kthread);
```

```
07      if (!(info->sched.flags & LOCAL_SCHED_ENABLED)) {
08          info->cpu.irq_nesting_counter &= ~(SCHED_PENDING);
09          return;
10      }
11      hw_save_flags_cli(hw_flags);
12
13      if (info->cpu.irq_nesting_counter & IRQ_IN_PROGRESS) {
14          info->cpu.irq_nesting_counter |= SCHED_PENDING;
15          hw_restore_flags(hw_flags);
16          return;
17      }
18
19      info->cpu.irq_nesting_counter &= (~SCHED_PENDING);
20      if (!(new_kthread = get_ready_kthread(info->sched.data))) new_kthread = info->
            sched.idle_kthread;
21
22      CHECK_KTHR_SANITY(new_kthread);
23      if (new_kthread != info->sched.current_kthread) {
24          switch_kthread_arch_pre(new_kthread, info->sched.current_kthread);
25          if (info->sched.current_kthread->ctrl.g)
26              stop_vclock(&info->sched.current_kthread->ctrl.g->vclock, &info->
                    sched.current_kthread->ctrl.g->vtimer);
27
28          if (new_kthread->ctrl.g) set_hw_timer(traverse_ktimer_queue(&new_kthread->
                ctrl.local_active_ktimers, get_sys_clock_usec()));
29
30          info->sched.current_kthread->ctrl.irq_mask = hw_irq_get_mask();
31          hw_irq_set_mask(new_kthread->ctrl.irq_mask);
32
33          CONTEXT_SWITCH(new_kthread, &info->sched.current_kthread);
34
35          if (info->sched.current_kthread->ctrl.g) {
36              resume_vclock(&info->sched.current_kthread->ctrl.g->vclock, &info->
                    sched.current_kthread->ctrl.g->vtimer);
37          }
38          switch_kthread_arch_post(info->sched.current_kthread);
39      }
40      hw_restore_flags(hw_flags);
41 }
```

在上述代码中，第 06 行检测内核线程结构的合法性。

第 07～10 行检测当前 CPU 的调度器是否启用。如果没有启用，当前 CPU 的 SCHED_PENDING 位置 0，调度器直接返回被调用程序。

第 11 行用于关闭中断。

第 13～17 行检查当前是否在中断上下文中。如果是的话，当前 CPU 的 SCHED_PENDING 位置 1，调度器直接返回到调用程序。

第 19 行表示当前 CPU 的 SCHED_PENDING 位清 0。

第 20 行从 XML 配置文件定义的调度表中选择下一个将要执行的分区。如果没有合适的分区被选中，则跳转到当前 CPU 的空闲内核线程运行。

第 22 行检查被挑中的内核线程的合法性。

第 23 行表示如果被挑中的内核线程不是正在运行的线程，则进行内核线程的上下文切换；否则开启中断（参见代码清单 6-8 的第 40 行），返回被调用程序。

第 28 行遍历当前分区的定时器队列，执行当前定时器的回调函数。

第 33 行执行内核线程的上下文切换，具体的切换过程分析请参考 3.1.8 小节，这里不再赘述。

6.2.4 循环表调度器的实现

PRTOS 循环表调度器的实现如代码清单 6-9 所示。

代码清单 6-9 的执行逻辑如下。

代码清单 6-9 PRTOS 循环表调度器的实现

```
//源码路径: core/kernel/sched.c
01 static kthread_t *get_ready_kthread(struct sched_data *cyclic) {
02     const struct prtos_conf_sched_cyclic_plan *plan;
03     prtos_time_t current_time = get_sys_clock_usec();
04     kthread_t *new_kthread = 0;
05     prtos_u32_t t, next_time;
06     prtos_s32_t slot_table_entry;
07 
08     if (cyclic->next_act > current_time) return get_current_kthread(cyclic->kthread);
09 
10     plan = cyclic->plan.current;
11     if (cyclic->major_frame <= current_time) {
12         make_plan_switch(current_time, cyclic);
13         plan = cyclic->plan.current;
14         if (cyclic->slot >= 0) {
15             while (cyclic->major_frame <= current_time) {
16                 cyclic->start_exec = cyclic->major_frame;
17                 cyclic->major_frame += plan->major_frame;
18             }
19         } else {
20             cyclic->start_exec = current_time;
21             cyclic->major_frame = plan->major_frame + cyclic->start_exec;
22         }
23 
24         cyclic->slot = 0;
25     }
26     t = current_time - cyclic->start_exec;
27     next_time = plan->major_frame;
28 
29     if (cyclic->slot >= plan->num_of_slots) goto out; //获取当前CPU的空闲内核线程
30 
31     while (t >= prtos_conf_sched_cyclic_slot_table[plan->slots_offset + cyclic->
           slot].end_exec) {
32         cyclic->slot++;
```

```
33          if (cyclic->slot >= plan->num_of_slots) goto out; //获取当前CPU的空闲内核线程
34      }
35      slot_table_entry = plan->slots_offset + cyclic->slot;
36
37      if (t >= prtos_conf_sched_cyclic_slot_table[slot_table_entry].start_exec) {
38          ASSERT((prtos_conf_sched_cyclic_slot_table[slot_table_entry].partition_
                id >= 0) &&
39                  (prtos_conf_sched_cyclic_slot_table[slot_table_entry].partition_
                        id < prtos_conf_table.num_of_partitions));
40          ASSERT(part_table[prtos_conf_sched_cyclic_slot_table[slot_table_entry].
                partition_id]
41                      .kthread[prtos_conf_sched_cyclic_slot_table[slot_table_entry].
                            vcpu_id]);
42          new_kthread =
43              part_table[prtos_conf_sched_cyclic_slot_table[slot_table_entry].
                    partition_id].kthread[prtos_conf_sched_cyclic_slot_table[slot_table_
                    entry].vcpu_id];
44
45          if (is_kthread_ready(new_kthread)) {
46              next_time = prtos_conf_sched_cyclic_slot_table[slot_table_entry].end_
                    exec;
47          } else {
48              new_kthread = 0;
49              if ((cyclic->slot + 1) < plan->num_of_slots) next_time = prtos_conf_
                    sched_cyclic_slot_table[slot_table_entry + 1].start_exec;
50          }
51      } else {
52          next_time = prtos_conf_sched_cyclic_slot_table[slot_table_entry].start_exec;
53      }
54
55  out:
56      ASSERT(cyclic->next_act < (next_time + cyclic->start_exec));
57      cyclic->next_act = next_time + cyclic->start_exec;
58      arm_ktimer(&cyclic->ktimer, cyclic->next_act, 0);
59      slot_table_entry = plan->slots_offset + cyclic->slot;
60
61      if (new_kthread && new_kthread->ctrl.g) {
62          new_kthread->ctrl.g->op_mode = PRTOS_OPMODE_NORMAL;
63          new_kthread->ctrl.g->part_ctrl_table->cyclic_sched_info.num_of_slots =
                cyclic->slot;
64          new_kthread->ctrl.g->part_ctrl_table->cyclic_sched_info.id = prtos_conf_
                sched_cyclic_slot_table[slot_table_entry].id;
65          new_kthread->ctrl.g->part_ctrl_table->cyclic_sched_info.slot_duration =
66              prtos_conf_sched_cyclic_slot_table[slot_table_entry].end_exec - prtos_
                    conf_sched_cyclic_slot_table[slot_table_entry].start_exec;
67          set_ext_irq_pending(new_kthread, PRTOS_VT_EXT_CYCLIC_SLOT_START);
68      }
69
70      cyclic->kthread = new_kthread;
71
72      return new_kthread;
73  }
```

1）获取当前时间戳并保存到 current_time 变量中。

2）根据获取的时间戳 current_time 检测当前内核线程的时间窗口是否用完。如果已经用完，则跳转到步骤 3）；否则，检测当前内核线程是否处于就绪态（参见第 08 行）。

①如果处于就绪态，则返回该内核线程。

②如果处于非就绪态，则返回 NULL 指针。

③函数退出。

3）获取当前 CPU 的调度策略，参见第 10 行。

4）检测是否已经到了切换 MAF 的时刻。如果已经到了切换 MAF 的时刻，则转入步骤 5），否则转入步骤 6）。

5）检查是否需要切换调度策略。

①调用 make_plan_switch() 检测是否需要进行调度策略的切换。如果存在新的调度策略，则将当前调度策略设置为新的调度策略，并将当前 CPU 的 cyclic->slot 设为 -1。参见第 12 行。

②再次获取当前调度策略，参见第 13 行。注意：make_plan_switch() 中可能已经更新了调度策略。

③检查调度策略是否切换（根据 slot 值是否为 -1 进行判断）。

- 如果调度策略没有切换，此时处于当前 MAF 的最后一个时间槽。调整 cyclic->start_exec 为新的 MAF 的开始时间，调整当前 CPU 的 cyclic->major_frame 为下一次 MAF 的切换时刻，然后进入步骤④（参见第 15～18 行）。
- 如果调度策略已经切换，设置 cyclic->start_exec 为当前获取的时间戳 current_time，设置 cyclic->major_frame 为下次切换 MAF 的时刻，然后进入步骤④（参见第 19～22 行）。

④设置当前 CPU 的 cyclic->slot 为 0，开始新的 MAF（参见第 24 行）。

6）获取在当前时间槽上累计执行的时间，将 next_time 设置为当前调度策略切换 MAF 的时刻（参见第 26～27 行）。

7）检测当前 CPU 的 cyclic->slot 是否越界。如果没有越界，则执行步骤 8）；如果越界，则跳转到步骤 15）（参见第 29 行）。

8）如果在当前时间槽上累计执行的时间已超过当前时间槽的长度，则调整当前 CPU 的 cyclic->slot 值；如果调整后 cyclic->slot 仍然越界，则跳转到步骤 15）（参见第 31～34 行）。

9）获取当前 CPU 的 cyclic->slot 对应的时间槽 slot_table_entry（参见第 35 行）。

10）检测累计执行时间是否在 slot_table_entry 时间槽内。如果是，则执行步骤 11）；否则将 next_time 设置为当前 cyclic->slot 对应时间槽的开始时间，并跳转到步骤 15）（参见第 37～41 行）。

11）将 new_kthread 设置为时间槽 slot_table_entry 所在的内核线程（参见第 42～43 行）。

12）检查内线程是否为就绪态。如果是则转向步骤 13），参见第 45～47 行；否则，跳转到步骤 14），参见第 48～50 行。

13）将 new_kthread 指向选中的内核线程。如果 new_kthread 为内核线程，则将 next_time 设置为当前时间槽的结束时刻，然后跳转到步骤 15）。

14）将 new_kthread 设置为 NULL，并将 next_time 设置为下一个时间槽的开始时间。

15）通过 next_time 将 cyclic->next_act 更新为下一个时间槽的开始时刻，设置当前 CPU 定时器的定时中断发生刻为新时间槽的切换时刻；切换时刻到时，定时器的 ISR（即 set_sched_pending()）将当前 CPU irq_nesting_counter 的 SCHED_PENDING 置 1，然后触发 schedule() 调用函数 get_ready_kthread_cyclic() 挑选出调度策略预设的新的 kthread 来执行；获取选中的时间槽（参见第 56 ～ 59 行）。

- 如果当前选中的内核线程是非空闲线程，则将该时间槽信息填入当前内核线程 PCT 的 sched_info 字段中，与即将切换进来的线程触发一个新时间槽开始的事件 PRTOS_VT_EXT_CYCLIC_SLOT_START，参见第 61～68 行。
- 将当前 CPU 的 cyclic->kthread 设置为选中的线程 new_kthread，并返回 new_kthread（参见第 70～72 行）。

16）退出。

借助基础数据结构和调度器框架，PRTOS 的循环表调度器在单核处理器平台和 SMP 平台统一了调度器子模块的代码实现。

PRTOS 循环调度器调度的是 vCPU，vCPU 对应的是内核线程，接下来介绍内核上下文切换的具体实现。

6.2.5 内核线程上下文的切换

内核线程上下文切换在 PRTOS 调度器（如代码清单 6-10 所示）中通过 3 个 API 实现。

① void switch_kthread_arch_pre(kthread_t *new, kthread_t *current)。

② CONTEXT_SWITCH(next_kthread, current_kthread) 实现分区上下文切换。

③ void switch_kthread_arch_pre(kthread_t *new, kthread_t *current)。

下面通过调度器描述的两个内核线程的上下文切换场景（如代码清单 6-10 所示）来分析具体的实现过程。

代码清单 6-10　两个内核线程的上下文切换

```
01 switch_kthread_arch_pre(new_kthread, info->sched.current_kthread);
02 CONTEXT_SWITCH(new_kthread, &info->sched.current_kthread);
03 switch_kthread_arch_post(info->sched.current_kthread);
```

在上述代码中，第 01 行中的 new_kthread 指向当前需要切换进来的内核线程，info->sched.current_kthread 指向正在运行的内核线程，switch_kthread_arch_pre () 将当前内核线程的地址空间信息、控制寄存器信息以及浮点寄存器的上下文（如果存在浮点运算）信息保存到当前内核线程的内核栈中。第 02 行中的 new_kthread 指向需要切换进来的内核线程。sched.current_kthread 指向即将被切换出去的内核线程。sched.current_kthread 始终指向当前正在运行的内核线程，这意味着当切换完成后，sched.current_kthread 需要更新为切换后的内核线程，这也说明 CONTEXT_SWITCH() 的第 2 个宏参传递的是 &info->sched.current_kthread，而不是 info->sched.current_kthread。第 03 行中的 switch_kthread_arch_post() 用于恢复 info->sched.current_kthread 指向的内核线程的控制寄存器和浮点运算单元的上下文（如果存在硬件浮点运算）。

至此，一个 vCPU 所对应的内核线程完成了一次完整的上下文切换。内核线程 CPU 上下文的切换过程通过代码清单 6-10 第 02 行的 CONTEXT_SWITCH() 实现，如代码清单 6-11 所示。

代码清单 6-11　PRTOS 的 CONTEXT_SWITCH() 实现

```
//源码路径：core/include/x86/asm.h
01 #define PUSH_REGISTERS \
02     "pushl %%eax\n\t"  \
03     "pushl %%ebp\n\t"  \
04     "pushl %%edi\n\t"  \
05     "pushl %%esi\n\t"  \
06     "pushl %%edx\n\t"  \
07     "pushl %%ecx\n\t"  \
08     "pushl %%ebx\n\t"
09
10 #define POP_REGISTERS \
11     "popl %%ebx\n\t"  \
12     "popl %%ecx\n\t"  \
13     "popl %%edx\n\t"  \
14     "popl %%esi\n\t"  \
15     "popl %%edi\n\t"  \
16     "popl %%ebp\n\t"  \
17     "popl %%eax\n\t"
18
19 /* 内核线程上下文切换 */
20 #define CONTEXT_SWITCH(next_kthread, current_kthread) \
21     __asm__ __volatile__(PUSH_REGISTERS \
22                     "movl (%%ebx), %%edx\n\t" \
23                     "pushl $1f\n\t" \
24                     "movl %%esp, "TO_STR(_KSTACK_OFFSET)"(%%edx)\n\t" \
25                     "movl "TO_STR(_KSTACK_OFFSET)"(%%ecx), %%esp\n\t" \
26                     "movl %%ecx, (%%ebx)\n\t" \
27                     "ret\n\t" \
28                     "1:\n\t" \
29                     POP_REGISTERS \
30                     : :"c" (next_kthread), "b" (current_kthread))
31
```

在上述代码中，第 21 行的 PUSH_REGISTERS 用于将通用寄存器保存到当前 kthread 的栈中。第 22 行用于将 EBX 保存的地址所指向的值存入 EDX 寄存器，即 EDA 寄存器指向要切换出去的内核线程。这是因为传递给 current_kthread 的是要切换出去的、指向 kthread

结构指针的指针，即 &info->sched.current_kthread。第 23 行用于将第 28 行标签“1:”所在的地址压入当前正在运行的内核线程的栈顶。第 24 行将当前 ESP 寄存器的值保存到当前内核线程的 struct __kthread 结构的 kstack 字段中，这通过 _KSTACK_OFFSET 偏移量实现。第 25 行将 new_kthread 指向的、kthread 的 kstack 字段保存的 ESP 寄存器的值加载到 ESP 寄存器中。第 26 行将 sched->current_kthread（其地址保存在 (%%ebx) 中）更新为 new_kthread。第 27 行将 new_kthread 指向的 kthread 上一次保存的第 28 行编号“1:”所在的地址恢复到 EIP 寄存器中。第 29 行恢复 sched->current_kthread（现在已经是 new_kthread）的通用寄存器的内容，参见第 10～17 行。第 30 行将 ECX 寄存器和 next_kthread 结合，将 EBX 寄存器和 current_kthread 结合。

提示： 这里之所以没有涉及 SS、CS、ES、GS 段寄存器的切换，是因为现在处于 PRTOS 内核态中，所有的段寄存器均指向 PRTOS 内核所在的代码段和数据段，不需要切换。

6.3 分区和虚拟处理器管理

1. 系统分区和用户分区

为了对硬件资源进行有效的管理，PRTOS 将分区分成系统分区和用户分区两类。系统分区可以用来监控和管理其他应用分区的状态。一些超级调用程序仅限于系统分区调用，还有一些超级调用程序仅在系统分区不使用时才能被应用分区使用。系统分区的权限仅限于管理系统，而不能直接访问本地硬件或者打破分区间的隔离。系统分区跟应用分区一样参与调度，且只能使用配置文件预先静态分配给它的资源。表 6-3 列出了预留给系统分区使用的 Hypercall API。其中偏向系统分区意味着系统分区具有完全的使用权限，应用分区只能对自身执行的请求进行操作，如表 6-3 所示。

表 6-3　预留给系统分区使用的 Hypercall API

Hypercall API	是否系统分区专用	Hypercall API	是否系统分区专用
prtos_get_gid_by_name()	偏向系统分区	prtos_reset_partition()	偏向系统分区
prtos_get_partition_status()	偏向系统分区	prtos_reset_system()	是
prtos_get_system_status()	是	prtos_resume_partition()	是
prtos_halt_partition()	偏向系统分区	prtos_shutdown_partition()	偏向系统分区
prtos_halt_system()	是	prtos_suspend_partition()	偏向系统分区
prtos_hm_open()	是	prtos_switch_sched_plan()	是
prtos_hm_read()	是	prtos_trace_open()	是
prtos_hm_seek()	是	prtos_trace_read()	是
prtos_hm_status()	是	prtos_trace_seek()	是
prtos_memory_copy()	偏向系统分区	prtos_trace_status()	是

2. 分区状态切换

对于分区状态切换（详见 2.3.5 小节），PRTOS 提供的操作分区状态的 API 如表 6-4 所示。

表 6-4　操作分区状态的 API

API	描述
prtos_get_partition_status()	获取当前分区的状态
prtos_halt_partition()	停止分区
prtos_reset_partition()	重置分区
prtos_resume_partition()	恢复分区
prtos_shutdown_partition()	关闭分区
prtos_suspend_partition()	阻塞分区

3. 虚拟处理器状态切换

从 CPU 的角度来看，PRTOS 模拟了多 CPU 系统的行为。对于 vCPU 状态切换（详见 2.3.5 小节），PRTOS 提供的操作 vCPU 状态的 API 如表 6-5 所示。

表 6-5　操作 vCPU 状态的 API

API	描述
prtos_get_vcpuid()	获取 vCPU 的标识符
prtos_halt_vcpuid()	停止 vCPU
prtos_reset_vcpuid()	重置 vCPU
prtos_resume_vcpu()	恢复 vCPU
prtos_suspend_vcpu()	阻塞 vCPU

4. 多核调度实现

PRTOS 的循环表调度器通过对每一个 pCPU 静态配置循环调度表来实现对多核处理器的支持。在多核处理器上，支持循环表调度涉及对 vCPU 的时间槽和调度周期 MAF 进行合理的划分和配置，以保证 vCPU 在不同 pCPU 上按照各自的循环调度表执行调度策略。这需要考虑不同 pCPU 之间的通信和同步机制，以确保任务在不同核心上的执行顺序和时序要求得到满足。

提示：实现循环表调度器对 SMP 的支持也面临一些挑战，例如处理器核的亲和性、任务迁移、缓存一致性等。因此，在设计支持多核处理器的循环表调度器时，需要仔细考虑系统的硬件架构和软件实现，以确保任务调度的正确性和性能。

6.4　实验：分区调度示例

本实验演示单核多分区调度策略和多核多分区调度策略。

6.4.1 单核多分区调度策略示例

1. 示例描述

本示例（user/bail/examples/example.006）演示在单核多分区情况下多个调度策略之间的切换。示例代码布局如图 6-5 所示。

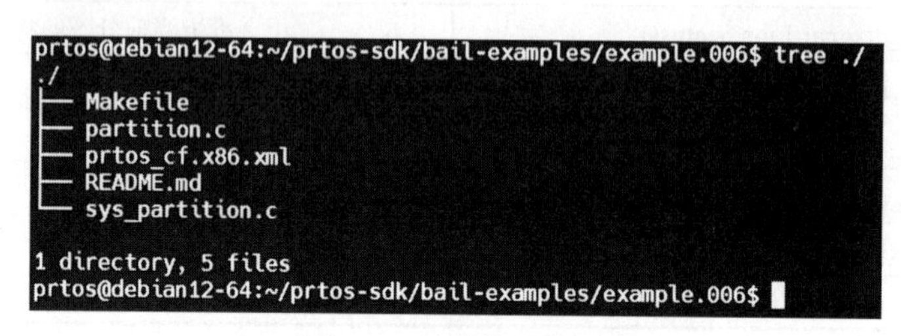

图 6-5　示例代码布局

本示例定义了 3 个分区。

- 分区 0（partition.c）和分区 1（partition.c）是用户分区。
- 分区 2 是系统分区（sys_partition.c）。

XML 配置文件定义了 3 种调度策略，分别如表 6-6、表 6-7 和表 6-8 所示。

表 6-6　策略 0（MAF = 2000ms）

分区	起始时刻 /ms	持续时间 /ms
分区 2	0	400
分区 0	400	400
分区 1	800	400
分区 0	1200	400
分区 1	1600	400

表 6-7　策略 1（MAF = 1200ms）

分区	起始时刻 /ms	持续时间 /ms
分区 2	0	400
分区 0	400	400
分区 1	800	400

表 6-8　策略 2（MAF = 800ms）

分区	起始时刻 /ms	持续时间 /ms
分区 2	0	400
分区 1	400	400

本示例的预期行为是分区在执行过程中，每个分区在新的时间槽输出分区标识符信息

后，在下一个时间槽到来之前进入空闲状态；分区 2 是系统分区，在重复 2 次 MAF 周期后请求更改调度计划，但新的调度策略仅在当前 MAF 结束后才会切换进来。

提示： 策略 0 是初始策略，不能被再次调度回来（只能通过系统复位来激活）。因此，切换策略 0 失败是预期行为。

---

2. XML 配置文件

根据示例描述，XML 配置文件定义了 3 种调度策略和 3 个分区。单核多分区多调度策略配置片段如代码清单 6-12 所示。

代码清单 6-12　单核多分区多调度策略配置片段

```
//源码路径：user/bail/examples/example.006/prtos_cf.x86.xml
01 <CyclicPlanTable>
02     <Plan id="0" majorFrame="2000ms">
03         <Slot id="0" start="0ms" duration="400ms" partitionId="2" />
04         <Slot id="1" start="400ms" duration="400ms" partitionId="0" />
05         <Slot id="2" start="800ms" duration="400ms" partitionId="1" />
06         <Slot id="3" start="1200ms" duration="400ms" partitionId="0" />
07         <Slot id="4" start="1600ms" duration="400ms" partitionId="1" />
08     </Plan>
09     <Plan id="1" majorFrame="1200ms">
10         <Slot id="0" start="0ms" duration="400ms" partitionId="2" />
11         <Slot id="1" start="400ms" duration="400ms" partitionId="0" />
12         <Slot id="2" start="800ms" duration="400ms" partitionId="1" />
13     </Plan>
14     <Plan id="2" majorFrame="800ms">
15         <Slot id="0" start="0ms" duration="400ms" partitionId="2" />
16         <Slot id="1" start="400ms" duration="400ms" partitionId="1" />
17     </Plan>
18 </CyclicPlanTable>
```

3. 分区 0 和分区 1 的裸机应用

分区 0 和分区 1 共享同一份代码，并通过输出各自的分区标识符显示各自的执行状态，其执行的裸机应用代码片段如代码清单 6-13 所示。

代码清单 6-13　分区 0 和分区 1 的裸机应用代码片段

```
01 …
02 #define PRINT(…)                                             \
03     do {                                                      \
04         prtos_time_t now;                                     \
05         prtos_get_time(PRTOS_HW_CLOCK, &now);                 \
06         printf("[%d][%lld] ", PRTOS_PARTITION_SELF, now);     \
07         printf(__VA_ARGS__);                                  \
08     } while (0)
09
```

```
10 void partition_main(void) {
11     prtos_s32_t seq = 0;
12
13     while (seq < 10) {
14         PRINT("Run %d\n", seq++);
15         prtos_idle_self();     //主动让出CPU资源，进入空闲状态
16     }
17     prtos_halt_partition(PRTOS_PARTITION_SELF);
18 }
```

在上述代码中，第 14～15 行表示每个分区在当前的时间槽开始时输出标识分区的信息，然后主动调用 prtos_idle_self() 让出 CPU 资源，直到下一个时间槽开始。

4. 分区 2 的裸机应用

分区 2 是系统分区。该分区通过超级调用 prtos_switch_sched_plan() 切换调度策略，裸机应用代码片段如代码清单 6-14 所示。

代码清单 6-14　分区 2 的裸机应用代码片段

```
01 ...
02 #define PRINT(...)                                          \
03     do {                                                    \
04         prtos_time_t now;                                   \
05         prtos_get_time(PRTOS_HW_CLOCK, &now);               \
06         printf("[%d][%lld] ", PRTOS_PARTITION_SELF, now); \
07         printf(__VA_ARGS__);                                \
08     } while (0)
09
10 void partition_main(void) {
11     prtos_s32_t seq = 0;
12     prtos_u32_t prev, curr;
13
14     curr = 0;
15     while (seq < 6) {
16         PRINT("Run %d\n", seq);
17         if (seq % 2 == 0) {
18             curr = (curr + 1) % 3;
19             PRINT("Switch to plan %d --> ", curr % 3);
20             if (prtos_switch_sched_plan(curr, &prev) < 0) {
21                 printf("FAILED\n");
22             } else {
23                 printf("OK\n");
24             }
25         }
26         seq = (seq + 1);
27         prtos_idle_self();
28     }
29     ...
30     prtos_halt_partition(PRTOS_PARTITION_SELF);
31 }
```

在上述代码中，第 17 行表示分区 2 的 MAF 每重复 2 次后，系统分区会请求切换调度策略。

图 6-6 显示了本示例的运行结果，即由分区 2 主导调度策略的切换，并通过 3 个分区输出各自的标识符信息显示调度策略切换后的运行状态。需要强调的是，虽然分区 2 是系统分区，有权限切换调度策略。但从调度器的角度来说，系统分区和用户分区的地位是同等的，所有分区均应严格遵循调度策略。

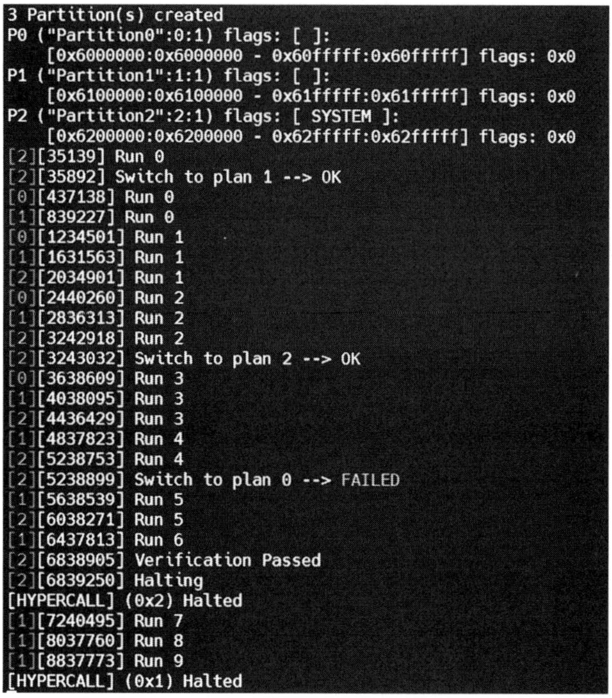

```
3 Partition(s) created
P0 ("Partition0":0:1) flags: [ ]:
    [0x6000000:0x6000000 - 0x60fffff:0x60fffff] flags: 0x0
P1 ("Partition1":1:1) flags: [ ]:
    [0x6100000:0x6100000 - 0x61fffff:0x61fffff] flags: 0x0
P2 ("Partition2":2:1) flags: [ SYSTEM ]:
    [0x6200000:0x6200000 - 0x62fffff:0x62fffff] flags: 0x0
[2][35139] Run 0
[2][35892] Switch to plan 1 --> OK
[0][437138] Run 0
[1][839227] Run 0
[0][1234501] Run 1
[1][1631563] Run 1
[2][2034901] Run 1
[0][2440260] Run 2
[1][2836313] Run 2
[2][3242918] Run 2
[2][3243032] Switch to plan 2 --> OK
[0][3638609] Run 3
[1][4038095] Run 3
[2][4436429] Run 3
[1][4837823] Run 4
[2][5238753] Run 4
[2][5238899] Switch to plan 0 --> FAILED
[1][5638539] Run 5
[2][6038271] Run 5
[1][6437813] Run 6
[2][6838905] Verification Passed
[2][6839250] Halting
[HYPERCALL] (0x2) Halted
[1][7240495] Run 7
[1][8037760] Run 8
[1][8837773] Run 9
[HYPERCALL] (0x1) Halted
```

图 6-6　示例运行结果

6.4.2　多核多分区调度策略示例

本小节的示例运行在双核处理器上，并为每一个 pCPU 配置了一个循环表调度器，从而实现了 vCPU 和 pCPU 的 1 对 1 映射。

提示：这里把 pCPU 当作双核处理器的一个物理核。如果物理 CPU 是单核处理器，此时的物理 CPU 可以用 pCPU 描述；如果物理 CPU 是多核处理器，则 pCPU 表示的就是其中的一个物理核心，所有 pCPU 的具体含义需要根据所在的语境具体分析。

1. 示例描述

本示例（bail/examples/example.008）用于演示 PRTOS 在双核处理器上分区运行两个裸

机应用，每个分区裸机应用均输出本分区的标识符信息。本示例代码布局如图 6-7 所示。

```
prtos@debian12-64:~/prtos-sdk/bail-examples/example.008$ tree ./
./
├── Makefile
├── partition.c
├── prtos_cf.x86.xml
└── README.md

1 directory, 4 files
prtos@debian12-64:~/prtos-sdk/bail-examples/example.008$
```

图 6-7　示例代码布局

XML 配置文件定义的调度策略如表 6-9 所示。

表 6-9　双核处理器调度策略（MAF = 1000ms）

分区	起始时刻 /ms	持续时间 /ms	处理器核心
分区 0（partition.c）	0	1000	处理器核心 0
分区 1（partition.c）	0	1000	处理器核心 1

本示例的预期行为是运行在每个 pCPU 上的分区输出标识其身份的信息，然后停用分区。

2. XML 配置文件

本示例的配置文件分别为两个物理 CPU 各配置了一个循环调度表，从而实现了 vCPU 和物理 CPU 的 1 对 1 映射。双 pCPU 调度策略配置片段如代码清单 6-15 所示。

代码清单 6-15　双 pCPU 调度策略配置片段

```
01 <Processor id="0">  <!--绑定在pCPU0上的调度策略-->
02     <CyclicPlanTable>
03         <Plan id="0" majorFrame="1000ms">
04             <Slot id="0" start="0ms" duration="500ms" partitionId="0" vCpuId="0"/>
05             <Slot id="1" start="500ms" duration="500ms" partitionId="1" vCpuId="0"/>
06         </Plan>
07     </CyclicPlanTable>
08 </Processor>
09 <Processor id="1"> <!--绑定在pCPU1上的调度策略-->
10     <CyclicPlanTable>
11         <Plan id="0" majorFrame="1000ms">
12             <Slot id="0" start="0ms" duration="500ms" partitionId="0" vCpuId="1"/>
13             <Slot id="1" start="500ms" duration="500ms" partitionId="1" vCpuId="1"/>
14         </Plan>
15     </CyclicPlanTable>
16 /Processor>
```

3. 分区 0 和分区 1 的裸机应用

分区 0 和分区 1 共享同一份代码，并通过输出各自的分区标识符和 vCPU 标识符标识出各自的执行状态。分区 0 和分区 1 的裸机应用代码片段如代码清单 6-16 所示。

代码清单 6-16　分区 0 和分区 1 的裸机应用代码片段

```
//源码路径：user/bail/examples/example.008/partition.c
01 …
02 #define PRINT(…)                                        \
03     do {                                                \
04         printf("[%d] ", PRTOS_PARTITION_SELF); \
05         printf(__VA_ARGS__);                            \
06     } while (0)
07
08 void partition_main(void) {
09     setup_vcpus();
10     if (prtos_get_vcpuid() == 0) {
11         PRINT("I'm Partition%d:vCPU%d,My name is %s\n\n",
12             PRTOS_PARTITION_SELF, prtos_get_vcpuid(), prtos_get_pct()->name);
13     } else {
14         PRINT("I'm Partition%d:vCPU%d,My name is %s\n\n",
15             PRTOS_PARTITION_SELF, prtos_get_vcpuid(), prtos_get_pct()->name);
16     }
17
18     if (prtos_get_vcpuid() == prtos_get_number_vcpus() - 1) {
19         PRINT("Verification Passed\n");
20     }
21     while (1)
22         ;
23 }
```

本示例的运行结果如图 6-8 所示。

```
2 Partition(s) created
P0 ("Partition0":0:2) flags: [ SYSTEM ]:
    [0x6000000:0x6000000 - 0x60fffff:0x60fffff] flags: 0x0
P1 ("Partition1":1:2) flags: [ SYSTEM ]:
    [0x6100000:0x6100000 - 0x61fffff:0x61fffff] flags: 0x0
[0] I'm Partition0:vCPU0,My name is Partition0

[1] I'm Partition1:vCPU0,My name is Partition1

[0] I'm Partition0:vCPU1,My name is Partition0

[0] Verification Passed
[1] I'm Partition1:vCPU1,My name is Partition1

[1] Verification Passed
```

图 6-8　示例运行结果

6.5　本章小结

本章介绍了 PRTOS 的调度器设计。PRTOS 采用的是循环表调度器，循环表调度器可以通过适当的软件配置来精确地支持多核处理器。在多核处理器上支持循环表调度器需要对分区调度周期进行合理的划分和配置，以保证分区 vCPU 在不同核心上按照循环表指定的顺序执行。

第 7 章 健康监控的设计与实现

在 PRTOS 系统中，健康监控负责监控虚拟化层和分区的实时状态，以确保虚拟化环境的正常运行和稳定性。本章介绍 PRTOS 健康监控的实现。

7.1 健康监控的目的

健康监控用于监视硬件、分区应用和 PRTOS 内核的状态。当发现故障时，健康监控模块会记录故障并进行故障隔离，防止故障蔓延，同时按故障级别（分区级和 Hypervisor 级）进行必要的恢复。在 PRTOS 系统中，健康监控的目的通常包括以下几个方面。

1）日志记录：系统会记录异常、错误、警告等各种健康监控事件，并将健康监控事件存储在日志中，以供后续分析和诊断。日志记录可以通过系统内部的日志缓冲区、文件系统或外部存储设备等方式实现。

2）事件生成：系统会监测各种健康状态，例如非法地址访问、CPU 陷阱异常以及外部中断等，并根据预定义的健康监控规则生成相应的事件。这些事件可以由系统自动生成，也可以由应用程序或开发者主动生成。

3）事件处理：一旦生成健康监控事件，系统就需要对其进行处理。处理方式可能包括记录事件详细信息、触发警报或通知、采取纠正措施等。事件处理的具体方式通常由系统设计和需求决定。

4）数据完整性验证：在健康监控机制中，对记录的数据进行完整性验证是重要的一步。例如，使用 MD5 散列算法对记录的数据结构进行摘要，以便后续验证数据的完整性。

5）上下文信息记录：对生成的健康监控事件，系统会记录生成事件时的处理器上下文信息，以便后续的分析和诊断。这些上下文信息包括寄存器状态、任务堆栈状态、中断状态等。

6）配置和定制：健康监控机制需要根据具体的系统需求进行配置和定制。例如，可以定义不同类型的健康监控事件、设置事件的优先级和处理方式、配置日志记录的缓冲区大小等。

7）故障诊断和纠正：健康监控可以帮助系统检测和诊断故障，从而采取相应的纠正措施。例如，通过分析生成的健康监控事件日志，可以确定故障的根本原因，并采取重新启动分区、重新分配资源、发送警报等相应的纠正措施。

PRTOS 系统中的健康监控是保持实时分区系统稳定和可靠运行的重要手段。通过对分区状态、分区间通信、错误和异常等进行监测和分析，可以及时发现和解决潜在的问题，确保 PRTOS 系统的可靠性和安全性。

7.2　健康监控的实现

在讨论健康监控的实现之前，我们需要分清楚两类错误。

1）不正确的操作（指令、函数、应用程序、外围设备等）会被软件的正常指令流所处理。比如 malloc() 操作返回一个空指针，表示没有足够的内存满足请求。这类错误程序可以通过检查返回值是否为 NULL 来采取适当的处理方式。

2）不正确的行为会影响正常控制流的行为。这种不正确的行为超出了软件设计者的考虑范围或者在当前的范围内不能有效处理，例如程序试图执行一个未定义的指令。

PRTOS 的健康监控模块负责处理第 2 类错误引发的故障，使这些故障不超出故障影响范围。PRTOS 的健康监控模块主要包括 4 个逻辑模块。

1）健康监控事件：在 PRTOS 内核中使用逻辑探针来检测软件的反常执行状态。

2）健康监控行为：一组预先定义的、用于处理故障或者限制错误的行为。

3）健康监控配置：将健康监控行为和所发生的健康监控事件进行绑定。

4）健康监控日志：报告健康监控事件的发生。

根据定义，健康监控事件是系统不正确的行为导致的结果，检测故障的根源可能会非常困难。因此 PRTOS 定义了一组粗粒度的行为，这些行为可以在故障发生的第一时间应用。虽然 PRTOS 为每一个健康监控事件绑定了默认的行为，系统开发者仍然可以使用 XML 配置文件将健康监控事件映射到对应的健康监控行为上，如图 7-1 所示。

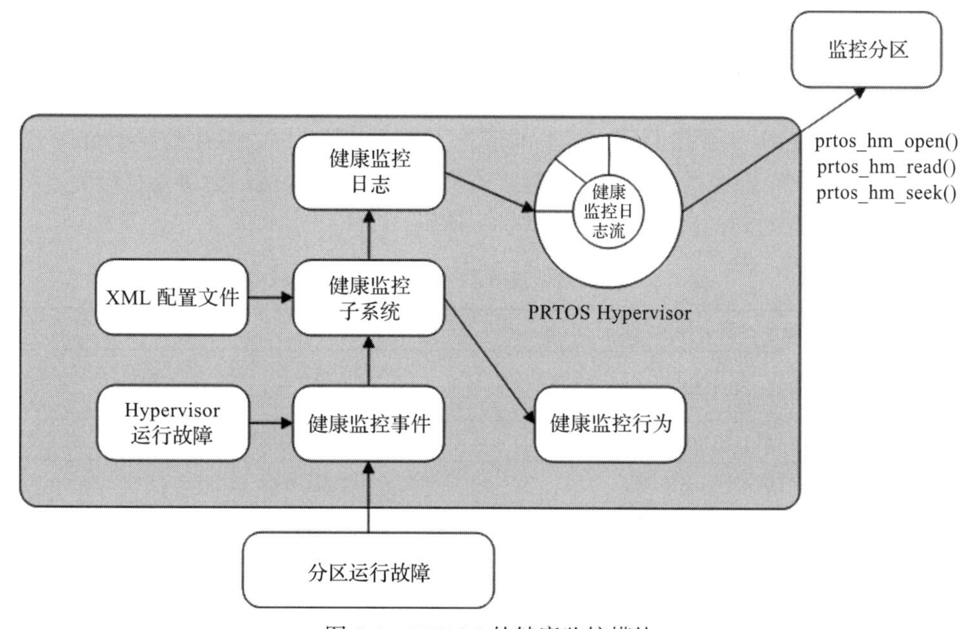

图 7-1　PRTOS 的健康监控模块

一旦预先定义的健康监控行为被 PRTOS 应用，那么对应的一个健康监控消息将会被存放在日志文件中（前提是健康监控事件被配置为产生一个日志消息）。系统分区可以读取这些日志消息并进行更高级别的错误处理。系统分区的一般处理逻辑如下。

1）配置健康监控默认的行为是停止使用发生故障的分区，并且将故障产生的事件写入日志。

2）系统分区重启备用的冗余休眠分区。这个休眠分区通常由另外一组开发团队实现，以便达到分区的差异性。

由于故障（Fault）和错误（Error）的区别很微妙，因此这两个词经常用来无差别地表示一个不正确的状态发生的根源。

一般来说，错误有可能导致后续系统状态出错。当错误到达服务接口并改变服务行为时，就会导致运行失败。运行失败是一个事件，指的是交付的服务偏离正确的行为。故障是推理出来的导致错误的原因，是错误发生的根源。

7.2.1 健康监控事件

PRTOS 中存在 3 种健康监控事件源。

1）异常的硬件行为导致的事件：这些事件通过 CPU 陷阱异常通知 PRTOS 内核。绝大多数 CPU 陷阱异常都被处理成健康监控事件。

2）通过分区代码探测和触发的事件：这些事件通常和分区代码的检查或者断言相关。分区引发的健康监控事件是一种典型的跟踪（Trace）消息，只有非常重要的跟踪消息才会被认为是一个事件。

3）RTOS 内核触发的事件：例如某个软件行为导致 PRTOS 在内核或者分区上进行的完整性检查操作被中断，将会触发一个事件。

当一个健康监控事件被探测到，相关的信息（包括错误范围、发生故障的分区 ID、内存地址、故障设备等）都会被收集，以便健康监控子系统采用合适的健康监控行为。

健康监控事件和对应的数值标识符如表 7-1 所示。

表 7-1 健康监控事件和对应的数值标识符

健康监控事件	ID	含义
PRTOS_HM_EV_FATAL_ERROR	0	当无法恢复的严重内部错误被检测到时，会触发 PRTOS
PRTOS_HM_EV_SYSTEM_ERROR	1	当可恢复的内部错误被检测到时，会触发 PRTOS
PRTOS_HM_EV_PARTITION_ERROR	2	分区通过跟踪系统触发
PRTOS_HM_EV_WATCHDOG_TIMER	3	看门狗超时触发
PRTOS_HM_EV_FP_ERROR	4	没有权限使用硬件浮点计算单元的分区尝试使用硬件浮点计算单元
PRTOS_HM_EV_MEM_PROTECTION	5	分区试图访问不属于自己的内存地址空间
PRTOS_HM_EV_UNEXPECTED_TRAP	6	未知外部陷阱触发

（续）

健康监控事件	ID	含义
PRTOS_HM_MAX_GENERIC_EVENTS	7	一般错误事件触发
PRTOS_HM_EV_X86_DIVIDE_ERROR	8	除零指令触发
PRTOS_HM_EV_X86_DEBUG	9	调试模式触发
PRTOS_HM_EV_X86_NMI_INTERRUPT	10	非屏蔽中断触发
PRTOS_HM_EV_X86_BREAKPOINT	11	断点触发
PRTOS_HM_EV_X86_OVERFLOW	12	溢出触发
PRTOS_HM_EV_X86_BOUND_RANGE_EXCEEDED	13	边界越界触发
PRTOS_HM_EV_X86_INVALID_OPCODE	14	非法操作码触发
PRTOS_HM_EV_X86_DEVICE_NOT_AVAILABLE	15	设备不可用触发
PRTOS_HM_EV_X86_DOUBLE_FAULT	16	浮点操作触发
PRTOS_HM_EV_X86_COPROCESSOR_SEGMENT_OVERRUN	17	协处理器段越界触发
PRTOS_HM_EV_X86_INVALID_TSS	18	非法 TSS 触发
PRTOS_HM_EV_X86_SEGMENT_NOT_PRESENT	19	段不存在触发
PRTOS_HM_EV_X86_STACK_FAULT	20	栈段异常触发
PRTOS_HM_EV_X86_GENERAL_PROTECTION	21	通用保护异常触发
PRTOS_HM_EV_X86_PAGE_FAULT	22	页异常触发
PRTOS_HM_EV_X86_X87_FPU_ERROR	24	协处理器出错触发
PRTOS_HM_EV_X86_ALIGNMENT_CHECK	25	对齐错误触发
PRTOS_HM_EV_X86_MACHINE_CHECK	26	机器检查错误触发
PRTOS_HM_EV_X86_SIMD_FLOATING_POINT	27	SIMD（Single Instruction Multiple Data，单指令流多数据流）浮点指令错误触发

7.2.2　健康监控行为

一旦健康监控事件被激发，PRTOS 必须针对该事件立即采取行动。健康监控可配置的行为如表 7-2 所示。

表 7-2　健康监控可配置的行为列表

行为	描述
PRTOS_HM_AC_IGNORE	忽略当前行为
PRTOS_HM_AC_SHUTDOWN	关闭扩展中断被发送到故障分区的行为
PRTOS_HM_AC_COLD_RESET	发生故障的分区 / 处理器被冷复位
PRTOS_HM_AC_WARM_RESET	出现故障的分区 / 处理器被热复位
PRTOS_HM_AC_PARTITION_COLD_RESET	故障分区冷复位
PRTOS_HM_AC_PARTITION_WARM_RESET	故障分区热复位

（续）

行为	描述
PRTOS_HM_AC_HYPERVISOR_COLD_RESET	PRTOS Hypervisor 冷复位
PRTOS_HM_AC_HYPERVISOR_WARM_RESET	PRTOS Hypervisor 热复位
PRTOS_HM_AC_SUSPEND	故障分区被挂起
PRTOS_HM_AC_HALT	故障分区 / 处理器被停止
PRTOS_HM_AC_PROPAGATE	PRTOS Hypervisor 不执行任何操作，事件作为一个虚拟陷阱被重定向到所在分区
PRTOS_HM_AC_SWITCH_TO_MAINTENANCE	当前调度策略切换为维护策略

7.2.3 健康监控配置

PRTOS 中配置了两张表，用于将健康监控事件和健康监控行为进行绑定。

（1）Hypervisor 级健康监控表

Hypervisor 级健康监控表定义了处理 PRTOS 内核范围内健康监控事件对应的行为。该配置表在 XML 配置文件中静态配置，转换为 C 程序如代码清单 7-1 所示。

代码清单 7-1　Hypervisor 级健康监控配置表

```
01 const struct prtos_conf prtos_conf __attribute__ ((section(".rodata.hdr"))) = {
02     .signature = PRTOSC_SIGNATURE,
03     .data_size = (prtos_u_size_t)_data_size,
04     .hpv = {
05     .hm_table = {
06         [PRTOS_HM_EV_FATAL_ERROR] = {.action = PRTOS_HM_AC_HYPERVISOR_HALT, .log =
               PRTOS_HM_LOG_ENABLED },
07         [PRTOS_HM_EV_SYSTEM_ERROR] = {.action = PRTOS_HM_AC_HYPERVISOR_HALT, .log =
               PRTOS_HM_LOG_ENABLED },
08         [PRTOS_HM_EV_PARTITION_ERROR] = {.action = PRTOS_HM_AC_HYPERVISOR_HALT,
               .log = PRTOS_HM_LOG_ENABLED },
09         [PRTOS_HM_EV_WATCHDOG_TIMER] = {.action = PRTOS_HM_AC_HYPERVISOR_HALT,
               .log = PRTOS_HM_LOG_ENABLED },
10         [PRTOS_HM_EV_FP_ERROR] = {.action = PRTOS_HM_AC_HYPERVISOR_HALT, .log =
               PRTOS_HM_LOG_ENABLED },
11         [PRTOS_HM_EV_MEM_PROTECTION] = {.action = PRTOS_HM_AC_HYPERVISOR_HALT,
               .log = PRTOS_HM_LOG_ENABLED },
12         [PRTOS_HM_EV_UNEXPECTED_TRAP] = {.action = PRTOS_HM_AC_HYPERVISOR_HALT,
               .log = PRTOS_HM_LOG_ENABLED },
13         [PRTOS_HM_EV_X86_DIVIDE_ERROR] = {.action = PRTOS_HM_AC_HYPERVISOR_HALT,
               .log = PRTOS_HM_LOG_ENABLED },
14         [PRTOS_HM_EV_X86_DEBUG] = {.action = PRTOS_HM_AC_HYPERVISOR_HALT, .log =
               PRTOS_HM_LOG_ENABLED },
15         [PRTOS_HM_EV_X86_NMI_INTERRUPT] = {.action = PRTOS_HM_AC_HYPERVISOR_HALT,
               .log = PRTOS_HM_LOG_ENABLED },
16         [PRTOS_HM_EV_X86_BREAKPOINT] = {.action = PRTOS_HM_AC_HYPERVISOR_HALT,
               .log = PRTOS_HM_LOG_ENABLED },
17         [PRTOS_HM_EV_X86_OVERFLOW] = {.action = PRTOS_HM_AC_HYPERVISOR_HALT, .log
```

```
             = PRTOS_HM_LOG_ENABLED },
18       [PRTOS_HM_EV_X86_BOUND_RANGE_EXCEEDED] = {.action = PRTOS_HM_AC_HYPERVISOR_
             HALT, .log = PRTOS_HM_LOG_ENABLED },
19       [PRTOS_HM_EV_X86_INVALID_OPCODE] = {.action = PRTOS_HM_AC_HYPERVISOR_HALT,
             .log = PRTOS_HM_LOG_ENABLED },
20       [PRTOS_HM_EV_X86_DEVICE_NOT_AVAILABLE] = {.action = PRTOS_HM_AC_HYPERVISOR_
             HALT, .log = PRTOS_HM_LOG_ENABLED },
21       [PRTOS_HM_EV_X86_DOUBLE_FAULT] = {.action = PRTOS_HM_AC_HYPERVISOR_HALT,
             .log = PRTOS_HM_LOG_ENABLED },
22       [PRTOS_HM_EV_X86_COPROCESSOR_SEGMENT_OVERRUN] = {.action = PRTOS_HM_AC_
             HYPERVISOR_HALT, .log = PRTOS_HM_LOG_ENABLED },
23       [PRTOS_HM_EV_X86_INVALID_TSS] = {.action = PRTOS_HM_AC_HYPERVISOR_HALT,
             .log = PRTOS_HM_LOG_ENABLED },
24       [PRTOS_HM_EV_X86_SEGMENT_NOT_PRESENT] = {.action = PRTOS_HM_AC_HYPERVISOR_
             HALT, .log = PRTOS_HM_LOG_ENABLED },
25       [PRTOS_HM_EV_X86_STACK_FAULT] = {.action = PRTOS_HM_AC_HYPERVISOR_HALT,
             .log = PRTOS_HM_LOG_ENABLED },
26       [PRTOS_HM_EV_X86_GENERAL_PROTECTION] = {.action = PRTOS_HM_AC_HYPERVISOR_
             HALT, .log = PRTOS_HM_LOG_ENABLED },
27       [PRTOS_HM_EV_X86_PAGE_FAULT] = {.action = PRTOS_HM_AC_HYPERVISOR_HALT,
             .log = PRTOS_HM_LOG_ENABLED },
28       [PRTOS_HM_EV_X86_X87_FPU_ERROR] = {.action = PRTOS_HM_AC_HYPERVISOR_HALT,
             .log = PRTOS_HM_LOG_ENABLED },
29       [PRTOS_HM_EV_X86_ALIGNMENT_CHECK] = {.action = PRTOS_HM_AC_HYPERVISOR_
             HALT, .log = PRTOS_HM_LOG_ENABLED },
30       [PRTOS_HM_EV_X86_MACHINE_CHECK] = {.action = PRTOS_HM_AC_HYPERVISOR_HALT,
             .log = PRTOS_HM_LOG_ENABLED },
31       [PRTOS_HM_EV_X86_SIMD_FLOATING_POINT] = {.action = PRTOS_HM_AC_HYPERVISOR_
             HALT, .log = PRTOS_HM_LOG_ENABLED },
32   },
33  …
```

（2）分区级健康监控表

分区级健康监控表定义了处理分区范围内的健康监控事件对应的行为。同一个健康监控事件在分区级健康监控表和Hypervisor级健康监控表中可以配置相同的行为。健康监控模块可以被配置成执行完健康监控行为后发送一个健康监控消息，以便选择是否需要将该健康监控事件写入日志。该配置表在XML配置文件中实现，转换为C程序如代码清单7-2所示。

代码清单7-2 分区级健康监控配置表

```
01 const struct prtos_conf_part prtos_conf_part_table[] = {
02     [0] = {
03     .hm_table = {
04         [PRTOS_HM_EV_FATAL_ERROR] = {.action = PRTOS_HM_AC_PARTITION_HALT, .log =
               PRTOS_HM_LOG_ENABLED },
05         [PRTOS_HM_EV_SYSTEM_ERROR] = {.action = PRTOS_HM_AC_PARTITION_HALT, .log =
               PRTOS_HM_LOG_ENABLED },
06         [PRTOS_HM_EV_PARTITION_ERROR] = {.action = PRTOS_HM_AC_PARTITION_HALT,
               .log = PRTOS_HM_LOG_ENABLED },
07         [PRTOS_HM_EV_WATCHDOG_TIMER] = {.action = PRTOS_HM_AC_PARTITION_HALT, .log =
```

```
        PRTOS_HM_LOG_ENABLED },
08          [PRTOS_HM_EV_FP_ERROR] = {.action = PRTOS_HM_AC_PARTITION_HALT, .log =
        PRTOS_HM_LOG_ENABLED },
09          [PRTOS_HM_EV_MEM_PROTECTION] = {.action = PRTOS_HM_AC_PARTITION_HALT, .log =
        PRTOS_HM_LOG_ENABLED },
10          [PRTOS_HM_EV_UNEXPECTED_TRAP] = {.action = PRTOS_HM_AC_PARTITION_HALT,
        .log = PRTOS_HM_LOG_ENABLED },
11          [PRTOS_HM_EV_X86_DIVIDE_ERROR] = {.action = PRTOS_HM_AC_PARTITION_HALT,
        .log = PRTOS_HM_LOG_DISABLED },
12          [PRTOS_HM_EV_X86_DEBUG] = {.action = PRTOS_HM_AC_PARTITION_HALT, .log =
        PRTOS_HM_LOG_DISABLED },
13          [PRTOS_HM_EV_X86_NMI_INTERRUPT] = {.action = PRTOS_HM_AC_PARTITION_HALT,
        .log = PRTOS_HM_LOG_DISABLED },
14          [PRTOS_HM_EV_X86_BREAKPOINT] = {.action = PRTOS_HM_AC_PARTITION_HALT, .log =
        PRTOS_HM_LOG_DISABLED },
15          [PRTOS_HM_EV_X86_OVERFLOW] = {.action = PRTOS_HM_AC_PARTITION_HALT, .log =
        PRTOS_HM_LOG_DISABLED },
16          [PRTOS_HM_EV_X86_BOUND_RANGE_EXCEEDED] = {.action = PRTOS_HM_AC_PARTITION_
        HALT, .log = PRTOS_HM_LOG_DISABLED },
17          [PRTOS_HM_EV_X86_INVALID_OPCODE] = {.action = PRTOS_HM_AC_PARTITION_HALT,
        .log = PRTOS_HM_LOG_DISABLED },
18          [PRTOS_HM_EV_X86_DEVICE_NOT_AVAILABLE] = {.action = PRTOS_HM_AC_PARTITION_
        HALT, .log = PRTOS_HM_LOG_DISABLED },
19          [PRTOS_HM_EV_X86_DOUBLE_FAULT] = {.action = PRTOS_HM_AC_PARTITION_HALT,
        .log = PRTOS_HM_LOG_DISABLED },
20          [PRTOS_HM_EV_X86_COPROCESSOR_SEGMENT_OVERRUN] = {.action = PRTOS_HM_AC_
        PARTITION_HALT, .log = PRTOS_HM_LOG_DISABLED },
21          [PRTOS_HM_EV_X86_INVALID_TSS] = {.action = PRTOS_HM_AC_PARTITION_HALT,
        .log = PRTOS_HM_LOG_DISABLED },
22          [PRTOS_HM_EV_X86_SEGMENT_NOT_PRESENT] = {.action = PRTOS_HM_AC_PARTITION_
        HALT, .log = PRTOS_HM_LOG_DISABLED },
23          [PRTOS_HM_EV_X86_STACK_FAULT] = {.action = PRTOS_HM_AC_PARTITION_HALT,
        .log = PRTOS_HM_LOG_DISABLED },
24          [PRTOS_HM_EV_X86_GENERAL_PROTECTION] = {.action = PRTOS_HM_AC_PARTITION_
        HALT, .log = PRTOS_HM_LOG_DISABLED },
25          [PRTOS_HM_EV_X86_PAGE_FAULT] = {.action = PRTOS_HM_AC_PARTITION_HALT, .log =
        PRTOS_HM_LOG_DISABLED },
26          [PRTOS_HM_EV_X86_X87_FPU_ERROR] = {.action = PRTOS_HM_AC_PARTITION_HALT,
        .log = PRTOS_HM_LOG_DISABLED },
27          [PRTOS_HM_EV_X86_ALIGNMENT_CHECK] = {.action = PRTOS_HM_AC_PARTITION_HALT,
        .log = PRTOS_HM_LOG_DISABLED },
28          [PRTOS_HM_EV_X86_MACHINE_CHECK] = {.action = PRTOS_HM_AC_PARTITION_HALT,
        .log = PRTOS_HM_LOG_DISABLED },
29          [PRTOS_HM_EV_X86_SIMD_FLOATING_POINT] = {.action = PRTOS_HM_AC_PARTITION_
        HALT, .log = PRTOS_HM_LOG_DISABLED },
30      },
31 …
32
```

在上述代码定义了健康监控事件和健康监控行为，并通过健康监控配置表将健康监控事件和健康监控行为关联起来。当发生健康监控事件时，就可以执行对应的健康监控行为。同时可以基于健康监控日志进行事后的分析。

7.2.4　健康监控日志

健康监控模块产生的日志会被存储到 XML 配置文件预先配置的设备中，以便系统分区使用 prtos_hm_* 服务 API 来检索日志。健康监控日志的操作 API 列表如表 7-3 所示。

表 7-3　健康监控日志的操作 API 列表

运行状态监控服务	描述
prtos_hm_read()	读取健康监控日志项
prtos_hm_seek()	设置健康监控日志流中的读取位置
prtos_hm_status()	获取健康监控日志流的状态

提示：读取健康监控日志项、设置健康监控日志流中的读取位置以及获取健康监控日志流的状态的 API 对应的内核程序，见源码 core/objects/hm.c，其中 read_hm_log() 是 prtos_hm_read() 对应的服务程序，seek_hm_log() 是 prtos_hm_seek() 对应的服务程序，ctrl_hm_log() 是 prtos_hm_status() 对应的服务程序。

PRTOS 能够记录的最大日志数量由 PRTOS 预先静态配置。健康监控日志的消息是固定长度的，其格式如代码清单 7-3 所示。

代码清单 7-3　PRTOS 健康监控日志的消息格式

```
//源码路径：core/include/objects/hm.h
01 struct prtos_hm_log {
02 #define PRTOS_HMLOG_SIGNATURE 0xfecf
03     prtos_u16_t signature;
04     prtos_u16_t checksum;
05
06     prtos_u32_t op_code_hi, op_code_lo;
07     //op_code_hi对应操作码的高32位，op_code_lo对应操作码的低32位
08 #define HMLOG_OPCODE_SEQ_MASK (0xfffffff << HMLOG_OPCODE_SEQ_BIT)
09 #define HMLOG_OPCODE_SEQ_BIT 4
10     //第2位和第3位空闲
11
12 #define HMLOG_OPCODE_VALID_CPUCTXT_MASK (0x1 << HMLOG_OPCODE_VALID_CPUCTXT_BIT)
13 #define HMLOG_OPCODE_VALID_CPUCTXT_BIT 1
14 #define HMLOG_OPCODE_SYS_MASK (0x1 << HMLOG_OPCODE_SYS_BIT)
15 #define HMLOG_OPCODE_SYS_BIT 0
16
17     //op_code_lo的第16位
18 #define HMLOG_OPCODE_EVENT_MASK (0xffff << HMLOG_OPCODE_EVENT_BIT)
19 #define HMLOG_OPCODE_EVENT_BIT 16
20
```

```
21     //256个vCPU
22 #define HMLOG_OPCODE_VCPUID_MASK (0xff << HMLOG_OPCODE_VCPUID_BIT)
23 #define HMLOG_OPCODE_VCPUID_BIT 8
24
25     //256个分区
26 #define HMLOG_OPCODE_PARTID_MASK (0xff << HMLOG_OPCODE_PARTID_BIT)
27 #define HMLOG_OPCODE_PARTID_BIT 0
28
29     prtos_time_t timestamp;
30     union {
31 #define PRTOS_HMLOG_PAYLOAD_LENGTH 4
32         struct hm_cpu_ctxt cpu_ctxt;
33         prtos_word_t payload[PRTOS_HMLOG_PAYLOAD_LENGTH];
34     };
35 } __PACKED;
36
```

上述代码说明如下。

第 03 行中的 signature 是一个用于标识结构体内容为健康监控日志的签名。

第 04 行中的 checksum 保存的是对数据结构进行 MD5 摘要的结果，以验证其内容完整性。

第 07～15 行是对操作码 op_code_hi 的比特位描述。

- 第 0 位表示是系统分区还是用户分区。
- 第 1 位表示是否为 CPU 上下文。
- 第 2～3 位暂时不用。
- 第 4～31 位是用于对事件进行排序（相对于其他事件进行排序）的序列号，它是无符号整数。每当记录新的健康监控事件时，其值就会递增。

第 17～27 行是对操作码 op_code_lo 的比特位描述。

- 第 0～7 位是分区 ID。
- 第 8～15 位是 vCPU ID。
- 第 16～31 位是事件 ID 号。

第 30～35 行表示是 cpu_ctxt 还是 payload，是由 op_code_hi 的 HMLOG_OPCODE_VALID_CPUCTXT_BIT 字段确定是否为健康监控事件保存 CPU 上下文。当设置了 HMLOG_OPCODE_VALID_CPUCTXT_BIT 字段时，表明在生成健康监控事件时保存了 CPU 上下文，否则该字段可能保存了生成事件的其他信息。例如，应用程序可以手动生成一个健康监控事件并指定这些信息。

7.3 分层健康监控的实现

PRTOS 的健康监控子系统定义了两种不同的执行域。

1）分区级：分区应用程序（客户操作系统或者运行时库）受到异常事件影响，则触发分区级健康监控。

2）Hypervisor 级：PRTOS 内核代码受到异常事件影响，则触发 Hypervisor 级健康监控。

健康监控事件发生的范围应大于该事件发生的范围。比如，分区的应用发生了运行错误，触发的健康监控事件应是分区级颗粒度的处理（停用分区）。对每一个健康监控事件来说，它没有清晰的唯一界定范围。例如，要取一个非法的指令，如果这一操作发生在 PRTOS 内核正在执行时，PRTOS 系统会认为健康监控事件是 Hypervisor 级；如果这一操作发生在分区正在执行时，PRTOS 系统会认为健康监控事件是分区级。PRTOS 会尝试确定最有可能的作用域目标，并将健康监控事件投递到相应的作用域。

因此，健康监控的实现也分为 Hypervisor 级实现和分区级实现两层。

7.3.1 Hypervisor 级健康监控的实现

PRTOS 中提供了一个逻辑探针 hm_raise_event()，可在需要健康监控的子模块（如中断处理、陷阱处理、系统故障、分区故障以及跟踪模块）中显式调用该逻辑探针，收集并触发健康监控事件，执行相应的健康监控行为。Hypervisor 级的健康监控逻辑探针实现如代码清单 7-4 所示。

代码清单 7-4　Hypervisor 级健康监控的逻辑探针实现

```
//源码路径：core/objects/hm.c
01 prtos_s32_t hm_raise_event(prtos_hm_log_t *log) {
02     prtos_s32_t propagate = 0;
03     prtos_s32_t old_plan_id;
04     cpu_ctxt_t ctxt;
05     prtos_u32_t event_id, system;
06     prtos_id_t partition_id;
07     prtos_time_t current_time;
08     if (!hm_init) return 0;
09     current_time = get_sys_clock_usec();
10     log->signature = PRTOS_HMLOG_SIGNATURE;
11     event_id = (log->op_code_lo & HMLOG_OPCODE_EVENT_MASK) >> HMLOG_OPCODE_EVENT_BIT;
12     ASSERT((event_id >= 0) && (event_id < PRTOS_HM_MAX_EVENTS));
13     partition_id = (log->op_code_lo & HMLOG_OPCODE_PARTID_MASK) >> HMLOG_OPCODE_
           PARTID_BIT;
14     system = (log->op_code_hi & HMLOG_OPCODE_SYS_MASK) ? 1 : 0;
15     log->timestamp = current_time;
16     if (system) {
17         if (prtos_conf_table.hpv.hm_table[event_id].log) {
18             prtos_u32_t tmp_seq;
19             log->checksum = 0;
20             tmp_seq = seq++;
21             log->op_code_hi &= ~HMLOG_OPCODE_SEQ_MASK;
22             log->op_code_hi |= tmp_seq << HMLOG_OPCODE_SEQ_BIT;
23             log->checksum = calc_check_sum((prtos_u16_t *)log, sizeof(struct
                   prtos_hm_log));
```

```
24                log_stream_insert(&hm_log_stream, log);
25            }
26            switch (prtos_conf_table.hpv.hm_table[event_id].action) {
27                case PRTOS_HM_AC_IGNORE:
28                    //忽略异常
29                    break;
30                case PRTOS_HM_AC_HYPERVISOR_COLD_RESET:
31                    reset_status_init[0] =
32                        (PRTOS_HM_RESET_STATUS_MODULE_RESTART << PRTOS_HM_RESET_STATUS_
                            USER_CODE_BIT) | (event_id & PRTOS_HM_RESET_STATUS_EVENT_
                            MASK);
33                    reset_system(PRTOS_COLD_RESET);
34                    break;
35                case PRTOS_HM_AC_HYPERVISOR_WARM_RESET:
36                    reset_status_init[0] =
37                        (PRTOS_HM_RESET_STATUS_MODULE_RESTART << PRTOS_HM_RESET_STATUS_
                            USER_CODE_BIT) | (event_id & PRTOS_HM_RESET_STATUS_EVENT_
                            MASK);
38                    reset_system(PRTOS_WARM_RESET);
39                    break;
40                case PRTOS_HM_AC_SWITCH_TO_MAINTENANCE:
41                    switch_sched_plan(1, &old_plan_id);
42                    make_plan_switch(current_time, GET_LOCAL_PROCESSOR()->sched.data);
43                    schedule();
44                    break;
45                case PRTOS_HM_AC_HYPERVISOR_HALT:
46                    halt_system();
47                    break;
48                default:
49                    get_cpu_ctxt(&ctxt);
50                    system_panic(&ctxt, "Unknown health-monitor action %d\n", prtos_
                        conf_table.hpv.hm_table[event_id].action);
51            }
52        } else {
53        }
54
55        return propagate;
56 }
```

在上述代码中，第 26 行表示针对健康监控事件所绑定的行为执行对应的操作。

7.3.2　分区级健康监控的实现

当前分区是用户分区时，执行的是分区级健康监控，其逻辑探针的实现如代码清单 7-5 所示。

代码清单 7-5　分区级健康监控的逻辑探针实现

```
//源码路径：core/objects/hm.c
01 prtos_s32_t hm_raise_event(prtos_hm_log_t *log) {
```

```
02      …
03      if (system) {
04      …
05          }
06      } else {
07          if (part_table[partition_id].cfg->hm_table[event_id].log) {
08              prtos_u32_t tmp_seq;
09              log->checksum = 0;
10              tmp_seq = seq++;
11              log->op_code_hi &= ~HMLOG_OPCODE_SEQ_MASK;
12              log->op_code_hi |= tmp_seq << HMLOG_OPCODE_SEQ_BIT;
13              log->checksum = calc_check_sum((prtos_u16_t *)log, sizeof(struct prtos_
                    hm_log));
14              log_stream_insert(&hm_log_stream, log);
15          }
16
17          ASSERT(partition_id < prtos_conf_table.num_of_partitions);
18          switch (part_table[partition_id].cfg->hm_table[event_id].action) {
19              case PRTOS_HM_AC_IGNORE:
20                  //忽略异常
21                  break;
22              case PRTOS_HM_AC_SHUTDOWN:
23                  SHUTDOWN_PARTITION(partition_id);
24                  break;
25              case PRTOS_HM_AC_PARTITION_COLD_RESET:
26                  if (reset_partition(&part_table[partition_id], PRTOS_COLD_RESET,
                        event_id) < 0) {
27                      HALT_PARTITION(partition_id);
28                      schedule();
29                  }
30
31                  break;
32              case PRTOS_HM_AC_PARTITION_WARM_RESET:
33                  if (reset_partition(&part_table[partition_id], PRTOS_WARM_RESET,
                        event_id) < 0) {
34                      HALT_PARTITION(partition_id);
35                      schedule();
36                  }
37
38                  break;
39              case PRTOS_HM_AC_HYPERVISOR_COLD_RESET:
40                  reset_status_init[0] =
41                      (PRTOS_HM_RESET_STATUS_MODULE_RESTART << PRTOS_HM_RESET_STATUS_
                            USER_CODE_BIT) | (event_id & PRTOS_HM_RESET_STATUS_EVENT_
                            MASK);
42                  reset_system(PRTOS_COLD_RESET);
43                  break;
44              case PRTOS_HM_AC_HYPERVISOR_WARM_RESET:
45                  reset_status_init[0] =
46                      (PRTOS_HM_RESET_STATUS_MODULE_RESTART << PRTOS_HM_RESET_STATUS_
```

```
                         USER_CODE_BIT) | (event_id & PRTOS_HM_RESET_STATUS_EVENT_
                         MASK);
47                   reset_system(PRTOS_WARM_RESET);
48                   break;
49               case PRTOS_HM_AC_SUSPEND:
50                   ASSERT(partition_id != PRTOS_HYPERVISOR_ID);
51                   SUSPEND_PARTITION(partition_id);
52                   schedule();
53                   break;
54               case PRTOS_HM_AC_PARTITION_HALT:
55                   ASSERT(partition_id != PRTOS_HYPERVISOR_ID);
56                   HALT_PARTITION(partition_id);
57                   schedule();
58                   break;
59               case PRTOS_HM_AC_HYPERVISOR_HALT:
60                   halt_system();
61                   break;
62               case PRTOS_HM_AC_SWITCH_TO_MAINTENANCE:
63                   switch_sched_plan(1, &old_plan_id);
64                   make_plan_switch(current_time, GET_LOCAL_PROCESSOR()->sched.data);
65                   schedule();
66                   break;
67               case PRTOS_HM_AC_PROPAGATE:
68                   propagate = 1;
69                   break;
70               default:
71                   get_cpu_ctxt(&ctxt);
72                   system_panic(&ctxt, "Unknown health-monitor action %d\n", part_
                         table[partition_id].cfg->hm_table[event_id].action);
73           }
74       }
75       return propagate;
76 }
```

在上述代码中，第 18 行表示针对健康监控事件所绑定的行为执行对应的操作。

7.4 实验：健康监控示例

健康监控的目标是在故障发生时尽量解决故障或者隔离故障，防止其进一步危害整个 Hypervisor 系统。

7.4.1 示例描述

本示例（user/bail/examples/example.002）演示健康监控的功能，示例代码布局如图 7-2 所示。

```
prtos@debian12-64:~/prtos-sdk/bail-examples/example.002$ tree ./
./
├── Makefile
├── partition.c
├── prtos_cf.x86.xml
├── reader.c
└── README.md

1 directory, 5 files
prtos@debian12-64:~/prtos-sdk/bail-examples/example.002$
```

图 7-2　示例代码布局

本示例创建了 3 个分区。

1）分区 0 和分区 1（partition.c）共同对同一份代码执行除零操作，触发对应的健康监控事件，并将事件日志保存到当前分区所属的块设备中。

2）分区 2（reader.c）是系统分区，它有权限访问健康监控日志，并读取其中的信息。

分区 0 为除零事件配置了 PRTOS_HM_AC_PARTITION_HALT 行为，当触发这个事件时，健康监控模块会将分区 0 停止；分区 1 为除零事件配置了 PRTOS_HM_AC_PARTITION_PROPAGATE 行为，当触发这个事件时，健康监控模块会将分区 1 中的这条除零指令忽略，继续执行。

XML 配置文件定义的调度策略如表 7-4 所示。

表 7-4　调度策略（MAF = 600ms）

分区	起始时刻 /ms	持续时间 /ms
分区 0（partition.c）	0	200
分区 1（partition.c）	200	200
分区 2（reader.c）	400	200

本示例的预期行为是在执行过程中，分区 0 和分区 1 执行除零操作，触发各自的健康事件，保存事件日志，并执行预先配置的行为；分区 2 则检索分区 0 和分区 1 的块设备，并输出设备中保存的健康监控的日志信息。

7.4.2　XML 配置文件

根据示例描述，XML 配置文件定义了 2 个用户分区和 1 个系统分区，3 个分区的系统配置片段如代码清单 7-6 所示。

代码清单 7-6　3 个分区的系统配置片段

```
//源码路径：user/bail/examples/example.002/prtos_cf.x86.xml
01 <Partition id="0" name="Partition0" flags="" console="Uart">
02     <PhysicalMemoryAreas>
03         <Area start="0x6000000" size="1MB" />
04     </PhysicalMemoryAreas>
```

```
05     <HealthMonitor>
06         <Event name="PRTOS_HM_EV_X86_DIVIDE_ERROR" action="PRTOS_HM_AC_PARTITION_
               HALT" log="yes" />
07     </HealthMonitor>
08 </Partition>
09
10 <Partition id="1" name="Partition1" flags="" console="Uart">
11     <PhysicalMemoryAreas>
12         <Area start="0x6100000" size="1MB" />
13     </PhysicalMemoryAreas>
14     <HealthMonitor>
15         <Event name="PRTOS_HM_EV_X86_DIVIDE_ERROR" action="PRTOS_HM_AC_PROPAGATE"
               log="yes" />
16     </HealthMonitor>
17 </Partition>
18 <Partition id="2" name="HM-reader" flags="system" console="Uart">
19     <PhysicalMemoryAreas>
20         <Area start="0x6200000" size="1MB" />
21     </PhysicalMemoryAreas>
22 </Partition>
```

7.4.3 分区 0 和分区 1 的裸机应用

分区 0 和分区 1 的裸机应用执行同一份代码，即执行除零操作，触发对应的健康监控事件。分区 0 和分区 1 的裸机应用片段如代码清单 7-7 所示。

代码清单 7-7 分区 0 和分区 1 的裸机应用代码片段

```
//源码路径：user/bail/examples/example.002/partition.c
01 …
02 prtos_u32_t exception_ret;
03
04 void divide_exception_handler(trap_ctxt_t *ctxt) {
05     PRINT("#Divide Exception propagated, ignoring...\n");
06     ctxt->ip = exception_ret;
07 }
08
09 void partition_main(void) {
10     volatile prtos_s32_t val = 0;
11
12     prtos_idle_self();
13
14 #ifdef CONFIG_x86
15     install_trap_handler(DIVIDE_ERROR, divide_exception_handler);
16 #endif
17     __asm__ __volatile__("movl $1f, %0\n\t" : "=r"(exception_ret) :);
18     PRINT("Dividing by zero...\n");
19     val = 10 / val;
20     __asm__ __volatile__("1:\n\t");
```

```
21
22     prtos_halt_partition(PRTOS_PARTITION_SELF);
23 }
```

在上述代码中，第 19 行指向除零操作触发的 CPU 陷阱异常。

7.4.4　分区 2 的裸机应用

分区 2 是系统分区，用于访问健康监控日志，并读取分区 0 和分区 1 产生的健康监控日志。分区 2 上的裸机应用代码片段见代码清单 7-8。

代码清单 7-8　分区 2 的裸机应用代码片段

```
01 …
02 #define HALTED 3
03
04 static void print_hm_log(prtos_hm_log_t *hm_log) {
05     printf("part_Id: 0x%x eventId: 0x%x timeStamp: %lld\n",
06             hm_log->op_code_lo & HMLOG_OPCODE_PARTID_MASK,
07             (hm_log->op_code_lo & HMLOG_OPCODE_EVENT_MASK)
08                 >> HMLOG_OPCODE_EVENT_BIT, hm_log->timestamp);
09 }
10
11 void partition_main(void) {
12     prtos_part_status_t partStatus;
13     prtos_hm_status_t hmStatus;
14     prtos_hm_log_t hm_log;
15
16     prtos_idle_self();
17
18     PRINT(" --------- Health Monitor Log ---------------\n");
19     while (1) {
20         prtos_hm_status(&hmStatus);
21         while (prtos_hm_read(&hm_log)) {
22             PRINT("Log => ");
23             print_hm_log(&hm_log);
24         }
25
26         prtos_get_partition_status(1, &partStatus);
27         if (partStatus.state == HALTED) {
28             prtos_halt_partition(PRTOS_PARTITION_SELF);
29         }
30         prtos_idle_self();
31     }
32     PRINT("--------- Health Monitor Log ---------------\n");
33 }
```

在上述代码中，第 21～23 行表示分区 2 输出健康监控日志流中的所有日志信息；第 26 行读取分区 1 的状态信息；第 28 行表示当分区被停止时，分区 2 也停止。

示例运行结果如图 7-3 所示。

```
3 Partition(s) created
P0 ("Partition0":0:1) flags: [ ]:
    [0x6000000:0x6000000 - 0x60fffff:0x60fffff] flags: 0x0
P1 ("Partition1":1:1) flags: [ ]:
    [0x6100000:0x6100000 - 0x61fffff:0x61fffff] flags: 0x0
P2 ("HM-reader":2:1) flags: [ SYSTEM ]:
    [0x6200000:0x6200000 - 0x62fffff:0x62fffff] flags: 0x0
[0] Dividing by zero...
[TRAP] DIVIDE_ERROR(0x0)
CPU state:
EIP: 0x139:[<0x6000096>] ESP: 0x141:[<0x6017650>] EFLAGS: 0x246
EAX: 0xa EBX: 0xfbfc0000 ECX: 0x0 EDX: 0x0
ESI: 0xfc038004 EDI: 0x601e004 EBP: 0x0
CR2: 0x0
[HM] 633503:PRTOS_HM_EV_X86_DIVIDE_ERROR (7):PART(0)
ip: 0x6000096 flags: 0x246
[HM] PRTOS_HM_AC_PARTITION_HALT(7) PRTOS_HM_LOG_ENABLED
[HM] Partition 0 halted
[1] Dividing by zero...
[TRAP] DIVIDE_ERROR(0x0)
CPU state:
EIP: 0x139:[<0x6100096>] ESP: 0x141:[<0x6117650>] EFLAGS: 0x246
EAX: 0xa EBX: 0xfbfc0000 ECX: 0x0 EDX: 0x0
ESI: 0xfc03cc08 EDI: 0x611e004 EBP: 0x0
CR2: 0x0
[HM] 833795:PRTOS_HM_EV_X86_DIVIDE_ERROR (7):PART(1)
ip: 0x6100096 flags: 0x246
[HM] PRTOS_HM_AC_PROPAGATE(9) PRTOS_HM_LOG_ENABLED
[1] #Divide Exception propagated, ignoring...
[1] Verification Passed
[1] Halting
[HYPERCALL] (0x1) Halted
[2]  --------- Health Monitor Log --------------
[2] Log => part_Id: 0x0 eventId: 0x7 timeStamp: 633503
[2] Log => part_Id: 0x1 eventId: 0x7 timeStamp: 833795
[HYPERCALL] (0x2) Halted
```

图 7-3　示例运行结果

7.5　本章小结

本章介绍了健康监控的实现。总的来说，健康监控用于监视硬件、分区级应用和 PRTOS 内核的状态。当发现故障时，健康监控记录故障并进行故障隔离，防止故障蔓延，同时按故障级别（分区级和 Hypervisor 级）进行必要的恢复。健康监控是 PRTOS 探测和处理异常事件或者状态的核心处理模块，其目标是在故障发生时尽量地解决故障或者隔离故障，防止进一步危害整个 Hypervisor 系统。

第 8 章
分区间通信技术

本章介绍 PRTOS 中实现的基于消息传递模型的端口通信技术和基于共享内存的通信技术。需要注意的是，不管是基于端口的通信，还是基于共享内存的通信，均为异步通信方式。

PRTOS 的消息传递模型借鉴了 ARINC653 标准定义的通信模型。其中，消息是一个可变的数据块（PRTOS 仅定义了消息的最大长度），一个消息可以从一个源分区传递给一个或者多个目的分区。消息中的数据对于传递消息的 PRTOS 内核来说是透明的，如图 8-1 所示。

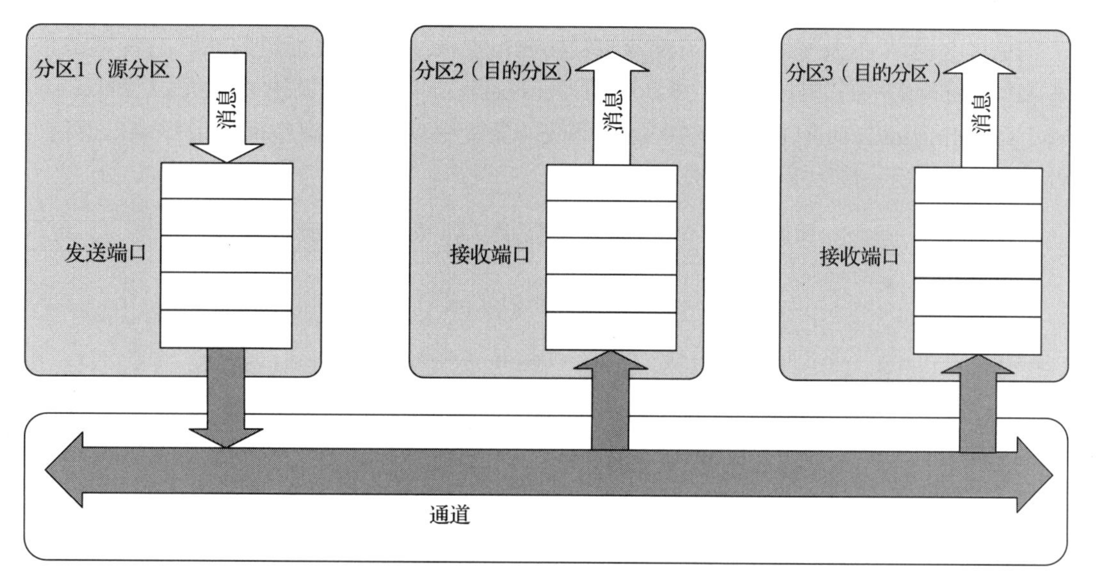

图 8-1　PRTOS 的端口通信模型

PRTOS 提供了两种类型的消息传递方式：非缓冲的采样端口通信方式和缓冲的排队端口通信方式。两种通信方式在 3.2.8 小节已经介绍过了，这里不再赘述。

8.1　采样端口通信

采样端口通信技术借鉴了 ARINC653 标准。在 ARINC653 标准中，采样端口通信技术是一种在分布式航空航天实时系统中进行数据交换的通信机制。

8.1.1 采样端口的定义

采样端口是 PRTOS 系统中一种用于分区间通信的端口类型。它使用基于采样的通信方式，如图 8-2 所示。

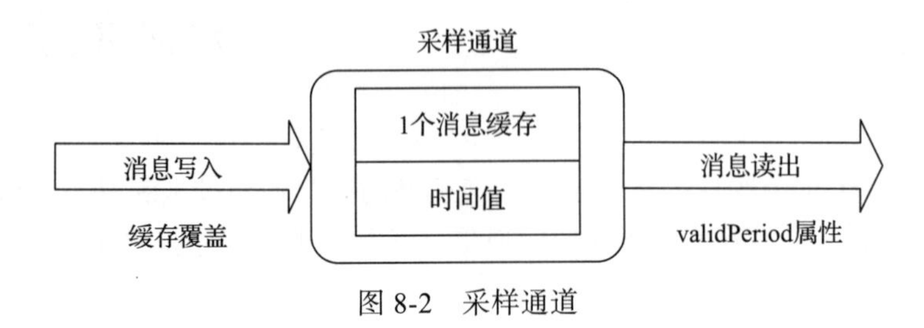

图 8-2 采样通道

如图 8-2 所示，采样通道中没有为写入的消息设置多个缓存，新的消息会直接覆盖旧的消息。通常道具有一个可选择的有效时间属性（validPeriod），该属性定义了写入通道中的数据在通道中停留的最长合法时间。

PRTOS 使用 Hypercall API prtos_write_sampling_message() 在指定的端口上发送消息，该 API 会将待发送的消息复制到 PRTOS 的内部缓冲区；目的分区调用 Hypercall API prtos_read_sampling_message() 将消息副本从内部缓冲器复制到分区内存空间。采样端口通信的 XML 配置文件示例如代码清单 8-1 所示。

代码清单 8-1 采样端口通信的 XML 配置文件示例

```
01 <PartitionTable>
02     <Partition id="0" name="Partition0" flags="" console="Uart">
03         <PhysicalMemoryAreas>
04             <Area start="0x6000000" size="1MB" />
05         </PhysicalMemoryAreas>
06         <PortTable>
07             <Port type="sampling" direction="source" name="portS"/>
08         </PortTable>
09     </Partition>
10     <Partition id="1" name="Partition1" flags="" console="Uart">
11         <PhysicalMemoryAreas>
12             <Area start="0x6100000" size="1MB" />
13         </PhysicalMemoryAreas>
14         <PortTable>
15             <Port type="sampling" direction="destination" name="portS"/>
16         </PortTable>
17     </Partition>
18 </PartitionTable>
19 <Channels>
20     <SamplingChannel maxMessageLength="128B">
21         <Source partitionId="0" portName="portS"/>
22         <Destination partitionId="1" portName="portS"/>
23     </SamplingChannel>
24 </Channels>
```

上述代码定义了分区 0 和分区 1，其中分区 0 定义的是输入端口（第 07 行），用于发送采样消息；分区 1 定义的是输出端口，用于接收采样消息（第 15 行）。第 20～23 行定义了用于分区 0/1 通信的采样通道，通道的方向是从分区 0 到分区 1，通道中消息的大小为 128B。

8.1.2　采样端口的实现

本小节阐述 PRTOS 内核中采样端口通信的实现过程。

1. 创建采样端口

采样端口的创建如代码清单 8-2 所示。

代码清单 8-2　创建采样端口

```
//源码路径：user/libprtos/common/comm.c
01 prtos_s32_t  prtos_create_sampling_port(char *port_name, prtos_u32_t max_msg_size,
       prtos_u32_t direction, prtos_time_t valid_period) {
02     prtos_obj_desc_t desc = OBJDESC_BUILD(OBJ_CLASS_SAMPLING_PORT, PRTOS_PARTITION_
           SELF, 0);
03     union sampling_port_cmd cmd;
04     prtos_s32_t id;
05
06     cmd.create.port_name = port_name;
07     cmd.create.max_msg_size = max_msg_size;
08     cmd.create.direction = direction;
09     cmd.create.valid_period = valid_period;
10
11     id = prtos_ctrl_object(desc, PRTOS_COMM_CREATE_PORT, &cmd);
12     return id;
13 }
```

在上述代码中，第 02 行构建采样端口对象标识符；第 06～09 行构建采样端口命令字，然后通过 Hypercall prtos_ctrl_object() 创建采样端口对象。prtos_ctrl_object() 由宏函数 prtos_hcall3r(ctrl_object, prtos_obj_desc_t, obj_desc, prtos_u32_t, cmd, void *, arg) 拼接而成。prtos_ctrl_object() 的实现如代码清单 8-3 所示。

代码清单 8-3　prtos_ctrl_object() 的实现

```
01 __stdcall prtos_s32_t prtos_ctrl_object(prtos_obj_desc_t obj_desc, prtos_u32_
       t cmd, void * arg) {
02     prtos_s32_t _r ;
03     _PRTOS_HCALL3(obj_desc, cmd, _a2, ctrl_object_nr, _r); 、
04     return _r;
05 }
```

在上述代码中，第 03 行表示宏函数 _PRTOS_HCALL3 检索到 ctrl_object_nr 对应的内核服务程序 ctrl_object_sys() 后会传递参数（obj_desc, cmd, _a2, ctrl_object_nr）并调用内核服务程序 ctrl_object_sys()，然后返回执行结果。其中内核服务程序 ctrl_object_sys() 的实现

如代码清单 8-4 所示。

代码清单 8-4　内核服务程序 ctrl_object_sys() 的实现

```
//源码路径: core/kernel/hypercalls.c
01 __hypercall prtos_s32_t ctrl_object_sys(prtos_obj_desc_t obj_desc, prtos_u32_t
       cmd, void *__g_param arg) {
02     prtos_u32_t class;
03
04     ASSERT(!hw_is_sti());
05
06     class = OBJDESC_GET_CLASS(obj_desc);
07     if (class < OBJ_NO_CLASSES) {
08         if (object_table[class] && object_table[class]->ctrl) {
09             return object_table[class]->ctrl(obj_desc, cmd, arg);
10         } else {
11             return PRTOS_OP_NOT_ALLOWED;
12         }
13     }
14
15     return PRTOS_INVALID_PARAM;
16 }
```

在上述代码中，第 09 行通过传入的采样端口对象标识符 obj_desc 定位到创建采样端口的内核服务程序 create_sampling_port()，create_sampling_port() 的实现参考源码 core/objects/commports.c。create_sampling_port() 的执行流程如下。

1）检测参数合法性。

2）查找 XML 配置文件中采样端口的定义。

3）通过互斥访问获取采样端口的状态位。

4）检查采样端口是否创建。

5）如果创建的是目的端口，设置采样端口通道的接收目标分区是当前分区，该端口为接收端口。

6）如果创建的是源端口，设置采样端口通道的发送目标分区是当前分区，该端口为发送端口。

7）更新当前通道的状态和端口分区信息。

8）返回创建的采样端口。

2. 发送采样消息

负责发送采样消息的 Hypercall API 是 prtos_write_sampling_message()，其实现如代码清单 8-5 所示。

代码清单 8-5　prtos_write_sampling_message() 的实现

```
//源码路径: core/objects/commports.c
01 prtos_s32_t prtos_write_sampling_message(prtos_s32_t port_id, void *msg_ptr,
       prtos_u32_t msg_size) {
```

```
02      prtos_obj_desc_t desc = OBJDESC_BUILD(OBJ_CLASS_SAMPLING_PORT, PRTOS_PARTITION_
            SELF, port_id);
03      return prtos_write_object(desc, msg_ptr, msg_size, 0);
04 }
```

在上述代码中，第 02 行创建采样端口标识符；第 03 行通过 Hypercall API prtos_write_object() 发送消息。

prtos_write_object() 由宏函数 prtos_hcall4r(write_object, prtos_obj_desc_t, objdesc, void *, buffer, prtos_u32_t, size, prtos_u32_t *, flags) 拼接实现。prtos_write_object() 的实现如代码清单 8-6 所示。

代码清单 8-6　prtos_write_object() 的实现

```
01 __stdcall prtos_s32_t prtos_write_object(prtos_obj_desc_t objDesc, void
        *buffer, prtos_u32_t size, prtos_u32_t *flags) {
02      prtos_s32_t _r ;
03      _PRTOS_HCALL4(_a0, _a1, _a2, _a3, write_object_nr, _r);
04      return _r;
05 }
```

在上述代码中，第 03 行表示宏函数 _PRTOS_HCALL4 检索到 write_object_nr 对应的内核服务程序 write_object_sys() 后，会传递参数（_a0, _a1, _a2, _a3, write_object_nr）并调用内核服务程序 write_object_sys()，之后返回执行结果。其中内核服务程序 write_object_sys() 的实现如代码清单 8-7 所示。

代码清单 8-7　write_object_sys() 的实现

```
//源码路径：core/kernel/hypercalls.c
01 __hypercall prtos_s32_t write_object_sys(prtos_obj_desc_t obj_desc, void *__g_
        param buffer, prtos_u_size_t size, prtos_u32_t *__g_param flags) {
02      prtos_u32_t class;
03
04      ASSERT(!hw_is_sti());
05      class = OBJDESC_GET_CLASS(obj_desc);
06      if (class < OBJ_NO_CLASSES) {
07          if (object_table[class] && object_table[class]->write) {
08              return object_table[class]->write(obj_desc, buffer, size, flags);
09          } else {
10              return PRTOS_OP_NOT_ALLOWED;
11          }
12      }
13
14      return PRTOS_INVALID_PARAM;
15 }
```

在上述代码中，第 08 行通过采样端口标识符 obj_desc 查询表 object_table[]，确定调用服务程序 write_sampling_port()。write_sampling_port() 的实现参考源码 core/objects/commports.c。

write_sampling_port() 的执行流程如下。

1）检查参数合法性。

2）获取当前端口对应的通道。

3）将当前采样端口对应的通道资源锁定，以保证通道的互斥访问。

4）将用户空间的采样消息复制到内核空间的消息通道中。

5）将当前采样端口对应通道所有接收分区的 vCPU 对应的 comm_port_bitmap 位图接收状态位（COMM_PORT_NEW_MSG）置 1，表示当前分区的所有 vCPU 都能感受到有新采样消息要处理；然后将接收分区的虚拟中断位（PRTOS_VT_EXT_SAMPLING_PORT）置 1，并通知目标分区有新的采样消息到达。

6）更新当前采样通道中消息的大小和时间戳。

7）释放互斥锁。

3. 读取采样消息

用于读取采样消息的 Hypercall API prtos_read_sampling_message() 的实现见代码清单 8-8。

代码清单 8-8 prtos_read_sampling_message() 的实现

```
//源码路径：user/libprtos/common/comm.c
01 prtos_s32_t prtos_read_sampling_message(prtos_s32_t port_id, void *msg_ptr,
       prtos_u32_t msg_size, prtos_u32_t *flags) {
02     prtos_obj_desc_t desc = OBJDESC_BUILD(OBJ_CLASS_SAMPLING_PORT, PRTOS_PARTITION_
           SELF, port_id);
03     return prtos_read_object(desc, msg_ptr, msg_size, flags);
04 }
```

在上述代码中，第 02 行创建接收采样端口标识符；第 03 行将接收采样端口的消息数据通过 Hypercall API prtos_read_object() 发送到 msg_ptr 指向的内存区域中。

prtos_read_object() 由宏函数 prtos_hcall4r(read_object, prtos_obj_desc_t, obj_desc, void *, buffer, prtos_u32_t, size, prtos_u32_t *, flags) 拼接实现。prtos_read_object() 的实现如代码清单 8-9 所示。

代码清单 8-9 prtos_read_object() 的实现

```
01 __stdcall prtos_s32_t prtos_read_object(prtos_obj_desc_t obj_desc, void
       *buffer, prtos_u32_t size, prtos_u32_t *flags) {
02     prtos_s32_t _r ;
03     _PRTOS_HCALL4(_a0, _a1, _a2, _a3, read_object_nr, _r);
04     return _r;
05 }
```

在上述代码中，第 03 行表示宏函数 _PRTOS_HCALL4 检索到 read_object_nr 对应的内核服务程序 read_object_sys() 后会传递参数（_a0, _a1, _a2, _a3, read_object_nr）并调用内核服务程序 read_object_sys()，之后返回执行结果。其中内核服务程序 read_object_sys() 的实现如代码清单 8-10 所示。

代码清单 8-10　read_object_sys() 的实现

```
//源码路径：core/kernel/hypercalls.c
01 __hypercall prtos_s32_t read_object_sys(prtos_obj_desc_t obj_desc, void *__g_param
        buffer, prtos_u_size_t size, prtos_u32_t *__g_param flags) {
02      prtos_u32_t class;
03
04      ASSERT(!hw_is_sti());
05
06      class = OBJDESC_GET_CLASS(obj_desc);
07      if (class < OBJ_NO_CLASSES) {
08          if (object_table[class] && object_table[class]->read) {
09              return object_table[class]->read(obj_desc, buffer, size, flags);
10          } else {
11              return PRTOS_OP_NOT_ALLOWED;
12          }
13      }
14
15      return PRTOS_INVALID_PARAM;
16 }
```

在上述代码中，第 09 行通过采样端口标识符 obj_desc 查询表 object_table[]，确定调用服务程序 read_sampling_port()。read_sampling_port() 的实现参考源码 core/objects/commports.c。

read_sampling_port() 的执行流程如下。

1）检查采样消息的目标分区是否为当前分区。如果不是，则返回 PRTOS_PERM_ERROR。

2）检查存放 flag 的分区内存地址是否可写。如果不可写，则返回 PRTOS_INVALID_PARAM。

3）通过互斥访问获取当前读端口的分区 ID 和状态标志位 flag。

4）检查当前分区的 ID 是否和读采样端口保存的 ID 相同。如果不同，则返回 PRTOS_INVALID_PARAM。

5）检查端口是否已创建、端口类型是否为采样端口或目标端口。如果检查不通过，则返回 PRTOS_INVALID_PARAM。

6）检查读取的消息大小，如果为 0，则返回 PRTOS_INVALID_CONFIG。

7）获取当前读端口所在的消息通道。

8）确定待读取的消息大小不能超过通道设置的最大消息尺寸，同时存放消息的分区地址空间必须可读 / 写。

9）通过互斥访问读取读端口对应的消息通道存放的消息大小 ret_size，并将其复制到接收分区的地址空间中。

10）将当前读端口的状态信息标记为已经读取完毕。

11）将当前接收分区对应的 comm_port_bitmap 位图中 vCPU 对应的位清零。

12）将当前通道的发送端口所在分区的 comm_port_bitmap 位图中读端口对应的位清零；

并给发送端口触发一个虚拟中断（PRTOS_VT_EXT_SAMPLING_PORT），通知发送端分区该采样消息已经读取。

13）如果接收到的采样消息已经超时，则将消息的状态位设置为 PRTOS_COMM_MSG_VALID。

14）释放互斥锁，返回读取的消息大小。

至此，采样端口消息的发送和接收过程已经介绍完毕。PRTOS 采用这种方式可以确保目的分区在任何时间访问的都是最新的消息。针对采样端口的任何操作都是非阻塞的，这意味着源分区总是能够向通道缓存中写数据，目的分区（可以有多个）总是可以从通道缓存中读取最新的消息。在 PRTOS 的设计上，通道具有一个可选择的有效时间属性（@validPeriod），该属性定义了写入通道中的数据在通道中停留的最长合法时间。当消息被读取时，PRTOS 根据消息存在时间的合法性设置消息的状态。

8.2 排队端口通信

排队端口通信同样借鉴了 ARINC653 标准。在 ARINC653 标准中，排队端口通信是一种在分布式航空航天实时系统中进行数据交换的通信机制。

8.2.1 排队端口的定义

如图 8-3 所示，排队端口（定义参见 3.2.8 小节）通道中以队列方式缓冲多个消息；源分区发送的消息在发送之前存储在源端口的消息队列中；到达目的端口后，消息将缓存在目的端口的消息队列中。消息队列通过通信协议来管理，以 FIFO 顺序将消息从源端口发送到目的端口。

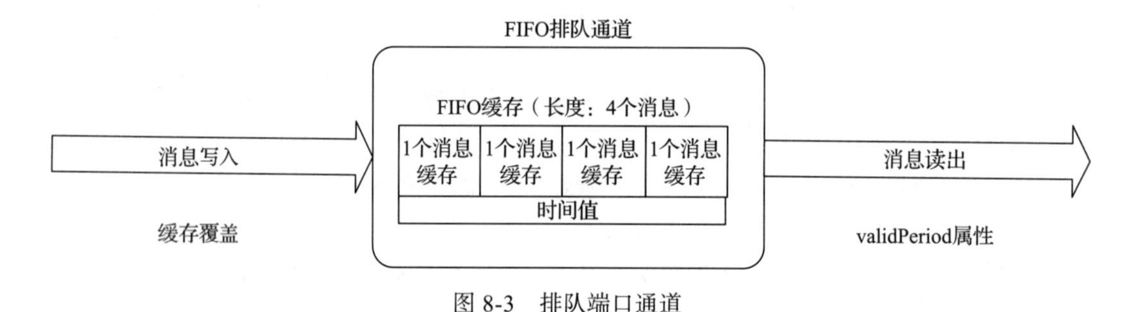

图 8-3　排队端口通道

如图 8-3 所示，排队通道中为写入的消息设置多个缓存，新的消息在消息通道中以 FIFO 的方式排队。通道具有一个可选择的有效时间属性（validPeriod），该属性定义了写入通道中的数据在通道中停留的最长合法时间。

PRTOS 提供了两个 Hypercall API：prtos_send_queuing_message() 和 prtos_receive_queuing_message()，分别用于发送和接收消息。PRTOS 采用无阻塞的经典生产者 – 消费者环式缓冲

区模型，prtos_send_queuing_message() 将消息从分区空间写入 PRTOS 内核空间的环形缓冲区，prtos_receive_queuing_message() 将环形缓冲区中的消息复制到目的分区空间。

8.2.2　排队端口的实现

本小节阐述 PRTOS 内核中排队端口通信的实现过程。

1. 创建排队端口

用于创建排队端口的 Hypercall API 是 prtos_create_queuing_port()，其实现如代码清单 8-11 所示。

代码清单 8-11　prtos_create_queuing_port() 的实现

```
//源码路径：user/libprtos/common/comm.c
01 prtos_s32_t prtos_create_queuing_port(char *port_name, prtos_u32_t max_num_of_
       msgs, prtos_u32_t max_msg_size, prtos_u32_t direction) {
02     prtos_obj_desc_t desc = OBJDESC_BUILD(OBJ_CLASS_QUEUING_PORT, PRTOS_PARTITION_
           SELF, 0);
03     union queuing_port_cmd cmd;
04     prtos_s32_t id;
05
06     cmd.create.port_name = port_name;
07     cmd.create.max_num_of_msgs = max_num_of_msgs;
08     cmd.create.max_msg_size = max_msg_size;
09     cmd.create.direction = direction;
10
11     id = prtos_ctrl_object(desc, PRTOS_COMM_CREATE_PORT, &cmd);
12     return id;
13 }
```

在上述代码中，第 02 行创建排队端口描述符；第 11 行通过 Hypercall API prtos_ctrl_object() 创建排队端口。prtos_ctrl_object() 最终调用内核服务程序 create_queuing_port() 创建排队端口，具体实现参考源码 core/objects/commports.c。

create_queuing_port() 的执行流程如下。

1）检测参数合法性。

2）查找 XML 配置文件中定义的排队端口。

3）通过互斥访问获取排队端口的状态位。

4）检查排队端口是否创建。

5）如果创建的是目的端口，设置排队端口通道的接收目标分区是当前分区，该端口为接收端口。

6）如果创建的是源端口，设置排队端口通道的发送目标分区是当前分区，该端口为发送端口。

7）检查通道的最大消息个数和消息的最大长度是否与当前端口的设置保持一致。

8）更新当前通道的状态和端口分区信息。

9）返回创建的排队端口。

2. 发送排队消息

用于向排队端口发送排队消息的 Hypercall API 是 prtos_send_queuing_message()，其实现如代码清单 8-12 所示。

代码清单 8-12　prtos_send_queuing_message() 的实现

```
//源码路径：user/libprtos/common/comm.c
01 prtos_s32_t prtos_send_queuing_message(prtos_s32_t port_id, void *msg_ptr, prtos_
       u32_t msg_size) {
02      prtos_obj_desc_t desc = OBJDESC_BUILD(OBJ_CLASS_QUEUING_PORT, PRTOS_PARTITION_
            SELF, port_id);
03
04      return prtos_write_object(desc, msg_ptr, msg_size, 0);
05 }
```

在上述代码中，第 04 行表示 prtos_write_object() 调用内核服务程序 send_queuing_port() 发送排队消息，send_queuing_port() 的实现见源码 core/objects/commports.c。

send_queuing_port() 的执行流程如下。

1）检测参数合法性。

2）获取当前端口对应的通道。

3）将当前排队端口对应的通道资源锁定，以保证通道的互斥访问。

4）检测当前排队端口的通道中是否还有空闲的内存空间存放消息；如果没有，则返回 PRTOS_OP_NOT_ALLOWED。

5）申请一个空闲的内存空间。

6）将待发送的消息复制到消息缓存区中。

7）将消息插入通道的接收消息缓存队列。

8）将用户空间的排队消息复制到内核空间的消息通道中。

9）在当前分区中所有 vCPU 对应的通信端口位图中，将当前写入端口 port 对应的比特位置 1。

10）将当前排队端口对应通道的所有接收分区的 vCPU 对应的 comm_port_bitmap 位图的接收状态位（COMM_PORT_NEW_MSG）置 1，表示接收分区的所有 vCPU 都能感受到有新排队消息要处理；然后将接收分区的虚拟中断位（PRTOS_VT_EXT_QUEUING_PORT）置 1，通知目标分区有新的排队消息到达。

11）更新当前排队通道中消息的大小和时间戳。

12）释放互斥锁。

提示：发送消息时，先从空闲消息块队列尾部摘取一个空消息块，将消息数据写入该空闲消息块；然后将该消息块插入接收消息队列的头部。

---

3. 读取排队消息

用于读取排队队列中消息的 Hypercall API 是 prtos_receive_queuing_message()，其实现见代码清单 8-13。

代码清单 8-13　prtos_receive_queuing_message() 的实现

```
//源码路径: core/objects/commports.c
01 prtos_s32_t prtos_receive_queuing_message(prtos_s32_t port_id, void *msg_ptr,
       prtos_u32_t msg_size) {
02     prtos_obj_desc_t desc = OBJDESC_BUILD(OBJ_CLASS_QUEUING_PORT, PRTOS_PARTITION_
           SELF, port_id);
03     return prtos_read_object(desc, msg_ptr, msg_size, 0);
04 }
```

在上述代码中，第 03 行表示 prtos_read_object() 最终调用内核服务程序 receive_queuing_port() 来读取排队端口的消息。receive_queuing_port() 的实现见源码 core/objects/commports.c。

receive_queuing_port() 的执行流程如下。

1）检测参数合法性。

2）获取接收端口对应的通信通道。

3）获取访问排队通道的互斥锁。

4）从当前通道的接收消息队列中摘取队首的一条消息，将其内存复制到分区用户空间中；将该消息缓存插入空消息队列中重复使用，记录当前消息数据的计数器减 1；给发送分区触发一个虚拟中断 PRTOS_VT_EXT_QUEUING_PORT，通知发送分区消息已经读取。

5）更新当前分区的通信端口位图 comm_port_bitmap，并更新发送分区的排队端口位图。

6）返回消息大小。

提示： 读取排队消息时，从接收消息队列的尾部摘出该消息块；读取消息后，将该消息块插入空闲消息队列的头部。空闲消息队列和接收消息队列组成了一个逻辑上的环形缓冲区。

至此，排队端口通信的发送和接收过程已经介绍完毕。如果发送分区试图向一个满的环形缓冲区发送消息或者接收分区试图从一个空的环形缓冲区读取消息，相应的操作将会失败，并返回一个出错码。分区级代码负责重试等相关操作。

为了进一步优化分区资源，降低因轮询分区状态带来的损失，当消息写入端口时，PRTOS 会激发一个虚拟中断。由于仅有一个中断线用于通知是否有消息到来，因此一旦感知到中断，分区代码将会确定哪个端口或者哪些端口已经就绪，并执行相关的操作。PRTOS 的分区控制表中有一张二进制位图，用于描述端口的状态。位图中的单位“1”表示有请求操作要执行。当通道中出现新的消息时，PRTOS 将在目的分区触发一个扩展的虚拟中断。

8.3 共享内存通信

PRTOS 支持分区间通过共享内存进行通信。共享内存是一种在不同分区之间共享数据的方式，分区可以通过读 / 写共享内存进行数据传输和通信。共享内存通信可以实现高效的数据传输，但需要注意数据一致性和同步问题。

由前可知，PRTOS 的排队和采样端口通信机制都需要 3 个数据副本（分区发送方数据副本→ PRTOS 核心缓存数据副本→分区接收方数据副本），而使用共享内存则可以实现高效、零副本、零开销的分区间通信机制。代码清单 8-14 展示了两个分区共享内存区域的配置方法。

代码清单 8-14 两个分区共享内存区域的配置方法

```
01 <PartitionTable>
02     <Partition id="0" name="Partition0" flags="" console="Uart">
03         <PhysicalMemoryAreas>
04             <Area start="0x6100000" size="1MB" />
05             <Area start="0x6300000" size="1MB" flags="shared"/>
06         </PhysicalMemoryAreas>
07     </Partition>
08     <Partition id="1" name="Partition1" flags="" console="Uart">
09         <PhysicalMemoryAreas>
10             <Area start="0x6200000" size="1MB" />
11             <Area start="0x6300000" size="1MB" flags="shared"/>
12         </PhysicalMemoryAreas>
13     </Partition>
14 </PartitionTable>
```

在上述代码中，XML 配置文件定义了 P0 和 P1 两个分区，并为每个分区分配了两个内存区域，其中从 0x6300000 开始的、1MB 大小的区域由两个分区共享。此外，XML 配置文件确定非共享区域是从 0x6100000 开始的区域和从 0x6200000 开始的区域，这两个区域被映射到相同的虚拟内存地址空间。

提示： 可以把分区所在的两个不同的物理地址空间映射到分区内部相同的虚拟地址空间。这里为了简化设计，直接将物理地址空间映射到相同的虚拟地址空间。

使用共享内存技术可以在多个虚拟机之间共享数据，可以加快数据传输速度，减少网络带宽的压力。同时，共享内存技术也可以应用在设备虚拟化实现中。注意：在使用共享内存时需要遵循一些安全和隔离原则，以确保不同虚拟机之间的数据安全和隔离。此外，共享内存技术在使用时也需要考虑性能和可靠性等因素。

8.4 实验：分区间通信示例

本示例（user/bail/examples/example.004）演示了分区间通信的实现。示例代码布局如图 8-4 所示。

```
prtos@debian12-64:~/prtos-sdk/bail-examples/example.004$ tree ./
./
├── Makefile
├── partition0.c
├── partition1.c
├── partition2.c
├── prtos_cf.x86.xml
└── README.md

1 directory, 6 files
prtos@debian12-64:~/prtos-sdk/bail-examples/example.004$
```

图 8-4　示例代码布局

本示例定义了 3 个分区。

1）分区 0（partition0.c）通过排队端口向分区 1（partition1.c）发送消息，通过采样端口向分区 1 和分区 2（partition2.c）发送消息。

2）分区 1 从排队端口和采样端口接收分区 0 发送过来的消息，然后通过分区 1 和分区 2 的共享内存向分区 2 发送消息。

3）分区 2 从采样端口和共享内存读取消息。

8.4.1 XML 配置文件

分区 0 的排队端口 portQ 和采样端口 portS 具有写权限；分区 1 的排队端口 portQ 和采样端口 portS 具有读权限，对共享内存具有读 / 写权限；分区 2 的采样端口 portS 具有读权限，对共享内存具有读 / 写权限。分区 0、分区 1、分区 2 采用循环调度策略进行调度，调度周期 MAF 为 1500ms，如表 8-1 所示。

表 8-1　3 个分区的循环调度策略

分区	起始时刻 /ms	持续时间 /ms
分区 0（partition0.c）	0	500
分区 1（partition1.c）	500	500
分区 2（partition2.c）	1000	500

在 XML 配置文件中，分区间通信端口配置的代码片段如代码清单 8-15 所示。

代码清单 8-15　分区间通信端口配置的代码片段

```
//源码路径：user/bail/examples/example.004/prtos_cf.x86.xml
01 <PartitionTable>
02     <Partition id="0" name="Partition0" flags="" console="Uart">
03         <PhysicalMemoryAreas>
04             <Area start="0x6000000" size="1MB" />
05         </PhysicalMemoryAreas>
06         <PortTable>
07             <Port type="queuing" direction="source" name="portQ"/>
08             <Port type="sampling" direction="source" name="portS"/>
09         </PortTable>
```

```
10      </Partition>
11      <Partition id="1" name="Partition1" flags="" console="Uart">
12          <PhysicalMemoryAreas>
13              <Area start="0x6100000" size="1MB" />
14              <Area start="0x6300000" size="1MB" flags="shared"/>
15          </PhysicalMemoryAreas>
16          <PortTable>
17              <Port type="sampling" direction="destination" name="portS"/>
18              <Port type="queuing" direction="destination" name="portQ"/>
19          </PortTable>
20      </Partition>
21      <Partition id="2" name="Partition2" flags="" console="Uart">
22          <PhysicalMemoryAreas>
23              <Area start="0x6200000" size="1MB" />
24              <Area start="0x6300000" size="1MB" flags="shared"/>
25          </PhysicalMemoryAreas>
26          <PortTable>
27              <Port type="sampling" direction="destination" name="portS"/>
28          </PortTable>
29      </Partition>
30  </PartitionTable>
31
32  <Channels>
33      <QueuingChannel maxNoMessages="16" maxMessageLength="128B">
34          <Source partitionId="0" portName="portQ"/>
35          <Destination partitionId="1" portName="portQ"/>
36      </QueuingChannel>
37      <SamplingChannel maxMessageLength="128B">
38          <Source partitionId="0" portName="portS"/>
39          <Destination partitionId="1" portName="portS"/>
40          <Destination partitionId="2" portName="portS"/>
41      </SamplingChannel>
42  </Channels>
```

在上述代码中，第 07～08 行定义了分区 0 拥有的排队端口和采样端口是源端口，用于发送消息。第 17～18 行定义了分区 1 拥有的排队端口和采样端口是目的端口，用于接收消息，其中第 12 行分配的内存区域是和分区 2 共享的内存区域空间（第 24 行）。第 27 行定义了分区 2 拥有的采样端口是目的端口，用于接收消息。第 38～40 行定义了分区间通信所使用的通道信息，排队通道用于分区 0 和分区 1 间的通信，其中分区 0 是消息源分区，分区 1 是消息目的分区；采样通道用于分区 0、分区 1 和分区 2 之间的通信，其中分区 0 是源分区，分区 1 和分区 2 是目的分区。

8.4.2 分区的裸机应用

本示例的分区裸机应用是 PRTOS 实现的非操作系统级应用，主要用于验证用于分区间通信的超级调用服务接口功能。

1. 分区 0 的裸机应用

分区 0 的裸机应用代码片段如代码清单 8-16 所示。

代码清单 8-16　分区 0 的裸机应用代码片段

```
//源码路径：user/bail/examples/example.004/partition0.c
01 …
02 #define QPORT_NAME "portQ"
03 #define SPORT_NAME "portS"
04
05 char q_message[32];
06 char s_message[32];
07
08 void partition_main(void) {
09     prtos_s32_t q_desc, s_desc, e;
10     prtos_u32_t s_seq, q_seq;
11     PRINT("Opening ports...\n");
12     q_desc = prtos_create_queuing_port(QPORT_NAME, 16, 128, PRTOS_SOURCE_PORT);
13     s_desc = prtos_create_sampling_port(SPORT_NAME, 128, PRTOS_SOURCE_PORT, 0);
14
15     PRINT("Generating messages...\n");
16     s_seq = q_seq = 0;
17     for (e = 0; e < 2; ++e) {
18         sprintf(s_message, "<<sampling message %d>>", s_seq++);
19         PRINT("SEND %s\n", s_message);
20         prtos_write_sampling_message(s_desc, s_message, sizeof(s_message));
21         prtos_idle_self();
22
23         sprintf(q_message, "<<queuing message %d>>", q_seq++);
24         PRINT("SEND %s\n", q_message);
25         prtos_send_queuing_message(q_desc, q_message, sizeof(q_message));
26         prtos_idle_self();
27     }
28     PRINT("Done\n");
29     PRINT("Verification Passed\n");
30     PRINT("Halting\n");
31 end:
32     prtos_halt_partition(PRTOS_PARTITION_SELF);
33 }
```

在上述代码中，分区 0 的裸机应用分别创建了排队端口（第 12 行）和采样端口（第 13 行），然后分别向排队端口和采样端口发送消息（第 20 行和第 25 行）。

提示： 分区 0 所使用的端口信息必须和 8.4.1 节 XML 配置文件中分配给分区 0 的端口保持一致，否则无法创建成功。

---

2. 分区 1 的裸机应用

分区 1 的裸机应用代码片段如代码清单 8-17 所示。

代码清单 8-17　分区 1 的裸机应用代码片段

```
01 …
02 #define QPORT_NAME "portQ"
03 #define SPORT_NAME "portS"
04 #define SHARED_ADDRESS 0x6300000
05
06 char s_message[32];
07 char q_message[32];
08 prtos_s32_t q_desc, s_desc, seq;
09
10 void queuing_ext_handler(trap_ctxt_t *ctxt) {
11     if (prtos_receive_queuing_message(q_desc, q_message, sizeof(q_message)) > 0) {
12         PRINT("RECEIVE %s\n", q_message);
13         PRINT("SHM WRITE %d\n", seq);
14         *(volatile prtos_u32_t *)SHARED_ADDRESS = seq++;
15     }
16 }
17
18 void sampling_ext_handler(trap_ctxt_t *ctxt) {
19     prtos_u32_t flags;
20
21     if (prtos_read_sampling_message(s_desc, s_message, sizeof(s_message), &flags) > 0) {
22         PRINT("RECEIVE %s\n", s_message);
23     }
24 }
25
26 void partition_main(void) {
27     PRINT("Opening ports...\n");
28     q_desc = prtos_create_queuing_port(QPORT_NAME, 16, 128, PRTOS_DESTINATION_PORT);
29     s_desc = prtos_create_sampling_port(SPORT_NAME, 128, PRTOS_DESTINATION_PORT, 0);
30     PRINT("done\n");
31
32     install_trap_handler(BAIL_PRTOSEXT_TRAP(PRTOS_VT_EXT_SAMPLING_PORT), sampling_
           ext_handler);
33     install_trap_handler(BAIL_PRTOSEXT_TRAP(PRTOS_VT_EXT_QUEUING_PORT), queuing_
           ext_handler);
34     hw_sti();
35
36     prtos_clear_irqmask(0, (1 << PRTOS_VT_EXT_SAMPLING_PORT) | (1 << PRTOS_VT_
           EXT_QUEUING_PORT));
37     PRINT("Waiting for messages\n");
38     while (1)
39         ;
40     …
41 }
```

在上述代码中，PRTOS 给采样端口和排队端口分别配置了虚拟中断（第 32 行和第 33 行）。当接收到分区 0 发送过来的排队消息和采样消息时，分区 1 上排队端口的虚拟中断被触发（第 10 行），采样端口的虚拟中断也被触发（第 18 行）。分区 1 会在采样中断处理函数中读取采样消息的内容，在排队中断处理函数中读取排队消息的内容，并向与分区 2 共享的内存区域中写入发送给分区 2 的数据。

3. 分区 2 的裸机应用

分区 2 的裸机应用代码片段如代码清单 8-18 所示。

代码清单 8-18　分区 2 的裸机应用代码片段

```
01 …
02 #define SPORT_NAME "portS"
03 #define SHARED_ADDRESS 0x6300000
04
05 char s_message[32];
06 prtos_s32_t s_desc;
07 prtos_u32_t flags;
08
09 void sampling_ext_handler(trap_ctxt_t *ctxt) {
10     prtos_u32_t flags;
11     if (prtos_read_sampling_message(s_desc, s_message, sizeof(s_message), &flags) > 0) {
12         PRINT("RECEIVE %s\n", s_message);
13         PRINT("READ SHM %d\n", *(volatile prtos_u32_t *)SHARED_ADDRESS);
14     }
15 }
16
17 void partition_main(void) {
18     PRINT("Opening ports...\n");
19     s_desc = prtos_create_sampling_port(SPORT_NAME, 128, PRTOS_DESTINATION_PORT, 0);
20     PRINT("done\n");
21
22     install_trap_handler(BAIL_PRTOSEXT_TRAP(PRTOS_VT_EXT_SAMPLING_PORT), sampling_
           ext_handler);
23     hw_sti();
24     prtos_clear_irqmask(0, (1 << PRTOS_VT_EXT_SAMPLING_PORT));  // Unmask port irqs
25
26     PRINT("Waiting for messages\n");
27     while (1)
28         ;
29     …
30 }
```

在上述代码中，第 22 行表示分区 2 为采样端口注册了 ISR；当接收到分区 1 发送过来的采样消息时，会触发中断处理程序（第 09 行），然后在中断处理程序中读取分区 1 发送过来的采样消息（第 13 行），并从共享内存中读取分区 1 写入共享内存区域的数据。

提示：共享内存由 PRTOS 提供给分区。基于共享内存的使用策略则由分区内的应用具体实现，详细内容请参考第 5 章。

本示例的执行结果如图 8-5 所示。

```
3 Partition(s) created
P0 ("Partition0":0:1) flags: [ ]:
    [0x6000000:0x6000000 - 0x60fffff:0x60fffff] flags: 0x0
P1 ("Partition1":1:1) flags: [ ]:
    [0x6100000:0x6100000 - 0x61fffff:0x61fffff] flags: 0x0
    [0x6300000:0x6300000 - 0x63fffff:0x63fffff] flags: 0x1
P2 ("Partition2":2:1) flags: [ ]:
    [0x6200000:0x6200000 - 0x62fffff:0x62fffff] flags: 0x0
    [0x6300000:0x6300000 - 0x63fffff:0x63fffff] flags: 0x1
[0] Opening ports...
[0] done
[0] Generating messages...
[0] SEND <<sampling message 0>>
[1] Opening ports...
[1] done
[1] Waiting for messages
[2] Opening ports...
[2] done
[2] Waiting for messages
[0] SEND <<queuing message 0>>
[1] RECEIVE <<queuing message 0>>
[1] SHM WRITE 0
[0] SEND <<sampling message 1>>
[1] RECEIVE <<sampling message 1>>
[2] RECEIVE <<sampling message 1>>
[2] READ SHM 0
[0] SEND <<queuing message 1>>
[1] RECEIVE <<queuing message 1>>
[1] SHM WRITE 1
[0] Done
[0] Verification Passed
[0] Halting
[HYPERCALL] (0x0) Halted
```

图 8-5　示例执行结果

示例运行结果验证了基于消息传递模型的端口通信和基于共享内存的通信。

8.5　本章小结

本章介绍了 PRTOS 中实现的两种分区间通信技术。

1）基于消息传递模型的端口通信方式。端口可以是输入端口或输出端口，分区可以通过输入端口向其他分区发送数据，也可以通过输出端口从其他分区接收数据。分区之间的数据传输通过端口进行，实现了分区之间的数据共享和通信。

2）基于共享内存的通信方式。PRTOS 系统中的分区可以通过定义共享内存来进行通信。共享内存是一种在不同分区之间共享数据的方式。共享内存通信可以实现高效的数据传输，但需要注意数据一致性和同步问题。

第 9 章 内核资源管理模型设计

本章将介绍内核资源管理模型设计的细节。下面先来了解 PRTOS 内核的资源管理模型。

9.1 PRTOS 内核的资源管理模型

PRTOS 内核资源管理模型包含虚拟控制台和对象管理框架，目的是对各个功能组件进行统一管理，简化内核实现。接下来我们分别介绍这两大模块的实现机制。

9.1.1 虚拟控制台

虚拟控制台包括串行设备（如 UART 设备和 VGA 设备）驱动，用于管理串行设备，并提供接口 kprintf() 和 prtos_write_console() 给 PRTOS 内核和分区使用。为了方便用户的使用，PRTOS BAIL 基于 prtos_write_console() 实现了分区层的格式输出函数 printf()，用于各个裸机应用的信息输出。因此，kprintf() 和 printf() 分别是 PRTOS 内核和分区使用的格式化输出接口。

提示： PRTOS 内核实现的 eprintf() 不是基于虚拟控制台框架的，它用于 PRTOS 初始化的早期信息输出，串行设备初始化后，eprintf() 即可使用。eprintf() 启用与否以及启用后使用哪种串行设备则通过 make menuconfig 进行配置，如图 9-1 所示。

在 X86 硬件平台中，可用的输出设备有 UART 设备和 VGA 设备。具体使用哪一种设备，用户可以在 make menuconfig 中进行配置，如图 9-1 所示。

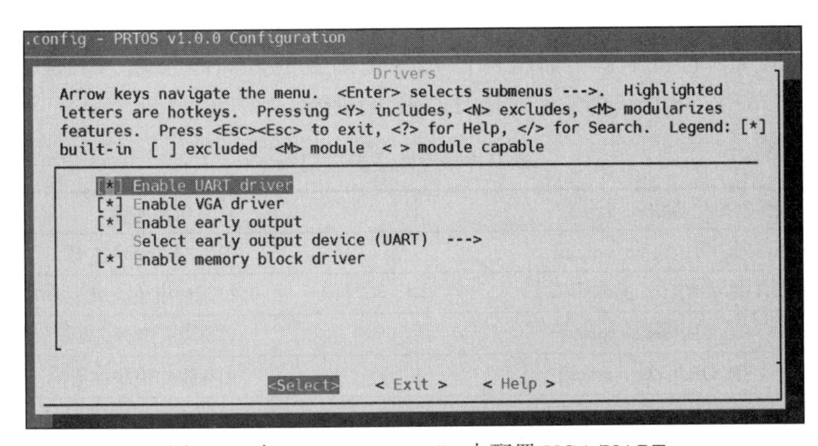

图 9-1 在 make menuconfig 中配置 VGA/UART

由于 kprintf() 和 printf() 依赖控制台驱动框架，因此只有在控制台驱动框架建立后方可使用。kprintf() 和 printf() 使用的设备通过 XML 配置文件（如 PRTOS 内核）进行配置，通过配置节点 PRTOS Hypervisor @Console 实现。分区则通过配置节点 Partition @Console 实现，详情可参考 9.4.2 小节的示例。

9.1.2 对象管理框架

对象管理框架定义了一组统一的对象管理接口，以便对纳入其中的各个功能组件（包括通信端口组件、控制台组件、健康监控组件、内存操作组件、状态查询组件、跟踪管理组件）进行统一管理。对象管理框架接口的实现代码片段如代码清单 9-1 所示。

代码清单 9-1 对象管理框架接口的实现代码片段

```
//源码路径：core/include/objdir.h
01 typedef prtos_s32_t (*read_obj_op_t)(prtos_obj_desc_t, void *, prtos_u_size_t,
       prtos_u32_t *);
02 typedef prtos_s32_t (*write_obj_op_t)(prtos_obj_desc_t, void *, prtos_u_size_t,
       prtos_u32_t *);
03 typedef prtos_s32_t (*seek_obj_op_t)(prtos_obj_desc_t, prtos_u_size_t, prtos_u32_t);
04 typedef prtos_s32_t (*ctrl_obj_op_t)(prtos_obj_desc_t, prtos_u32_t, void *);
05
06 struct object { //定义对象管理框架的接口
07     read_obj_op_t read;
08     write_obj_op_t write;
09     seek_obj_op_t seek;
10     ctrl_obj_op_t ctrl;
11 };
12 //将每个对象的初始化函数地址注册到PRTOS内核映像的.objsetuptab节中
13 #define REGISTER_OBJ(_init)                         \
14     __asm__(".section .objsetuptab, \"a\"\n\t" \
15             ".align 4\n\t"                     \
16             ".long " #_init "\n\t"             \
17             ".previous\n\t")
```

object 类型以及各个对象实例如图 9-2 所示。

REGISTER_OBJ() 将 6 个功能组件的初始化函数的入口地址填入 PRTOS 内核映像的 .objsetuptab 节中，各个组件的注册接口如表 9-1 所示。

表 9-1 组件注册接口

组件初始化函数入口地址	组件名称
REGISTER_OBJ(setup_comm);	通信端口模块注册
REGISTER_OBJ(setup_console);	控制台模块注册
REGISTER_OBJ(setup_hm);	健康监控模块注册
REGISTER_OBJ(setup_mem);	内存操作模块注册
REGISTER_OBJ(setup_status);	状态查询模块注册
REGISTER_OBJ(setup_trace);	跟踪管理模块注册

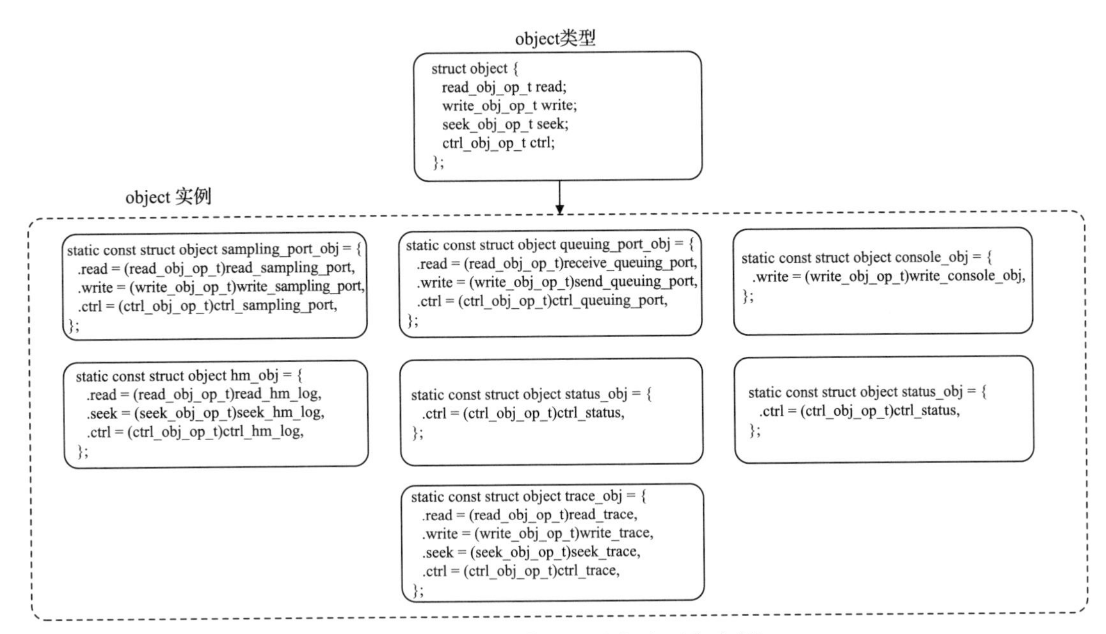

图 9-2　object 类型以及各个对象实例

在 PRTOS 的链接脚本 prtos.lds（kernel/x86/prtos.lds）中通过函数指针变量 object_setup_table 定位 .objsetuptab 节的基地址。prtos.lds 链接脚本中定义 object_setup_table 变量的代码片段如代码清单 9-2 所示。

代码清单 9-2　prtos.lds 链接脚本中定义 object_setup_table 变量的代码片段

```
01 . = ALIGN(8);
02 object_setup_table = .;
03 *(.objsetuptab)
04 LONG(0);
```

setup_obj_dir () 函数通过遍历 object_setup_table 变量获取并调用各个功能组件的初始化函数，完成各个功能组件的初始化。各个功能组件初始化的实现如代码清单 9-3 所示。

代码清单 9-3　各个功能组件初始化的实现

```
//源码路径：core\kernel\objdir.c
01 typedef prtos_s32_t (*object_setup_table_t)(void);
02 const struct object *object_table[OBJ_NO_CLASSES] = {[0 ... OBJ_NO_CLASSES - 1] = 0};
03 void setup_obj_dir(void) {
04     extern object_setup_table_t object_setup_table[];
05     prtos_u32_t e;
06     for (e = 0; object_setup_table[e]; e++) {// 初始化各个功能组件
07         if (object_setup_table[e] && object_setup_table[e]() < 0) {
08             cpu_ctxt_t ctxt;
09             get_cpu_ctxt(&ctxt);
10             system_panic(&ctxt, "[obj_dir] Error setting up object at 0x%x\n",
                   object_setup_table);
```

```
11          }
12      }
13 }
```

此时，对每个组件来说，只要按需实现 struct object 类型的接口函数，通过 REGISTER_OBJ() 注册到 object_setup_table 表项中，该组件就可以纳入 PRTOS 的对象管理框架之中。

比如，PRTOS 的虚拟控制台用于输出 PRTOS 的运行状态信息，方便用户调试用户代码和监控 PRTOS 系统的运行。虚拟控制台的初始化和注册函数的实现如代码清单 9-4 所示。

代码清单 9-4　虚拟控制台的初始化和注册函数的实现

```
//源码路径：core/objects/console.c
01 static const struct object console_obj = {    //初始化控制台接口
02     .write = (write_obj_op_t)write_console_obj,
03 };
04
05 prtos_s32_t __VBOOT setup_console(void) {     //初始化控制台对象
06     prtos_s32_t e;
07
08     GET_MEMZ(partition_console_table, sizeof(struct console) * prtos_conf_table.
           num_of_partitions);
09     prtos_console.dev = find_kdev(&prtos_conf_table.hpv.console_device);
10     object_table[OBJ_CLASS_CONSOLE] = &console_obj; //设置控制台对象
11     for (e = 0; e < prtos_conf_table.num_of_partitions; e++) {
12         partition_console_table[e].dev = find_kdev(&prtos_conf_part_table[e].
               console_device);
13     }
14     return 0;
15 }
16
17 REGISTER_OBJ(setup_console);                       //将控制台的初始化函数注册到对象管理框架中
```

在上述代码中，第 02 行表示由于 PRTOS 内核中的虚拟控制台只实现了输出功能，所以并不是完整的控制台驱动。在 PRTOS 中实现完整控制台的一种方案是将串行设备分配给客户操作系统所在分区。该分区可以直接访问输入和输出设备，例如键盘和显示器。这样客户操作系统就可以实现自己的虚拟控制台，比如第 14 章介绍的 Linux 客户操作系统采用的就是这种解决方案。

第 05～15 行定义输出控制台的初始化函数 setup_console。这里需要注意的是，输出控制台设备的选择并不是硬编码的，而是由 PRTOS 的 XML 配置文件指定的，即由 XML 配置文件的 SystemDescription/PRTOSHypervisor/@console 字段确定；分区代码则由分区 XML 配置文件的 SystemDescription/PartitionTable/Partition/@console 字段确定。

第 17 行将控制台的初始化函数 setup_console 注册到 object_setup_table 表项中。在这里，我们可以看出 PRTOS 的虚拟控制台是作为一个独立的组件对象纳入 PRTOS 的对象管理框架中的。

9.2　PRTOS 功能组件注册

PRTOS 定义了 6 种功能组件，分别是控制台组件、跟踪管理组件、通信端口组件、内存操作组件、健康监控组件、状态查询组件。这些组件通过 PRTOS 对象管理框架进行统一管理，因此各个功能组件都需要在 PRTOS 的对象管理框架中进行注册。接下来介绍 PRTOS 内核中这 6 个功能组件的注册过程。

9.2.1　通信端口组件

通信端口组件用于实现 PRTOS 中不同分区之间的通信。设置通信端口的流程如下。

1）**配置分区**：PRTOS 中的每个分区都被分配了各自的内存空间，且可以配置一个或多个通信端口。

2）**定义通信端口**：在 PRTOS 中，通信端口在 XML 配置文件中定义。通信端口包含采样端口和排队端口。

3）**初始化通信端口**：分区被配置后，就可以在启动期间初始化其通信端口。这需要根据配置文件中定义的属性设置通信端口。

4）**使用通信端口超级调用接口**：PRTOS 提供了超级调用接口，以允许分区通过通信端口发送和接收数据。

5）**处理通信事件**：PRTOS 允许分区注册中断处理程序来处理通信事件。例如，分区可以实现自己的事件处理程序，以处理通信端口接收的数据；或者基于通信事件来触发相应处理操作。

通信端口的初始化和注册如代码清单 9-5 所示。

代码清单 9-5　通信端口的初始化和注册

```
01 prtos_s32_t __VBOOT setup_comm(void) {        //通信端口初始化
02     prtos_s32_t e, i;
03
04     ASSERT(GET_CPU_ID() == 0);
05     GET_MEMZ(channel_table, sizeof(union channel) * prtos_conf_table.num_of_comm_
           channels);
06     GET_MEMZ(port_table, sizeof(struct port) * prtos_conf_table.num_of_comm_ports);
07
08     for (e = 0; e < prtos_conf_table.num_of_comm_ports; e++) port_table[e].lock =
         SPINLOCK_INIT;
09
10     //创建端口通信通道
11     for (e = 0; e < prtos_conf_table.num_of_comm_channels; e++) {
12         switch (prtos_conf_comm_channel_table[e].type) {
13             case PRTOS_SAMPLING_CHANNEL:
14                 GET_MEMZ(channel_table[e].s.buffer, prtos_conf_comm_channel_
                       table[e].s.max_length);
15                 GET_MEMZ(channel_table[e].s.receiver_table, prtos_conf_comm_
                       channel_table[e].s.num_of_receivers * sizeof(partition_t *));
```

```
16                  GET_MEMZ(channel_table[e].s.receiver_port_table, prtos_conf_comm_
                        channel_table[e].s.num_of_receivers * sizeof(prtos_s32_t));
17                  channel_table[e].s.lock = SPINLOCK_INIT;
18                  break;
19              case PRTOS_QUEUING_CHANNEL:
20                  GET_MEMZ(channel_table[e].q.msg_pool, sizeof(struct msg) * prtos_
                        conf_comm_channel_table[e].q.max_num_of_msgs);
21                  dyn_list_init(&channel_table[e].q.free_msgs);
22                  dyn_list_init(&channel_table[e].q.recv_msgs);
23                  for(i = 0; i < prtos_conf_comm_channel_table[e].q.max_num_of_
                        msgs; i++) {
24                      GET_MEMZ(channel_table[e].q.msg_pool[i].buffer, prtos_conf_
                            comm_channel_table[e].q.max_length);
25                      if (dyn_list_insert_head(&channel_table[e].q.free_msgs,
                            &channel_table[e].q.msg_pool[i].list_node)) {
26                          cpu_ctxt_t ctxt;
27                          get_cpu_ctxt(&ctxt);
28                          system_panic(&ctxt, "[setup_comm] queuing channels initi-
                                alization error");
29                      }
30                  }
31                  channel_table[e].q.lock = SPINLOCK_INIT;
32                  break;
33          }
34      }
35      //设置采样端口对象和排队端口对象
36      object_table[OBJ_CLASS_SAMPLING_PORT] = &sampling_port_obj;
37      object_table[OBJ_CLASS_QUEUING_PORT] = &queuing_port_obj;
38      return 0;
39 }
40
41 REGISTER_OBJ(setup_comm);//注册通信端口
```

在上述代码中，第 05～06 行为通信通道和端口分配内存。

第 11～33 行遍历每个通信通道，根据通道的类型初始化通道。

第 36～37 行根据通道的类型将采样端口对象和排队端口对象登记到 object_table 数组中。

PRTOS 定义的内核中使用的各个组件类型标识符如代码清单 9-6 所示。

代码清单 9-6 PRTOS 定义的内核中使用的各个组件类型标识符

```
01 #define OBJ_CLASS_NULL 0
02 #define OBJ_CLASS_CONSOLE 1
03 #define OBJ_CLASS_TRACE 2
04 #define OBJ_CLASS_SAMPLING_PORT 3
05 #define OBJ_CLASS_QUEUING_PORT 4
06 #define OBJ_CLASS_MEM 5
07 #define OBJ_CLASS_HM 6
08 #define OBJ_CLASS_STATUS 7
09 #define OBJ_NO_CLASSES 8
```

9.2.2　控制台组件

控制台是作为一个独立的组件对象纳入 PRTOS 的对象管理框架中的。PRTOS 内核中实现的控制台并不是一个完整的支持输入和输出的驱动设备，而是只支持输出功能的简化虚拟控制台，用于 PRTOS 内核和分区状态信息的输出和功能调试。控制台驱动的注册如代码清单 9-4 所示，这里不再赘述。

9.2.3　健康监控组件

健康监控组件用于监视硬件、分区应用和 PRTOS 内核的状态。当发现故障时，健康监控组件会记录故障并进行故障隔离，防止故障蔓延，同时按故障级别（分区级和内核级）进行必要的恢复。关于健康监控的实现，请参考第 7 章。

健康监控组件的注册如代码清单 9-7 所示。

代码清单 9-7　健康监控组件的注册

```
01 static const struct object hm_obj = { //初始化健康监控接口
02     .read = (read_obj_op_t)read_hm_log,
03     .seek = (seek_obj_op_t)seek_hm_log,
04     .ctrl = (ctrl_obj_op_t)ctrl_hm_log,
05 };
06
07 prtos_s32_t __VBOOT setup_hm(void) {
08     log_stream_init(&hm_log_stream, find_kdev(&prtos_conf_table.hpv.hm_device),
           sizeof(prtos_hm_log_t));
09     object_table[OBJ_CLASS_HM] = &hm_obj; //设置健康监控接口对象
10     hm_init = 1;
11     return 0;
12 }
13
14 REGISTER_OBJ(setup_hm);              //将健康监控组件的初始化函数注册到PRTOS对象管理框架中
```

9.2.4　内存操作组件

内存操作组件负责处理当前系统分区地址空间中保存的数据，如将当前系统分区的某段地址空间的数据复制到当前分区的另一段地址空间中。

内存操作组件的初始化和注册如代码清单 9-8 所示。

代码清单 9-8　内存操作组件的初始化和注册

```
01 static const struct object mem_obj = {
02     .ctrl = (ctrl_obj_op_t)ctrl_mem,          //初始化内存接口
03 };
04
05 prtos_s32_t __VBOOT setup_mem(void) {
06     object_table[OBJ_CLASS_MEM] = &mem_obj;  //设置内存操作对象
07     return 0;
```

```
08 }
09
10 REGISTER_OBJ(setup_mem);          //将内存操作组件的初始化函数注册到对象管理框架中
```

9.2.5 状态查询组件

状态查询组件用于追踪和监视分区或者系统的状态。状态查询组件的初始化和注册如代码清单 9-9 所示。

代码清单 9-9　状态查询组件的初始化和注册

```
01 static const struct object status_obj = {            //初始化状态查询接口
02     .ctrl = (ctrl_obj_op_t)ctrl_status,
03 };
04
05 prtos_s32_t __VBOOT setup_status(void) {
06     GET_MEMZ(partition_status, sizeof(prtos_part_status_t) * prtos_conf_table.
           num_of_partitions);
07     object_table[OBJ_CLASS_STATUS] = &status_obj;    //设置状态查询对象
08
09     return 0;
10 }
11
12 REGISTER_OBJ(setup_status);
```

在上述代码中，第 07 行将分区状态查询组件登记到 object_table 数组中；第 12 行将分区状态查询组件的初始化函数 setup_status() 注册到 PRTOS 对象管理框架中。

9.2.6 跟踪管理组件

跟踪管理组件的主要优势是低开销，可以实时进行追踪，对系统性能的影响很小。此外，跟踪管理组件允许开发人员自定义记录的事件类型和存储的数据量。跟踪管理组件是开发和调试分区实时应用的重要工具，可以捕获系统行为的详细信息，帮助开发人员快速识别和诊断问题，从而使他们更高效地交付高质量的软件。跟踪管理组件的初始化和注册如代码清单 9-10 所示。

代码清单 9-10　跟踪管理组件的初始化和注册

```
01 static const struct object trace_obj = {//初始化跟踪管理接口
02     .read = (read_obj_op_t)read_trace,
03     .write = (write_obj_op_t)write_trace,
04     .seek = (seek_obj_op_t)seek_trace,
05     .ctrl = (ctrl_obj_op_t)ctrl_trace,
06 };
07
08 prtos_s32_t __VBOOT setup_trace(void) {
09     prtos_s32_t e;
10     GET_MEMZ(trace_log_stream, sizeof(struct log_stream) * prtos_conf_table.num_
```

```
        of_partitions);
11      log_stream_init(&prtos_trace_log_stream, find_kdev(&prtos_conf_table.hpv.trace.
            dev), sizeof(prtos_trace_event_t));
12
13      for (e = 0; e < prtos_conf_table.num_of_partitions; e++)
14          log_stream_init(&trace_log_stream[e], find_kdev(&prtos_conf_part_table[e].
                trace.dev), sizeof(prtos_trace_event_t));
15
16      object_table[OBJ_CLASS_TRACE] = &trace_obj; //设置跟踪管理对象
17      return 0;
18 }
19 REGISTER_OBJ(setup_trace);      //将跟踪管理组件的初始化函数注册到PRTOS对象管理框架中
```

9.3　控制台设备管理

PRTOS 虚拟控制台用于实现串行设备虚拟化，并提供给 PRTOS 内核和分区应用使用。PRTOS 内核中与输出控制台相关联的设备有 3 种：UART 输出设备、VGA 输出设备和内存块输出设备。控制台设备管理的接口和实例如图 9-3 所示。

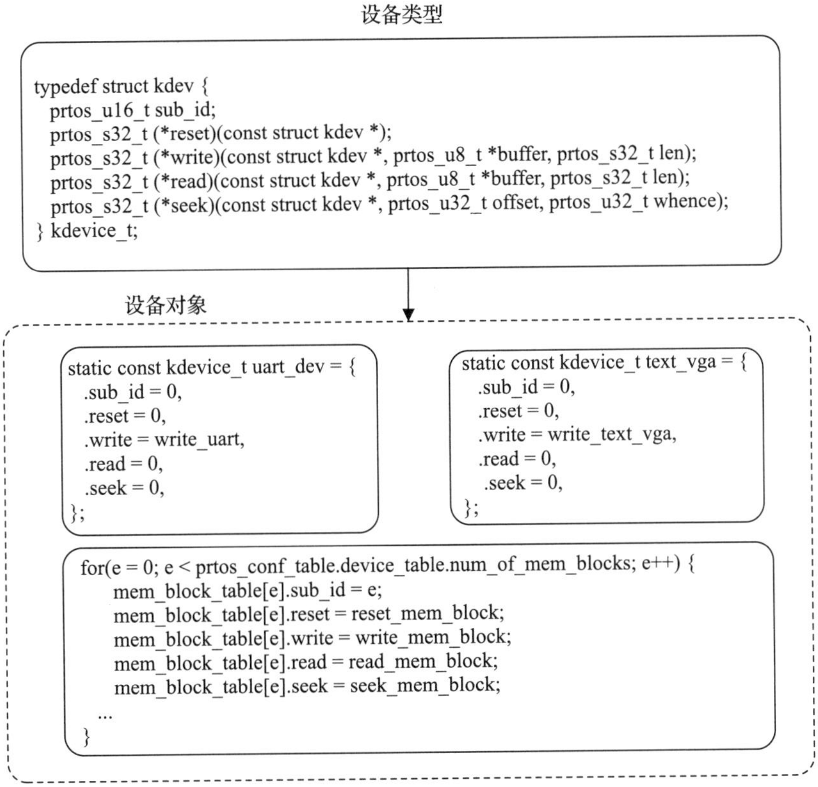

设备类型

```
typedef struct kdev {
  prtos_u16_t sub_id;
  prtos_s32_t (*reset)(const struct kdev *);
  prtos_s32_t (*write)(const struct kdev *, prtos_u8_t *buffer, prtos_s32_t len);
  prtos_s32_t (*read)(const struct kdev *, prtos_u8_t *buffer, prtos_s32_t len);
  prtos_s32_t (*seek)(const struct kdev *, prtos_u32_t offset, prtos_u32_t whence);
} kdevice_t;
```

设备对象

```
static const kdevice_t uart_dev = {
  .sub_id = 0,
  .reset = 0,
  .write = write_uart,
  .read = 0,
  .seek = 0,
};
```

```
static const kdevice_t text_vga = {
  .sub_id = 0,
  .reset = 0,
  .write = write_text_vga,
  .read = 0,
  .seek = 0,
};
```

```
for(e = 0; e < prtos_conf_table.device_table.num_of_mem_blocks; e++) {
    mem_block_table[e].sub_id = e;
    mem_block_table[e].reset = reset_mem_block;
    mem_block_table[e].write = write_mem_block;
    mem_block_table[e].read = read_mem_block;
    mem_block_table[e].seek = seek_mem_block;
    ...
}
```

图 9-3　控制台设备管理的接口和实例

9.3.1 UART 输出设备

将 UART 设备注册为 PRTOS 虚拟控制台的输出设备是常见的操作，具体实现如代码清单 9-11 所示。

代码清单 9-11 将 UART 设备注册为 PRTOS 虚拟控制台的输出设备

```
//源码路径：core/drivers/pc_uart.c
01 static const kdevice_t uart_dev = {    //初始化UART设备接口
02     .write = write_uart,               //在PRTOS内核中，串口设备只实现了输出驱动
03 };
04
05 static const kdevice_t *get_uart(prtos_u32_t sub_id) {
06     switch (sub_id) {
07         case 0:
08             return &uart_dev;
09             break;
10     }
11     return 0;
12 }
13 //将获取的串口设备的接口函数地址保存到PRTOS_DEV_UART_ID索引指向的get_kdev_table设备表表项中
14 prtos_s32_t init_uart(void) {
15     __init_uart(prtos_conf_table.device_table.uart[0].baud_rate);
16     get_kdev_table[PRTOS_DEV_UART_ID] = get_uart;
17     return 0;
18 }
19
20 REGISTER_KDEV_SETUP(init_uart);        //将UART设备的初始化函数注册到控制台驱动框架中
```

在上述代码中，第 20 行将 UART 设备的初始化函数注册到 PRTOS 内核 ELF 文件的 .kdevsetup 节中。

控制台设备注册接口的实现如代码清单 9-12 所示。

代码清单 9-12 控制台设备注册接口的实现

```
//源码路径：core/include/kdevice.h
01 #define REGISTER_KDEV_SETUP(_init) \
02     __asm__ (".section .kdevsetup, \"a\"\n\t" \
03              ".align 4\n\t" \
04              ".long "#_init"\n\t" \
05              ".previous\n\t")
```

在上述代码中，链接脚本（.core/kernel/x86/prtos.lds.in）中定义了变量 kdev_setup，该变量指向 ELF 文件中 .kdevsetup 节的首地址。PRTOS 通过声明变量 kdev_setup，即可在 C 函数中访问注册到 .kdevsetup 节中所有设备的初始化函数，进而调用这些初始化函数完成设备的初始化。

PRTOS 虚拟控制台设备的初始化如代码清单 9-13 所示。

代码清单 9-13 PRTOS 虚拟控制台设备的初始化

```
//源码路径: core/drivers/kdevice.c
01 kdev_table_t get_kdev_table[NO_KDEV];            //定义获取设备的函数指针列表
02
03 void setup_kdev(void) {
04     extern kdev_setup_t kdev_setup[];
05     prtos_s32_t e;
06     memset(get_kdev_table, 0, sizeof(kdev_table_t) * NO_KDEV);
07     for (e = 0; kdev_setup[e]; e++) kdev_setup[e](); //初始化所有注册到kdev_setup变量中的设
                                                        //备，当然也包括当前注册的串口设备
08 }
09
10 const kdevice_t *find_kdev(const prtos_dev_t *dev) {
11     if ((dev->id < 0) || (dev->id >= NO_KDEV) || (dev->id == PRTOS_DEV_INVALID_
           ID)) return 0;
12
13     if (get_kdev_table[dev->id]) return get_kdev_table[dev->id](dev->sub_id);
       //返回当前设备的查询设备接口函数
14
15     return 0;
16 }
```

在上述代码中，第10～16行定义根据设备ID号检测并返回对应设备的接口。

9.3.2 VGA 输出设备

VGA是一种图形显示接口，通常用于连接显示器或其他图形输出设备。PRTOS也可以将输出控制台信息发送到VGA设备上，用于监控系统的运行状态和功能调试。

将VGA设备注册为控制台输出设备的代码实现如代码清单9-14所示。

代码清单 9-14 将 VGA 设备注册为控制台输出设备的代码实现

```
//源码路径: core/drivers/pc_vga.c
01 static prtos_s32_t write_text_vga(const kdevice_t *kdev, prtos_u8_t *buffer,
       prtos_s32_t len) {
02     prtos_s32_t e;
03     for (e = 0; e < len; e++) put_char_text_vga(buffer[e]);
04
05     return len;
06 }
07
08 static const kdevice_t text_vga = {   //初始化VGA设备接口
09     .write = write_text_vga,
10 };
11
12 REGISTER_KDEV_SETUP(init_text_vga);   //将VGA设备注册到控制台驱动框架中
```

9.3.3　内存块输出设备

内存块设备也可以用来存放控制台输出信息，以便系统开发者离线采集系统的运行状态。将内存块设备注册为控制台输出设备的代码实现如代码清单 9-15 所示。

代码清单 9-15　将内存块设备注册为控制台输出设备的代码实现

```
//源码路径: core/drivers/memblock.c
01 prtos_s32_t __VBOOT init_mem_block(void) {
02     prtos_s32_t e;
03     GET_MEMZ(mem_block_table, sizeof(kdevice_t) * prtos_conf_table.device_table.
           num_of_mem_blocks);
04     GET_MEMZ(mem_block_data, sizeof(struct mem_block_data) * prtos_conf_table.
           device_table.num_of_mem_blocks);
05     for (e = 0; e < prtos_conf_table.device_table.num_of_mem_blocks; e++) {
       //初始化内存块设备接口
06         mem_block_table[e].sub_id = e;
07         mem_block_table[e].reset = reset_mem_block;
08         mem_block_table[e].write = write_mem_block;
09         mem_block_table[e].read = read_mem_block;
10         mem_block_table[e].seek = seek_mem_block;
11         mem_block_data[e].cfg = &prtos_conf_mem_block_table[e];
12         mem_block_data[e].addr = prtos_conf_phys_mem_area_table[prtos_conf_mem_
               block_table[e].physical_memory_areas_offset].start_addr;
13     }
14     get_kdev_table[PRTOS_DEV_LOGSTORAGE_ID] = get_mem_block;
15     return 0;
16 }
17
18 REGISTER_KDEV_SETUP(init_mem_block);//将内存块设备注册到控制台驱动框架中
```

在上述代码中，第 01～03 行用于检索内存块；第 14 行将获取的内存块设备的接口函数地址保存到 PRTOS_DEV_LOGSTORAGE_ID 索引指向的 get_kdev_table 设备表表项中。

9.4　实验：内核设备驱动示例

PRTOS 的各个功能组件通过 PRTOS 内核的对象管理框架进行管理，输出设备通过 PRTOS 内核的虚拟控制台进行管理。接下来通过跟踪管理示例验证 PRTOS 对象管理框架的有效性，通过虚拟控制台设备管理示例验证控制台设备驱动框架的有效性。

9.4.1　跟踪管理示例

跟踪管理组件用于存储和检索分区和 PRTOS 内核产生的跟踪信息。跟踪管理组件可在分区应用的开发阶段用于调试，也可以在产品阶段用于记录相关事件的日志信息。由于跟踪管理组件是纳入 PRTOS 对象管理框架中的一个子模块，因此可用跟踪管理组件的功能来验证 PRTOS 对象管理框架的有效性。

1. 示例描述

本示例（user/bail/examples/example.003）演示跟踪事件的产生和管理，以验证 PRTOS 对象管控框架的有效性。示例代码布局如图 9-4 所示。

```
prtos@debian12-64:~/prtos-sdk/bail-examples/example.003$ tree ./
./
├── Makefile
├── partition.c
├── prtos_cf.x86.xml
├── reader.c
└── README.md

1 directory, 5 files
```

图 9-4 示例代码布局

本示例定义了 3 个分区。

1）分区 0 和分区 1 是用户分区（partition.c），共用同一份代码，可主动生成跟踪事件，并将事件保存到分区所属的设备中。

2）分区 2 是系统分区（reader.c），用于读取分区 0 和分区 1 存放在各自设备中的跟踪消息。

示例 XML 配置文件定义的调度策略如表 9-2 所示。

表 9-2 调度策略（MAF = 600ms）

分区	起始时刻 /ms	持续时间 /ms
分区 0（partition.c）	0	200
分区 1（partition.c）	200	200
分区 2（reader.c）	400	200

2. XML 配置文件

根据示例描述，XML 配置文件中 3 个分区的调度策略和配置信息的代码片段如代码清单 9-16 所示。

代码清单 9-16 3 个分区的调度策略和配置信息

```
//源码路径：user/bail/examples/example.003/prtos_cf.x86.xml
01 …
02 <Devices>
03     <Uart id="0" baudRate="115200" name="Uart" />
04     <MemoryBlock name="MemDisk0" start="0x2300000" size="256KB" />
05     <MemoryBlock name="MemDisk1" start="0x2400000" size="256KB" />
06 </Devices>
07
08 …
09 <Partition id="0" name="Partition0" flags="" console="Uart">
10     <PhysicalMemoryAreas>
11         <Area start="0x6000000" size="1MB" />
```

```
12      </PhysicalMemoryAreas>
13      <Trace bitmask="0x01" device="MemDisk0"/>
14  </Partition>
15  <Partition id="1" name="Partition1" flags="" console="Uart">
16      <PhysicalMemoryAreas>
17          <Area start="0x6100000" size="1MB" />
18      </PhysicalMemoryAreas>
19      <Trace bitmask="0x01" device="MemDisk1"/>
20  </Partition>
21  <Partition id="2" name="Partition2" flags="system" console="Uart">
22      <PhysicalMemoryAreas>
23          <Area start="0x6200000" size="1MB" />
24      </PhysicalMemoryAreas>
25  </Partition>
```

在上述代码中，第 04～05 行配置了两个内存块设备：MemDisk0 和 MemDisk1；第 13 行表示将内存块设备 MemDisk0 分配给分区 0，用于存放跟踪日志；第 19 行表示将内存块设备 MemDisk1 分配给分区 1，用于存放跟踪日志；第 21 行表示分区 2 配置为系统分区，因此有权限读取内存块设备 MemDisk0 和 MemDisk1 中存放的跟踪日志信息。

3. 分区 0 和分区 1 的裸机应用

分区 0 和分区 1 共享同一份代码，可生成包含各自分区标识符的跟踪日志，并存放到所属的设备中。分区 0 和分区 1 执行的裸机应用代码片段如代码清单 9-17 所示。

代码清单 9-17　分区 0 和分区 1 的裸机应用代码片段

```
01 #define TRACE_MASK 0x3
02
03 void partition_main(void) {
04     prtos_trace_event_t event;
05     prtos_s32_t value;
06     event.op_code_hi |= (PRTOS_TRACE_WARNING << TRACE_OPCODE_CRIT_BIT) & TRACE_
           OPCODE_CRIT_MASK;
07     event.payload[0] = PRTOS_PARTITION_SELF; //日志中包含分区标识符信息
08     if (PRTOS_PARTITION_SELF == 0) {
09         event.payload[1] = 0x0;
10     } else {
11         event.payload[1] = 0xFFFF;
12     }
13     prtos_s32_t times = 0;
14     while (times < 2) {
15         PRINT("New trace: %x\n", event.payload[1]);
16         prtos_trace_event(0x01, &event);
17         if (PRTOS_PARTITION_SELF == 0) {
18             event.payload[1]++;               //向分区0写入数据
19         } else {
20             event.payload[1]--;               //向分区1写入数据
21         }
22         times++;
```

```
23          prtos_idle_self();
24      }
25      …
26      prtos_halt_partition(PRTOS_PARTITION_SELF);
27 }
```

在上述代码中，第 17 行根据当前分区的标识符执行不同的分支，产生跟踪日志。

4. 分区 2 的裸机应用

分区 2 是系统分区，可读取分区 0 和分区 1 存放在各自设备中的跟踪日志。分区 2 的裸机应用代码片段见代码清单 9-18。

代码清单 9-18　分区 2 的裸机应用代码片段

```
01 …
02 static inline void read_trace(prtos_s32_t pid) {
03     prtos_s32_t tid;
04     prtos_trace_event_t event;
05
06     tid = prtos_trace_open(pid);
07     //读取跟踪日志内容
08     if (prtos_trace_read(tid, &event) > 0) {
09         PRINT("[Trace] part_id: %x time: %lld opCode: %x payload: {%x,%x}\n", pid,
               event.timestamp, event.op_code_hi, event.payload[0], event.payload[1]);
10     }
11 }
12
13 void partition_main(void) {
14     PRINT(" --------- Trace Log ---------------\n");
15     prtos_s32_t times = 0;
16     while (times < 2) {
17         read_trace(0); //从分区0的内存块设备MemDisk0中读取跟踪日志
18         read_trace(1); //从分区1的内存块设备MemDisk1中读取跟踪日志
19         times++;
20         prtos_idle_self();
21     }
22     PRINT("Verification Passed\n");
23     PRINT("Halting\n");
24     prtos_halt_partition(PRTOS_PARTITION_SELF);
25 }
```

图 9-5 显示了本示例的运行结果，即分区 0 和分区 1 成功生成了跟踪事件，并将事件保存到分区设备中；分区 2 成功读取了分区 0 和分区 1 存放在各自设备中的跟踪消息。实验结果验证了跟踪管理组件的功能，也就验证了 PRTOS 对象管理框架的有效性。

9.4.2　虚拟控制台设备管理示例

来看一个虚拟控制台设备管理示例。示例源码路径 user/bail/examples/helloworld。示例运行结果如图 4-6 所示。

```
3 Partition(s) created
P0 ("Partition0":0:1) flags: [ ]:
    [0x6000000:0x6000000 - 0x60fffff:0x60fffff] flags: 0x0
P1 ("Partition1":1:1) flags: [ ]:
    [0x6100000:0x6100000 - 0x61fffff:0x61fffff] flags: 0x0
P2 ("Partition2":2:1) flags: [ SYSTEM ]:
    [0x6200000:0x6200000 - 0x62fffff:0x62fffff] flags: 0x0
[0] New trace: 0
[1] New trace: FFFF
[2] --------- Trace Log ---------------
[2] [Trace] part_id: 0 time: 46131 opCode: 4 payload: {0,0}
[2] [Trace] part_id: 1 time: 254499 opCode: 14 payload: {1,FFFF}
[0] New trace: 1
[1] New trace: FFFE
[2] [Trace] part_id: 0 time: 641356 opCode: 24 payload: {0,1}
[2] [Trace] part_id: 1 time: 841346 opCode: 34 payload: {1,FFFE}
[0] Verification Passed
[0] Halting
[HYPERCALL] (0x0) Halted
[1] Verification Passed
[1] Halting
[HYPERCALL] (0x1) Halted
[2] Verification Passed
[2] Halting
[HYPERCALL] (0x2) Halted
```

图 9-5 示例运行结果

1. VGA 和 UART 设备设置

本示例中，内核控制台设备为 UART，分区控制台设备为 VGA。XML 配置文件中定义的调度策略如表 9-3 所示。

表 9-3 调度策略（MAF = 2ms）

分区	起始时刻 /ms	持续时间 /ms
分区 0（partition.c）	0	1

本示例的预期行为是分区 0 通过 VGA 设备输出 “Hello World!” 信息，PRTOS 内核通过 UART 设备输出 PRTOS 的启动状态信息。

2. XML 配置文件

根据示例描述，XML 示例系统的配置文件片段如代码清单 9-19 所示。

代码清单 9-19 XML 示例的配置文件片段

```
01 <HwDescription>
02     <Devices>
03         <Uart id="0" baudRate="115200" name="UART"/>
04         <Vga name="VGA"/>
05     </Devices>
06 </HwDescription>
07
08 <PRTOSHypervisor console="VGA">
09     <PhysicalMemoryArea size="4MB" />
10 </PRTOSHypervisor>
11
12 <PartitionTable>
```

```
13     <Partition id="0" name="Partition0" flags="system" console="UART">
14         <PhysicalMemoryAreas>
15             <Area start="0x6000000" size="1MB" />
16         </PhysicalMemoryAreas>
17     </Partition>
18 </PartitionTable>
```

在上述代码中，第 08 行设置 PRTOS 内核的控制台设备为 UART ；第 13 行表示分区 0 的控制台使用 VGA 设备。

3. 分区 0 的裸机应用

分区 0 的裸机应用通过 PRTOS 控制台管理的 VGA 接口输出“ helloworld ! ”信息，其裸机应用的代码片段如代码清单 9-20 所示。

代码清单 9-20　分区 0 的裸机应用代码片段

```
01 #define PRINT(...)                                    \
02     do {                                              \
03         printf("[%d] ", PRTOS_PARTITION_SELF);        \
04         printf(__VA_ARGS__);                          \
05     } while (0)
06
07 void partition_main(void) {
08     PRINT("Hello World!\n");
09     PRINT("Verification Passed\n");
10     prtos_idle_self();
11 }
```

在上述代码中，第 08～09 行调用 libbail 库提供的 printf 接口，通过 UART 设备输出分区状态映像。

本示例的运行结果如图 9-6 所示。

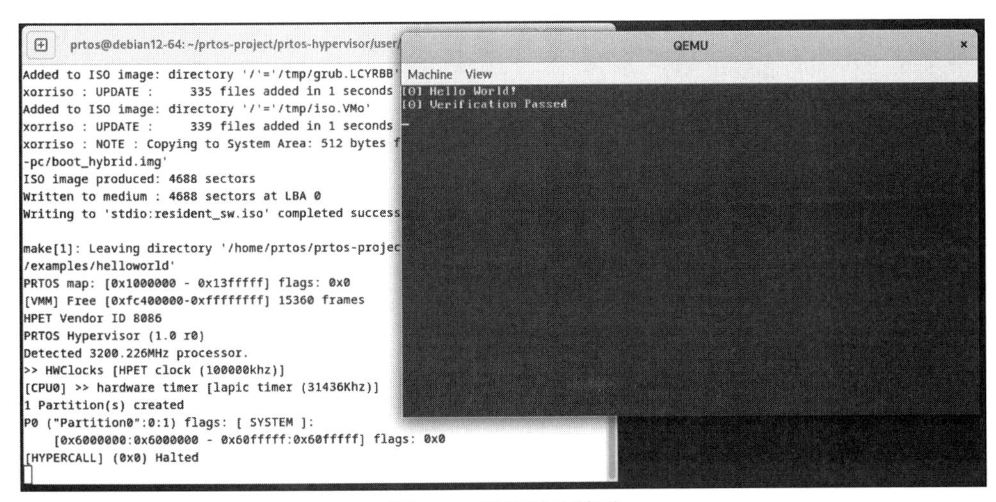

图 9-6　示例运行结果

正如图 9-6 所示，分区 0 通过 VGA 设备输出“ Hello World ! ”，而 PRTOS 内核启动状态信息则通过 UART 设备输出。

9.5 本章小结

本章介绍了内核资源管理模型。PRTOS 通过虚拟控制台管理虚拟串行设备，然后通过一组基于对象的统一接口对 PRTOS 内核中的 6 种功能组件（包含虚拟控制台）进行管理，PRTOS 的对象管理模块提供了创建、注册系统资源对象的方法。每个对象都有唯一的标识符，PRTOS 维护每个分区的对象管理信息，包括它的类型、状态和所有权，简化了 PRTOS 的设计。

第 10 章 系统初始化过程

PRTOS Hypervisor 是一种不同于传统操作系统的系统软件层，系统启动过程也会与传统的操作系统略有不同。PRTOS Hypervisor 的初始化过程可以分为以下几个步骤。

1）加载 PRTOS Hypervisor：PRTOS 是一个可执行程序，存储在非易失性存储器中，系统启动后引导程序（比如 GRUB）会将其加载到内存中执行。

2）初始化硬件：PRTOS 启动后需要初始化硬件，包括中断控制器、内存控制器、时钟等。

3）创建虚拟机：在 PRTOS 在启动过程中需要根据预定义的 XML 配置文件创建和配置每个分区，即为每个分区分配内存、I/O 资源和处理器时间片等。

4）加载分区应用（操作系统或者裸机应用）：加载分区应用是指将分区应用的代码和数据段复制到配置文件指定的内存地址。

5）启动虚拟机：在完成以上步骤后，PRTOS 会启动所有分区，每个分区运行各自的应用。

在整个启动过程中，PRTOS 会执行一系列的检查和初始化过程，以确保虚拟机的正确性和稳定性。此外，PRTOS 还提供了多种 API 和工具，帮助系统开发者进行虚拟机的配置和管理。

10.1 Hypervisor 内核的初始化过程

Hypervisor 内核的初始化过程指的是从 Hypervisor 内核的入口地址开始，直到 Hypervisor 内核中 Per-CPU 的空闲内核线程恢复上下文的时刻为止的过程。接下来以 PRTOS 为例，介绍 Hypervisor 的初始化过程。

10.1.1 PRTOS 启动序列

1. 驻留软件

PRTOS 包含一个名为驻留软件的小型引导代码，它负责 PRTOS 启动的初始步骤。在启动阶段，驻留软件负责读取容器的各个组件信息，然后根据配置文件中的规定将各个组件复制到目标设备的内存中，PRTOS 内核和分区将会在这里运行。PRTOS 的系统容器（container.bin）是一个简易的文件系统。容器类似一个信封，包含 PRTOS Hypervisor 核心和多个 PEF（PRTOS Executable Format）格式的组件文件。驻留软件负责将整个系统（包含

Hypervisor 和分区）从主机侧部署到目标平台。驻留软件不是 PRTOS 容器的一部分，而是通过构建脚本将自身添加到容器的前面。驻留软件负责将 PRTOS、XML 配置文件、容器中封装的各个分区及其自定义文件加载到内存中，然后将 CPU 控制权转交到 PRTOS 内核的入口。

在 Intel X86 处理器的引导过程中，应用程序映像必须存储在非易失性设备中，通常是硬盘驱动器或闪存存储器。PRTOS 选择 GRUB 作为引导工具，从磁盘加载 PRTOS 系统映像。为了让 GRUB 识别 PRTOS 系统映像（resident_sw），驻留软件必须兼容多启动（Multiboot）规范。因此，在 X86 平台，PRTOS 映像的启动过程分为以下 4 个步骤。

① BIOS 从引导设备的主引导记录（Master Boot Record，MBR）中加载 GRUB 引导程序。

② GRUB 读取启动磁盘并选择加载兼容 GRUB 引导程序的启动映像（resident_sw）。

③将 resident_sw 映像加载到内存中。resident_sw 是带有驻留软件组件的自引导映像。加载后，GRUB 将跳转到驻留软件的入口点。

④驻留软件将 PRTOS 内核映像和各个分区映像加载到它们在内存中的最终位置，并跳转到 PRTOS 的入口地址执行。内核启动后（驻留软件已经将分区映像复制到内存中，并在完成引导序列后将它们设置为运行状态），PRTOS 会直接初始化各个分区。

提示：如果分区的代码不在容器 container.bin 中，那么 PRTOS 会将分区设置为停止状态，直到系统分区使用超级调用 prtos_reset_partition() 将其重置。在这种情况下，分区的内存映像将通过系统分区的 Hypercall，即 prtos_memory_copy() 加载。

---

2. PRTOS 的加载过程

PRTOS 的加载过程如图 10-1 所示。

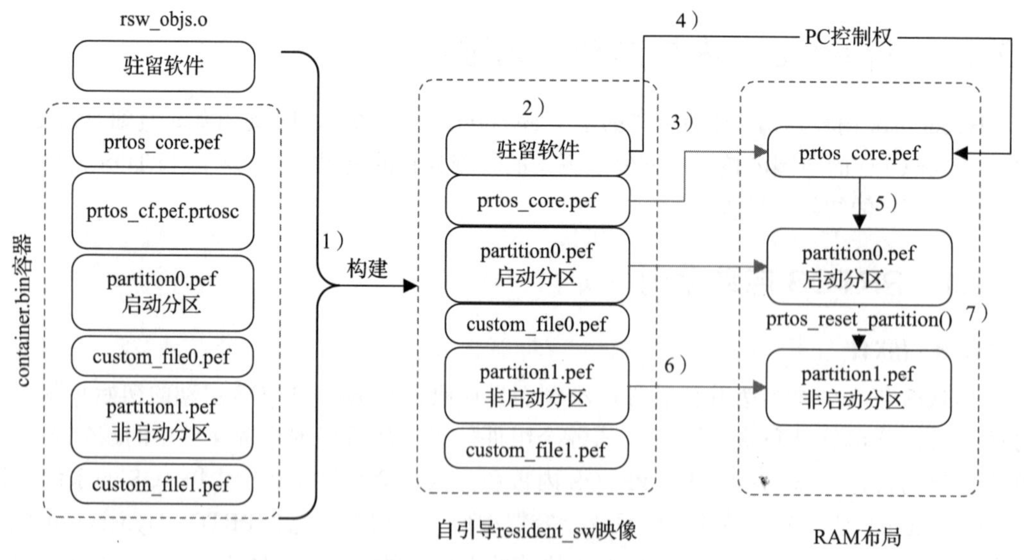

图 10-1 PRTOS 的加载过程

图 10-1 中的主要执行步骤如下。

1）目标硬件平台的引导工具（假设是 GRUB）先加载 resident_sw，然后将控制权转给驻留软件；驻留软件将容器 container.bin 加载到指定内存中，并将控制权转给 PRTOS 入口函数。

2）处理器启动（复位）时将执行驻留软件。

①初始化栈（执行 C 代码所需）。

②安装必要的陷阱处理程序表（仅用于代码产生故障的情况。PRTOS 会在初始化期间安装新的陷阱处理程序）。

③检查驻留软件后面的数据部分是否为容器 container.bin，并通过容器头文件结构查找 PRTOS 内核映像。

提示：容器是一个简化的文件系统，作为驻留软件的数据部分被打包起来（如图 10-1 左侧部分所示）。在系统启动过程中，驻留软件会从自己的数据部分中导出这个组件包（就是我们称为容器 container.bin 的这个包），检查 container.bin 的合法性，并解析其中的各个组件，如 PRTOS 内核组件、分区组件等，再将各个组件移动到 XML 配置文件指定的内存中。具体实现请参考源码 user/bootloaders/rsw/common/rsw.c。

---

④将 PRTOS 内核映像和引导分区复制到 RAM（Random Access Memory，随机存取存储器）存储器中，如图 10-1 中的步骤 3。

⑤跳转到 RAM 存储器中 PRTOS 内核的入口点。

3）PRTOS 假定中断被禁用，因此第一段代码必须用汇编语言编写（源码路径 core/kernel/x86/start.S），并执行以下操作。

①将通用寄存器置零。

②清除内存访问权限。

③初始化处理器的控制寄存器。

④设置工作栈。

⑤跳转到函数 setup_kernel()。

其中，setup_kernel() 函数执行以下操作（源码路径为 core/kernel/setup.c）。

- 检查 PRTOS XML 配置文件是否存在以及内容是否合法。如果没有找到该文件，系统将停止。此停止操作包括进入无限循环模式或将处理器设置为电源关闭模式。
- 初始化内部控制台。
- 初始化中断控制器。
- 通过 XML 配置文件中的 CPU 配置信息获取处理器的主频信息。
- 初始化内存管理器，使 PRTOS 能够追踪物理内存的使用。
- 初始化硬件和虚拟定时器。
- 初始化调度程序。

- ❑ 初始化通信通道。
- ❑ 将引导分区设置为正常状态，将非引导分区设置为停用状态。
- ❑ setup_kernel() 函数调用调度程序并进入空闲（idle）状态。

4）根据配置的调度策略执行分区代码。

5）系统分区可以从 ROM 或其他来源（串行线路等）加载其他分区的映像。

6）通过 prtos_reset_partition() 服务激活新的就绪分区。

10.1.2　PRTOS 初始化流程

由于单核版本的 PRTOS 的启动过程只是多核架构 PRTOS 启动过程的特例，因此只需要讨论多核架构 PRTOS 的启动过程即可。

大多数处理器的初始化过程是将处理器的程序寄存器初始化为 0 地址，然后使用驻留软件程序初始化计算机系统。

PRTOS 的驻留软件将 PRTOS 内核、PRTOS 配置文件以及分区加载到嵌入式系统内存中。PRTOS 的配置向量（由 XML 配置文件定义）含有分区映像加载到内存中的信息。

多核架构的 PRTOS Hypervisor 的初始化流程如图 10-2 所示。

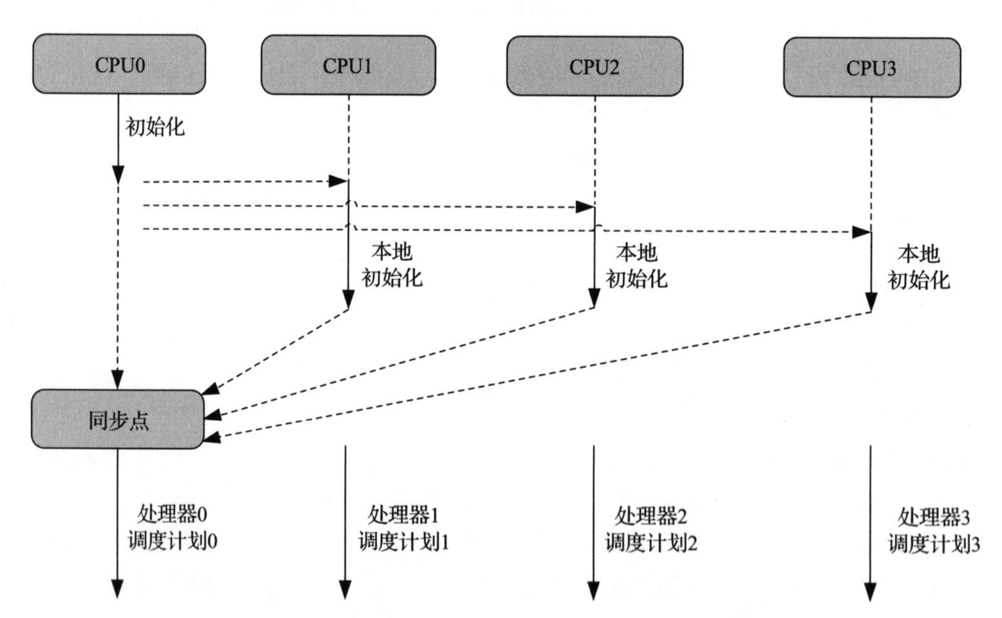

图 10-2　多核架构的 PRTOS Hypervisor 的初始化流程

其中主 CPU（即 Bootrap CPU，BP），即 CPU0 的启动流程如下。

①初始化内部控制台。

②初始化中断控制器。

③通过 XML 配置文件中的 CPU 配置信息获取处理器的主频信息。

④初始化内存管理器，使 PRTOS 可以追踪物理内存的使用。
⑤初始化硬件和虚拟定时器。
⑥初始化调度程序。
⑦初始化通信通道。
⑧唤醒其他处理器。
⑨将引导分区设置为正常状态，其他分区设置为停用状态。
⑩打开同步屏障。
⑪ 使用 setup_kernel () 函数调用调度程序，并进入空闲（idle）状态。
其他应用 CPU（即 Application CPU，AP）的初始化流程如下。
①设置合法的虚拟内存映射。
②初始化定时器。
③等待同步屏障。
④调用调度程序，主 CPU 上的启动序列最终成为空闲内核线程。

10.2　PRTOS 的初始化实现

PRTOS 内核的初始化过程，指的是从 PRTOS 内核的入口 start() 函数，执行到空闲内核线程恢复上下文时刻为止的过程。

10.2.1　start() 函数的实现

正如 10.1.1 小节描述的那样，当驻留软件将 PRTOS 和每个分区加载到它们在内存中的最终位置并跳转到 PRTOS 的入口地址执行时，就开启了 PRTOS 内核的初始化过程。PRTOS 内核的入口地址为 start() 函数，其实现如代码清单 10-1 所示。

代码清单 10-1　start() 函数的实现

```
//源码路径：core/kernel/x86/start.S
01 ENTRY(start)
02 ENTRY(_start)
03     xorl %eax, %eax
04     movl $_VIRT2PHYS(_sbss), %edi
05     movl $_VIRT2PHYS(_ebss), %ecx
06     subl %edi, %ecx
07     rep
08     stosb
09
10     movl $_VIRT2PHYS(_sdata), %esi /*为冷复位备份数据*/
11     movl $_VIRT2PHYS(_edata), %ecx
12     movl $_VIRT2PHYS(_scdata), %edi
13     movl $_VIRT2PHYS(_cpdata), %eax
14     subl %esi, %ecx
15     mov (%eax), %ebx
```

```
16      testl %ebx, %ebx
17      jz 1f
18
19      movl $_VIRT2PHYS(_scdata), %esi
20      movl $_VIRT2PHYS(_sdata), %edi
21
22 1:   rep movsb
23      movl $1, (%eax)
24
25      lgdt _gdt_desc
26
27      ljmp $(EARLY_CS_SEL), $1f
28 1:   mov $(EARLY_DS_SEL), %eax
29      mov %eax, %ds
30      mov %eax, %es
31      mov %eax, %ss
32      xorl %eax, %eax
33      mov %eax, %fs
34      mov %eax, %gs
35
36      mov $_VIRT2PHYS(__idle_kthread)+CONFIG_KSTACK_SIZE, %esp
37      call boot_detect_cpu_feature
38
39      mov %eax, _VIRT2PHYS(cpu_features)
40
41      andl $_DETECTED_I586|_PSE_SUPPORT|_PGE_SUPPORT, %eax
42      xorl $_DETECTED_I586|_PSE_SUPPORT|_PGE_SUPPORT, %eax
43
44      jnz __boot_halt_system
45
46      movl $_VIRT2PHYS(_page_tables), %eax
47      movl $_VIRT2PHYS(_estack), %esp
48      call boot_init_page_table
49
50 #ifdef CONFIG_SMP
51      movb $0x0, _VIRT2PHYS(ap_ready)
52 smp_start32:
53 #endif
54
55      movl $(_CR4_PSE|_CR4_PGE),%eax
56      mov %eax, %cr4
57
58      movl $_VIRT2PHYS(_page_tables), %eax
59      movl %eax, %cr3
60      movl %cr0,%eax
61      orl $0x80000000,%eax
62      movl %eax,%cr0
63      jmp start_prtos
64
```

代码清单 10-1 的说明如下。

第 03～08 行清除 PRTOS 内核映像的 BSS 段。

第 10～23 行根据存放在 _cpdata 指向的内存区域中的 long 类型的值（加载到寄存器 EAX 中）是否为 0，来确定是备份 data 段数据还是恢复 data 段数据。如果 EAX 值为 0，则备份 data 段数据到 _scdata 和 _ecdata 指向的内存区域；如果 EAX 值非 0，则将 _scdata 和 _ecdata 指向的内存区域中备份的 data 段数据恢复到 _sdata 和 _edata 指向的 data 段数据所在的内存区域。

第 25 行加载段寄存器的值 _gdt_desc。段寄存器的值 _gdt_desc 被设置为代码段和数据段的基地址为 0x0，段限长为 4GB，DPL 为 0 级。_gdt_desc 的具体定义请参考源码 core/kernel/x86/start.S 中的 _gdt_desc 定义部分。

正因为 PRTOS 的内核代码段和数据段都是从 0 地址开始的整个 4GB 虚存空间，虚拟地址到线性地址的映射保持原值不变，所以线性地址和虚拟地址具有相同的含义。因此，PRTOS 的页式映射可以直接将线性地址当作虚拟地址，二者完全等价。

第 27～34 行初始化段寄存器，其中 ds、es、ss 段寄存器会初始化为数据段，而 fs、gs 则会清零。

第 36～42 行检测当前 CPU 是否支持 4MB 页和全局页表，如果不支持就停止系统。在 X86 Pentium 处理器中，这些特性都是支持的。

第 48 行调用 boot_init_page_table 函数初始化页表 _page_tables，实现虚拟地址到物理地址的映射如下：

①将线性地址空间 0x00000000～0x00100000-1 映射到物理地址空间 0x00000000～0x00100000-1。

②将线性地址空间 0xFC000000～0xFC400000-1 映像到物理地址空间 0x01000000～0x01400000-1。

第 51 行将标识应用处理器的状态位 ap_ready 设置为 0。

第 52 行定义标签 smp_start32，应用处理器启动后会跳转到该标签处继续执行。

第 55～63 行启动 4MB 大页模式，设置页目录表基地址寄存器，启动页表地址映射，跳转到 start_prtos 函数中运行。

10.2.2　start_prtos() 函数的实现

start_prtos() 函数的实现如代码清单 10-2 所示。

代码清单 10-2　start_prtos() 函数的实现

```
//源码路径：core/kernel/x86/head.S
01 ENTRY(start_prtos)
02     lidt idt_desc
03
04     lss _sstack, %esp
05
06     call setup_cr
```

```
07      call setup_gdt
08
09 #ifdef CONFIG_SMP
10      movb ap_ready, %al
11      cmpb $0x0, %al
12      je 1f
13
14      cld
15      pushl $0
16      popf
17      orb $0x80, ap_ready
18 #ifdef CONFIG_DEBUG
19      movl $0, %ebp
20 #endif /*CONFIG_DEBUG*/
21
22      call init_secondary_cpu /*初始化应用CPU*/
23
24 1:   movb $0x1, ap_ready
25 #endif /*CONFIG_SMP*/
26      push $__idle_kthread    /*空闲内核线程*/
27      pushl $0                /*CPU标识符0*/
28      call setup_kernel
29
```

在上述代码中，第 02 行初始化 CPU 中断描述符表寄存器。

第 04 行用 _sstack 处的值初始化 SS 和 ESP 寄存器，使 SS 指向 PRTOS 内核的数据段，ESP 指向预定义的、空闲内核线程的栈顶。

第 06 行调用 setup_cr 设置 X86 处理器的控制寄存器，即启动保护模式和分页以及启用全局映射和 4MB 大页模式。

第 07 行初始化全局描述符表。由于 _sstack 初始化为 0，所以 setup_gdt 的入参 cpuid 为 0。

第 10～24 行读取 ap_ready 变量的值。如果变量值为 0，说明当前代码在主 CPU（即 Boot CPU）上执行，跳转到第 24 行处开始执行，即将 ap_ready 设置为 1。

第 26～28 行将主 CPU 上空闲任务的 kthread 控制块基地址以及 CPU 标识符（值为 0）入栈作为 start_prtos () 函数的参数，并跳转到 start_prtos () 中执行。

提示：start_prtos() 函数是主 CPU 和其他应用 CPU 都会执行的公共函数。PRTOS 会根据 ap_ready 值的不同确定主 CPU 和应用 CPU 的执行路径。

10.2.3 setup_kernel() 函数的实现

在 PRTOS 中，setup_kernel () 函数用于设置 PRTOS 环境并初始化各种系统资源，以便在虚拟化环境中运行嵌入式应用程序。具体来说，setup_kernel () 函数执行以下操作。

1）初始化 PRTOS 的内存管理系统和内核线程管理系统，为嵌入式应用程序提供运行环境。

2）配置中断处理程序和时钟驱动程序，以便在虚拟化环境中响应外部事件和维护系统时间。

3）配置并启动 PRTOS 内核数据结构。setup_kernel() 函数是 PRTOS 虚拟化系统的核心组件，用于管理虚拟化环境中的所有资源，并为运行在虚拟机中的嵌入式应用程序提供服务。

4）加载并初始化用户应用程序，并将其运行在 PRTOS 虚拟化环境中。

通过执行这些操作，setup_kernel() 函数为嵌入式应用程序提供了一个安全、可控、可靠的虚拟化环境，可以在其中运行多个应用程序，从而提高系统的利用率和资源利用效率。

setup_kernel() 函数的实现如代码清单 10-3 所示。

代码清单 10-3　setup_kernel() 函数的实现

```
//源码路径：core/kernel/setup.c
01 void __VBOOT setup_kernel(prtos_s32_t cpu_id, kthread_t *idle) {
02     ASSERT(!hw_is_sti());
03     ASSERT(GET_CPU_ID() == 0);
04 #ifdef CONFIG_EARLY_OUTPUT
05     setup_early_output();
06 #endif
07     load_conf_table();
08     init_rsv_mem();
09     early_setup_arch_common();
10     setup_virt_mm();
11     setup_phys_mm();
12     setup_arch_common();
13     create_local_info();
14     setup_irqs();
15 
16     setup_kdev();
17     setup_obj_dir();
18 
19     kprintf("PRTOS Hypervisor (%x.%x r%x)\n", (PRTOS_VERSION >> 16) & 0xFF, (PRTOS_
        VERSION >> 8) & 0xFF, PRTOS_VERSION & 0xFF);
20     kprintf("Detected %lu.%luMHz processor.\n", (prtos_u32_t)(cpu_khz / 1000),
        (prtos_u32_t)(cpu_khz % 1000));
21     barrier_lock(&smp_start_barrier);
22     init_sched();
23     setup_sys_clock();
24     local_setup(cpu_id, idle);
25 
26 #ifdef CONFIG_SMP
27     setup_smp();
28     barrier_wait_mask(&smp_barrier_mask);
29 #endif
30     setup_partitions();
31     free_boot_mem();
32 }
```

上述代码说明如下。

第 02 行确保关中断。

第 03 行确保执行 setup_kernel () 函数初始化序列的是主 CPU。

第 05 行初始化串口设备，实现早期的状态信息输出。

第 07 行加载 PRTOS XML 配置文件。

第 08 行设置预留内存。

第 09 行初始化中断控制器和对应的中断驱动。

第 10 行初始化 PRTOS 内核专属的虚拟地址空间，作用如下。

①将虚拟地址 0xFC000000～0xFC400000-1 映射到物理地址 0x1000000～0x1400000-1。

②为虚拟地址空间 0xFC400000～0xFFFFFFFF（大小为 15 360 帧）建立页面映射，即 vmm_start_addr 为 0xFC400000，num_of_frames=15K=15 360，并为这 60MB 的虚拟地址空间分配页表。需要注意的是，这里只是分配了页表，但是没有对页表中的内容进行初始化，所以 0xFC400000～0xFFFFFFFF 的地址映射还没有建立。

提示：PRTOS Hypervisor 内核实际占用的运行内存空间为 4MB，对应的虚拟地址空间为 0xFC000000～0xFC400000-1。

第 11 行初始化 PRTOS 内核的物理内存，为当前系统所分配的物理内存区域的每一个 4KB 物理页创建一个 struct phys_page 类型的对象。比如，如果 PRTOS 对应的物理内存分区为 512MB，则物理内存的配置如代码清单 10-4 所示。

代码清单 10-4　配置 PRTOS 物理内存

```
01 const struct prtos_conf_memory_region prtos_conf_mem_reg_table[] = {
02     [0] = {
03         .start_addr = 0x0,
04         .size = 536870911,
05         .flags = 0x1,
06     },
07 };
```

此时，core/Kernel/mmu/physmm.c 中的 setup_phys_mmu() 函数将初始化 phys_page_table[0] 数组，该数组含有 512MB/(4KB)=128K 个 struct phys_page 类型的数据结构对象，代表 128K 个 4KB 的物理页，即代表 512MB 内存空间。

提示：128K 个 struct phys_page 数据结构所在的内存地址空间是 PRTOS 内核所在的 4MB 的逻辑地址空间。每个 struct phys_page 的大小是 24B，所以 128K 个 struct phys_page 占据 3072KB，即 3MB 的地址空间。这也意味着 PRTOS 内核的运行空间不能低于 3MB 大小。当 PRTOS 内核访问某个具体的地址空间时，如果这个地址空间不在 PRTOS 内核空间，则需要找到这个地址所在的物理页所对应的 struct phys_page 结构，建立页面地址映射后才可以继续访问。

正因为如此，一般情况下 PRTOS 内核配置的运行地址空间为 4MB，即从物理地址 0x01000000 开始的 4MB 空间映射到从虚拟机地址 0xFC000000 开始的 4MB 空间。这样的话，PRTOS 可支配的虚拟地址空间为从 0xFC000000 + 4MB = 0xFC400000 开始的 60MB 虚拟地址空间，由全局变量 vmm_start_addr 指向 0xFC400000，num_of_frames = 60MB/4KB = 60×256 = 15K。

第 12 行初始化硬件定时器和中断控制器。

第 13 行为单核 / 多核硬件平台初始化 Per-CPU 数据结构。

第 14 行初始化默认的中断处理器程序，安装基本的定时器中断。

第 16 行初始化内核设备驱动。

第 17 行对纳入 PRTOS 对象管理框架中的对象（如端口通信、控制台、健康监控、内存块管理、状态查询以及跟踪管理）逐个进行初始化。

第 21 行对 smp_barrier_mask 上锁，使得其他启动后的应用 CPU 调用 barrier_wait(&smp_start_barrier) 时在该锁上自旋，只能等待主 CPU 释放锁，其目的是实现所有 CPU 同步。

第 22 行初始化调度相关的数据结构。

第 23 行初始化硬件时钟资源。

第 24 行初始化定时器相关资源和调度程序相关的数据结构。

第 27 行为应用 CPU 初始化栈空间并加载应用初始化代码，以启动应用 CPU。应用 CPU 的启动如代码清单 10-5 所示。

代码清单 10-5　启动应用 CPU

```
//源码路径: core/kernel/x86/smp.c
01 void __VBOOT setup_smp(void) {
02     extern const prtos_u8_t smp_start16[], smp_start16_end[];
03     extern volatile prtos_u8_t ap_ready[];
04     prtos_u32_t start_eip, ncpu;
05
06     start_eip = SMP_RM_START_ADDR;
07
08     flush_tlb();
09     SET_NRCPUS((GET_NRCPUS() < prtos_conf_table.hpv.num_of_cpus) ? GET_NRCPUS() :
           prtos_conf_table.hpv.num_of_cpus);
10     if (GET_NRCPUS() > 1) {
11         setup_cpu_idtable(GET_NRCPUS());
12         for (ncpu = 0; ncpu < GET_NRCPUS(); ncpu++) {
13             if (x86_mp_conf.cpu[ncpu].enabled && !x86_mp_conf.cpu[ncpu].bsp) {
14                 kprintf("Waking up (%d) AP CPU\n", ncpu);
15                 ap_ready[0] &= ~0x80;
16                 setup_ap_stack(ncpu);
17                 memcpy((prtos_u8_t *)start_eip, (prtos_u8_t *)_PHYS2VIRT(smp_
                       start16), smp_start16_end - smp_start16);
18                 wake_up_ap(start_eip, x86_mp_conf.cpu[ncpu].id);
19                 while ((ap_ready[0] & 0x80) != 0x80)
20                     ;//等待应用CPU启动
```

```
21                }
22            }
23        }
24 }
```

上述代码说明如下。

第 06～08 行设置应用 CPU 启动后执行的入口地址并刷新缓存。

第 09 行记录启动的 CPU 标识符。

第 15 行将 ap_ready 执行的第一个字节的内存区域的第 15 位清零。

第 16 行为待启动的应用 CPU 建立栈空间。

第 17 行将 AP CPU 的初始化代码指令流复制到 start_eip 指向的内存地址中，令其初始化 AP 处理器的段寄存器和栈空间；跳转到 start() 函数中标签为 smp_start32 的位置执行（即代码清单 10-1 的第 52 行），启动分页和保护模式；再跳转到 start_prtos 处运行，并将 FLAGS 寄存器清零，将 ap_ready 的第 15 位置 1（等待代码清单 10-3 第 28 行的主 CPU 检测到这个信号后退出无线循环状态），调用 init_secondary_cpu() 函数；应用 CPU 在 init_secondary_cpu() 函数中准备自己的定时器资源，调用 barrier_wait(&smp_start_barrier) 同步等待主 CPU；主 CPU 继续启动其他 AP，之前所有 AP CPU 都会调用 barrier_wait(&smp_start_barrier)，等待主 CPU 同步。

注意，代码清单 10-3 的第 28 行主 CPU 解锁 smp_barrier_mask，使所有 AP CPU 同步继续执行后续的操作，执行步骤如图 10-1 所示。第 30～31 行创建分区实例，启动本 CPU 调度计划。

10.3 PRTOS 分区的初始化过程

分区初始化的目的是确保虚拟机可以在物理硬件上正确稳定地运行。PRTOS 为分区提供了 vCPU。单核分区使用的 vCPU 定义为 vCPU0。单核分区的初始化过程和单核版本实时系统在原生硬件平台上的初始化过程类似；分区重置后，分区的 vCPU0 初始化为 XML 配置文件中指定的默认值。尽管单核分区使用 vCPU0，但是这个 vCPU0 可以通过 XML 配置文件分配到任何一个可用的 pCPU 上。

多核分区使用多个 vCPU（如 vCPU0、vCPU1、vCPU2，……，vCPU*n*）。和 PRTOS 初始化多个 pCPU 的方式相同，但在分区初始化过程中，PRTOS 仅初始化 vCPU0，分区中的 vCPU0 负责分区中其他 vCPU 的初始化。需要指出的是，vCPU 只和当前 vCPU 所属的分区相关，每个分区只处理各自分区内的 vCPU，这些 vCPU 对其他分区是不可见的。

10.3.1 PBL 的职责

PBL 位于每个分区的内存中，并负责加载和启动该分区的操作系统或者裸机应用。

PBL 的主要职责如下。

1）加载操作系统或者裸机应用。PBL 从存储介质中读取操作系统或者裸机应用，并将其加载到分区的内存中。

2）跳转到操作系统或者裸机应用的入口。操作系统或者裸机应用被加载到内存中后，PBL 将控制权转移给操作系统或者裸机应用的启动代码，从而启动操作系统或者裸机应用。

PBL 是 PRTOS 系统中的一个关键组件，负责启动和初始化每个分区，确保系统在运行时是稳定和可靠的。

10.3.2　分区引导器的实现

分区 PBL 的入口函数为 start()，其实现如代码清单 10-6 所示。

代码清单 10-6　start() 函数的实现

```
//源码路径：core/pbl/boot.S
01 #ifdef CONFIG_x86
02 .global _start, start
03 _start:
04 start:
05     movl %ebx, part_ctrl_table_ptr
06     movl $end_stack, %esp
07     call main_pbl
08     movl part_ctrl_table_ptr, %ebx
09     jmp *%eax
10 1:
11     jmp 1b
12 .bss
13 .global start_stack
14 start_stack:
15     .zero STACK_SIZE
16 .global end_stack
17 end_stack:
18 #endif
```

在上述代码中，第 05 行将分区控制表基地址保存到全局变量 part_ctrl_table_ptr 中。

第 06 行初始化分区 PBL 栈指针。

第 07 行调用 main_pbl() 函数将分区应用映像加载到指定内存中。

分区 PBL 的入口 C 语言 main_pbl() 函数的实现如代码清单 10-7 所示。

代码清单 10-7　main_pbl() 函数的实现

```
//源码路径：core/pbl/pbl.c
01 prtos_address_t main_pbl(void) {
02     struct pef_file pef_file, pef_custom_file;
03     struct prtos_image_hdr *part_hdr;
04     prtos_s32_t ret, i;
05     prtos_u8_t *img = (prtos_u8_t *)part_ctrl_table_ptr->image_start;
06     if ((ret = parse_pef_file(img, &pef_file)) != PEF_OK) return 0;
07     part_hdr = load_pef_file(&pef_file, vaddr_to_paddr, 0, 0);
```

```
08      img = (prtos_u8_t *)((part_ctrl_table_ptr->image_start + pef_file.hdr->file_
           size) & (~(PAGE_SIZE - 1))) + PAGE_SIZE;
09      for (i = 0; i < part_hdr->num_of_custom_files; i++) {
10          if ((ret = parse_pef_file((prtos_u8_t *)img, &pef_custom_file)) != PEF_
               OK) return 0;
11          load_pef_custom_file(&pef_custom_file, &pef_file.custom_file_table[i]);
12      }
13      return pef_file.hdr->entry_point;
14 }
```

在上述代码中，第 13 行表示将 CPU 控制权转移到操作系统或者裸机应用的入口地址处执行。

10.3.3 单 vCPU 分区的初始化

单 vCPU 分区将唯一的 vCPU 标识为 vCPU0。vCPU0 的初始化流程和 PRTOS 单核版本类似。在分区重置后，vCPU0 将被初始化为配置文件中指定的默认虚拟 CPU，然后开始执行分区初始化入口函数 start()。start() 函数的实现如代码清单 10-8 所示。

代码清单 10-8 start() 函数的实现

```
//源码路径：user/bail/x86/boot.S
01 _start:
02 start:
03      movl $_end_early_stack, %esp  /*所有vCPU共享栈空间*/
04      movl $get_vcpuid_nr, %eax
05      __PRTOS_HC
06      cmpl $MAIN_vCPU, %eax
07      jne 2f
08
09      xorl %eax, %eax
10      movl $_sbss, %edi
11      movl $_ebss, %ecx
12      subl %edi, %ecx
13      rep
14      stosb
15
16      xorl %eax, %eax
17 2:
18      movl $STACK_SIZE, %ecx
19      mull %ecx
20      addl $STACK_SIZE, %eax
21      addl $_stack, %eax
22      movl %eax, %esp
23
24      pushl %ebx
25      call init_libprtos
26      call init_arch
27      call setup_irqs
28      call partition_main
```

```
29
30      call part_halt
31
32 1:
33      jmp 1b
```

在上述代码中，第 03 行初始化栈空间。

第 04～05 行通过超级调用号 get_vcpuid_nr 检索到对应的超级调用，获取当前 vCPU 的标识符。

第 06 行检查当前 vCPU 是否为主 vCPU（Boot vCPU），只有主 vCPU 负责清除 BSS 段。

第 07～22 行为 vCPU 建立栈空间，并初始化 vCPU 对应的 ESP 寄存器。

第 24 行表示 EBX 寄存器中存放的是分区控制表基地址。这里将这个基地址入栈，作为 init_libprtos() 函数的入口地址。

第 25 行初始化当前分区专属的 lib_prtos_params 变量中的分区控制表、内存区域以及端口信息，具体实现请参考源码 user/libprtos/common/init.c。

第 26 行初始化分区的虚拟中断向量表 vtrap_table，具体实现请参考源码：user/bail/x86/arch.c。

第 27 行初始化默认的中断陷阱处理程序表。

第 28 行跳转到分区裸机应用的 partition_main() 函数。

10.3.4 多 vCPU 分区的初始化

多 vCPU 分区的初始化和单 vCPU 分区的初始化共享同一份入口 start() 函数，其实现如代码清单 10-8 所示。只不过根据 vCPU 标识符的不同，执行代码清单 10-8 中 start() 函数的不同分支。多 vCPU 分区的启动过程如图 10-3 所示。

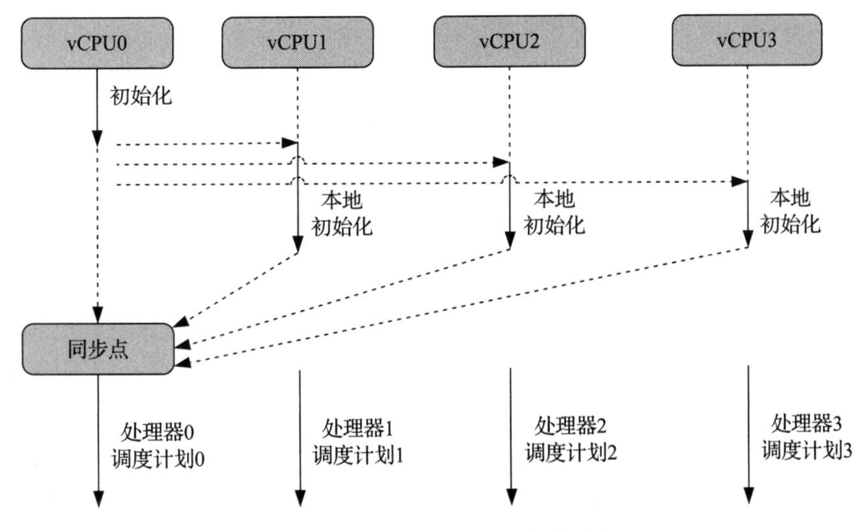

图 10-3 多 vCPU 分区的启动过程

多 vCPU 分区的启动过程如下：多 vCPU 分区可以使用多个 vCPU（vCPU0、vCPU1、vCPU2 等），PRTOS 采用和初始化 pCPU 类似的方法。在分区初始化时，PRTOS 仅为分区启动 vCPU0，vCPU0 负责启动其他 vCPU。每个分区只能使用分配给自己的 vCPU，这些 vCPU 对其他分区完全隐藏。为了处理 vCPU，PRTOS 为分区提供了一组超级调用服务，具体 API 列表参考 6.3 节。

多 vCPU 分区的主 vCPU 的初始化过程和 10.3.3 小节单 vCPU 分区的初始化过程类似，其他应用 vCPU 的初始化 setup_vcpus() 函数的实现如代码清单 10-9 所示。

代码清单 10-9　setup_vcpus() 函数的实现

```
01 void setup_vcpus(void) {
02     int i;
03     if (prtos_get_vcpuid() == 0)
04         for (i = 1; i < prtos_get_number_vcpus(); i++)
               prtos_reset_vcpu(i, prtos_image_hdr.page_table, (prtos_address_t)start, 0);
05 }
```

在上述代码中，第 04 行表示由主 vCPU 负责启动其他应用 vCPU，多 vCPU 分区的所有 vCPU 的入口函数均为代码清单 10-8 中的 start() 函数。最终，主 vCPU 和其他应用 vCPU 都会进入分区裸机应用的 partition_main() 函数，并在 partition_main() 中根据应用程序的设计达到同步需求。

10.4　实验：双 vCPU 分区的初始化过程

前面讲的示例多是单 vCPU 示例，本节侧重多 vCPU 分区的初始化过程，使用 6.4.2 小节的示例。该示例通过 XML 配置文件设置了两个分区，每个分区分配了两个 vCPU，每个分区运行一个支持多 vCPU 的裸机程序。为了支持同一个分区中两个 vCPU 的并行执行，我们给硬件平台配置了两个 pCPU，每个 pCPU 绑定一张循环调度表。通过配置两个 pCPU 的调度表，即可实现双 vCPU 分区中的两个 vCPU 的并行执行。

在双 vCPU 分区的启动过程中，首先主 vCPU 开始执行，并初始化分区的虚拟执行环境，接着主 vCPU 调用 setup_vcpus() 函数启动应用 vCPU；主 vCPU 和应用 vCPU 根据各自标识符执行裸机应用中不同的代码路径，并输出各自的运行信息，裸机应用的代码片段见代码清单 6-16；主 vCPU 通过调用 setup_vcpus() 函数为应用 vCPU 准备入口地址和当前分区的虚拟地址空间，然后启动应用 vCPU。启动应用 vCPU 的代码实现见代码清单 10-10。

代码清单 10-10　启动应用 vCPU 的代码实现

```
//源码路径：user/bail/common/smp.c
01 void setup_vcpus(void) {
02     int i;
```

```
03     if (prtos_get_vcpuid() == 0)
04         for (i = 1; i < prtos_get_number_vcpus(); i++) prtos_reset_vcpu(i, prtos_
              image_hdr.page_table, (prtos_address_t)start, 0);
05 }
```

双 vCPU 分区的运行结果如图 6-8 所示。从图中可以看出，双 vCPU 分区中两个 vCPU 顺利启动后会输出标识符信息。

10.5　本章小结

本章阐述了 PRTOS 内核和分区的初始化过程。PRTOS 的初始化先由引导程序将 PRTOS 映像加载到内存，然后将 CPU 控制权转给内存系统映像中的驻留软件；驻留软件将 PRTOS 内核映像和各个分区映像加载到它们在内存中的最终位置，并跳转到 PRTOS 的入口执行。

PRTOS 分区初始化则由分区 PBL 实现，PBL 负责加载和启动该分区的操作系统或者裸机应用。多 vCPU 分区的初始化过程和支持多核处理器的 PRTOS 的初始化过程类似，即由主 vCPU 负责分区平台的初始化，并启动应用 vCPU。这一点和支持多核处理器的 Linux 系统在多核处理器硬件平台上的初始化过程类似。

第 11 章
内核服务的设计原则

PRTOS 提供的服务是一组半虚拟化的 Hypercall API，该接口通过超级调用派发机制调用 PRTOS 内核中的超级调用服务函数，完成对应的服务。PRTOS 超级调用服务分为系统服务、分区服务、时钟和定时器服务、调度服务、分区间通信服务、健康监控服务、追踪服务、中断管理服务、X86 处理器专用服务以及分区控制表服务 10 类。本章将对每一类超级调用服务接口进行系统性描述，同时阐述 PRTOS 的设计原则。

11.1　超级调用服务

分区不能直接访问虚拟化资源，而是通过 PRTOS 提供的服务来进行资源管理。这种机制确保了资源的合理分配、隔离和安全性，使得多个分区可以在同一物理平台上并行运行而不相互干扰。PRTOS 的服务集和提供给分区的 API 保持一致，分区可以使用这些服务完成分区管理、系统管理、时间管理、调度策略管理、分区间通信、运行状态监控、追踪管理和中断管理。本节介绍 PRTOS 提供的 Hypercall API。

11.1.1　系统服务

PRTOS 内核和分区的运行状态信息由 PRTOS 内核收集和维护，该信息可以被系统分区所读取。这一功能可以在 PRTOS 的配置项中进行配置，默认情况下该配置项是关闭的。虽然超级调用函数总是存在的，但如果不被开启，PRTOS 内核将不会收集相应的状态信息。menuconfig 是 PRTOS 内核以及其他组件的配置系统。PRTOS 内核通过 menuconfig（配置路径：Objects → Enable PRTOS/partition status accounting）配置是否收集内核和分区的运行状态信息，如图 11-1 所示。

PRTOS 使用 prtos_get_system_status() 获取系统状态信息，使用 prtos_halt_system() 将系统切换到停止状态。在停止状态下，调度器和硬件中断被禁用，处理器进入无限循环状态。要退出此状态，唯一的方法是通过外部硬件重置。

此外，PRTOS 还提供了 prtos_reset_system() 来执行冷重置或热重置。在热重置时，系统会增加重置计数器，并将重置值传递给重新启动的新系统；而在冷重置时，不会将有关系统状态的信息传递给重新启动的新系统。系统服务 API 列表如表 11-1 所示。

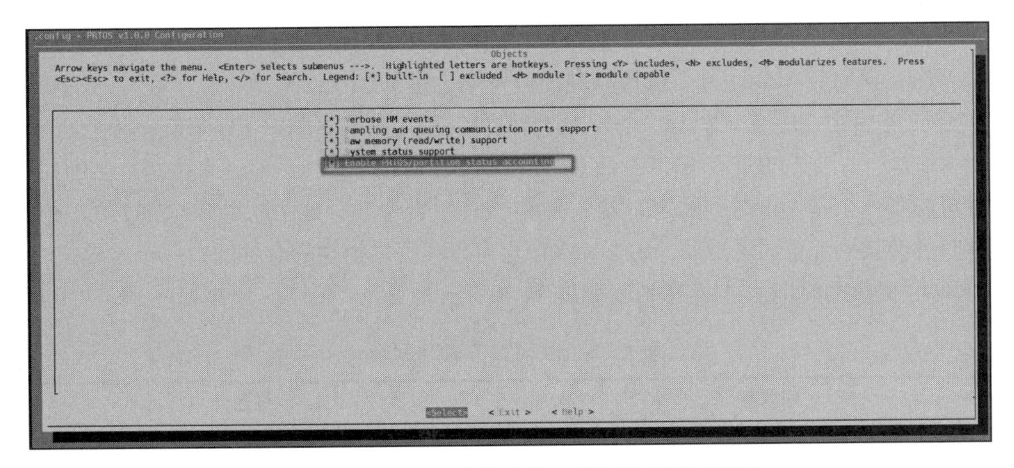

图 11-1　配置是否收集内核和分区运行状态信息

表 11-1　系统服务 API 列表

系统服务	描述
prtos_get_system_status()	获取系统状态信息
prtos_halt_system()	终止系统
prtos_reset_system()	重置系统

11.1.2　分区服务

PRTOS 系统正常运行时，分区的状态信息见 2.3.5 小节。分区服务 API 列表如表 11-2 所示。

表 11-2　分区服务 API 列表

分区服务	描述
prtos_get_partition_status()	获取分区的当前状态信息
prtos_halt_partition()	终止一个分区
prtos_reset_partition()	重置分区
prtos_resume_partition()	恢复分区
prtos_shutdown_partition()	关闭分区
prtos_suspend_partition()	挂起分区

PRTOS 定义了系统分区和用户分区。关于两类分区的功能和 Hypercall API 的使用差异，请参考 6.3 节。

11.1.3　时钟和定时器服务

PRTOS 为每个分区提供了两种时钟。

1）全局硬件时钟（PRTOS_HW_CLOCK）：基于原生硬件时钟实现，分辨率为 μs。

2）分区本地执行时钟（PRTOS_EXEC_CLOCK）：与分区的执行状态相关，只有分区正在执行时，该时钟才会计时。执行时钟的分辨率也是 μs。

在 SMP 平台中，所有 vCPU 共用一个全局硬件时钟（PRTOS_HW_CLOCK），每个 vCPU 配置一个本地执行时钟（PRTOS_EXEC_CLOCK）。vCPU 通过本地执行时钟来控制自己的执行时间，并可配备一个基于该时钟的定时器。在多 CPU 平台中，分区中的每个 vCPU 可以根据全局硬件时钟装载一个全局定时器，每个 vCPU 也可以根据本地执行时钟配置一个本地定时器。

PRTOS 提供的时间服务 API 列表如表 11-3 所示。

表 11-3　时间服务 API 列表

时间服务	描述
prtos_get_time()	获取全局或者本地时间
prtos_set_timer()	设置全局或者本地定时器

11.1.4　调度服务

PRTOS 提供的调度服务 API 用于切换循环调度表中的调度策略。PRTOS 提供的调度服务 API 列表如表 11-4 所示。

表 11-4　调度服务 API 列表

调度服务	描述
prtos_get_plan_status()	返回当前的调度策略信息
prtos_switch_sched_plan()	当前 MAF 结束后，当前分区请求切换调度策略

11.1.5　分区间通信服务

PRTOS 提供的分区间通信服务 API 列表如表 11-5 所示。

表 11-5　分区间通信服务的 API 列表

分区间通信服务	描述
prtos_create_queuing_port()	创建排队端口
prtos_create_sampling_port()	创建采样端口
prtos_get_queuing_port_info()	获取排队端口的信息
prtos_get_queuing_port_status()	获取排队端口的状态
prtos_get_sampling_port_info()	获取采样端口的信息
prtos_get_sampling_port_status()	获取采样端口的状态
prtos_read_sampling_message()	从指定的采样端口读取一条信息
prtos_write_sampling_message()	在指定的采样端口写入一条消息
prtos_receive_queuing_message()	从指定的排队端口接收一条消息
prtos_send_queuing_message()	在指定的排队端口发送一条消息

11.1.6　健康监控服务

健康监控服务用于监视硬件、分区级应用和 PRTOS 内核的状态。当发现故障时，健康监控模块会记录故障并进行故障隔离，防止故障蔓延，同时按故障级别（分区级和 Hypervisor 内核级）进行必要的恢复。PRTOS 提供的健康监控服务 API 列表如表 11-6 所示。

表 11-6　健康监控服务 API 列表

健康监控服务	描述
prtos_hm_read()	读取 HM 日志项
prtos_hm_seek()	设置 HM 监视流中的读取位置
prtos_hm_status()	获取 HM 日志流的状态

11.1.7　追踪服务

PRTOS 提供了一种机制来存储和检索分区和 PRTOS 内核产生的追踪信息。追踪服务在应用的开发阶段用于调试，也可以在产品阶段用于记录相关事件的日志信息。

为了实现资源隔离，每一个分区（包括 PRTOS 内核）都有一个跟踪日志流设备，用于存储自己的日志信息，这些设备通过 PRTOS XML 配置文件的 SystemDescription/HwDescription/@Devices 属性定义。追踪服务是 PRTOS 内核和分区可选的一个功能配置。追踪服务 API 列表如表 11-7 所示。

表 11-7　追踪服务 API 列表

追踪服务	描述
prtos_trace_event()	记录追踪项
prtos_trace_open()	打开追踪流
prtos_trace_read()	读取追踪事件
prtos_trace_seek()	设置追踪流中的读取位置
prtos_trace_status()	获取追踪流的状态

11.1.8　中断管理服务

PRTOS 提供给分区的中断管理服务 API 列表如表 11-8 所示。

表 11-8　中断管理服务 API 列表

中断管理服务	描述
prtos_clear_irqmask()	清除某些中断屏蔽
prtos_clear_irqpend()	清除指定的挂起中断
prtos_route_irq()	将中断和中断向量绑定起来
prtos_set_irqmask()	屏蔽某些中断
prtos_set_irqpend()	将某些中断设置为挂起

11.1.9 X86 处理器专用服务

PRTOS 与 X86 处理器相关的专用服务 API 列表如表 11-9 所示。

表 11-9 X86 处理器专用服务 API 列表

X86 处理器专用服务	描述	X86 处理器专用服务	描述
prtos_x86_load_cr0()	加载 CR0 控制寄存器	prtos_x86_update_ss_sp()	更新 SS 和 SP
prtos_x86_load_cr3()	加载 CR3 控制寄存器	prtos_x86_update_gdt()	更新 GDT
prtos_x86_load_cr4()	加载 CR4 控制寄存器	prtos_x86_update_idt()	更新 IDT
prtos_x86_load_tss()	加载 TSS	prtos_x86_set_if()	开中断
prtos_x86_load_gdt()	加载 GDT	prtos_x86_clear_if()	关中断
prtos_x86_load_idtr()	加载 IDTR	prtos_x86_iret()	异常返回

11.1.10 分区控制表服务

PCT 是一个数据结构，用于存储分区相关信息，包括分区标识符、分区状态、分区中断向量、分区资源分配等。每个分区都有一个对应的分区控制表，用于用户管理虚拟分区。

PCT 的引入是为了降低超级调用引入的开销，保证各个分区之间的独立性和安全性。PCT 所在页表被设置为只读状态，允许分区以只读方式访问它。任何写访问都会导致系统异常，并被健康监控模块探测到，触发预定义的操作。PCT 在 Hypervisor 和分区之间共享，PRTOS 使用 PCT 向分区发送相关的操作信息；分区通过超级调用服务来获取 PCT 的地址。与 PCT 相关的 Hypercall API 列表如表 11-10 所示。

表 11-10 PCT 相关的 Hypercall API 列表

分区控制表服务	描述
prtos_get_pct()	获取当前 vCPU 的分区控制表
prtos_get_pct0()	获取当前分区的 vCPU0 的分区控制表

虽然 PCT 的引入是为了降低超级调用引入的开销，但 Hypercall API 本身的设计也遵循了一定的设计原则，以满足通过虚拟化技术实现安全高效的嵌入式实时系统。

提示： 这些原则并不是一成不变的，根据具体应用的反馈，PRTOS 所坚持的设计准则也会进一步改进。

11.2 PRTOS 的设计原则

前面介绍了 Hypercall API，接下来阐述 PRTOS 内核开发和设计时需要遵循的 5 个设计原则。

11.2.1　系统确定性设计原则

实时系统必须满足确定性（可预测性），即所有的执行序列都必须满足这个特性。而在 PRTOS 中，可预测性预示着 PRTOS 提供的机制是可界定的，并且是可测量的。因此，区别不同服务的本质，将方便界定可预测性。

设计原则 1：PRTOS 通过超级调用提供服务，超级调用的开销是可预测的。

应用程序通过超级调用请求 PRTOS 提供服务。超级调用的开销是可预测的，这使得应用程序可以在实时性要求下安全地使用这些服务，因为开销不会引入无法预测的延迟。

设计原则 2：当服务（例如基于端口名称创建通信端口）与创建资源相关时，这些资源可以通过名称进行搜索。

在这种情况下，搜索是有界的，并且可能取决于配置文件中定义的资源数量。这些服务应该在应用程序初始化时由分区使用，而不是在其正常执行期间使用。PRTOS 在所有需要搜索的服务中实现有界搜索，有助于提高系统的可预测性和实时性。

设计原则 3：当服务是与分区间通信相关的数据传输服务时，操作的成本将包括一个固定值和一个额外的成本，该成本取决于要传输的数据量。PRTOS 使用硬件提供的最佳机制来传输分区间通信服务所涉及的数据。

11.2.2　静态资源配置原则

为了实现高度的可预测性和安全性，所有系统资源均应离线分配。这项活动（系统设计）是系统架构师的责任，包括定义系统资源、将内存区域分配给软件组件、定义调度策略，确定系统出现错误时要采取的操作以及分区之间的通信流。

设计原则 1：资源的规格说明在配置文件中提供。该配置文件将确定可用的资源及其分配情况。

PRTOS 使用 XML 配置文件的定义来执行系统，并代表着系统的安全状态。安全性涉及以下几个方面。

1）每一个软件模块（分区）都必须包含一个签名。

2）保证这些模块间的分区隔离。

3）确保任何分区只能通过提供的服务直接或间接访问 PRTOS。

从 PRTOS 的角度来看，安全状态与保证 PRTOS 组件（内核代码、配置文件）的安全相关。引导加载程序并不是 PRTOS 的一部分，应由保证安全引导管理的供应商提供。

设计原则 2：为了检测配置错误，将对配置文件进行分析。分析之后，将配置文件编译成二进制形式的配置向量。配置向量将包括一个签名，以确保 PRTOS 版本配置的有效性。

设计原则 3：PRTOS 在执行期间严格遵循配置文件的定义。配置文件中的配置数据受到强有力的保护，不允许任何修改。

11.2.3 机密性设计原则

机密性是与空间隔离密切相关的属性，此外还可能受到分区可以获取系统和其他分区信息的影响。分区的执行时间、缓存信息、分区间通信、访问其他分区或者系统的状态都可能造成信息泄露。

PRTOS 可以通过用户分区和系统分区将用户应用程序和系统级任务分开，并为它们分配不同的资源和执行环境。这有助于提高系统的可维护性、稳定性和安全性。

PRTOS 实施了分区隔离和安全性策略，其中之一就是限制用户分区访问其他分区的某些信息或控制其他分区的服务。这种安全性措施确保了不同分区之间的隔离和互相干扰的最小化，如下所示。

1）PRTOS 通过将系统划分为不同的分区来实现隔离。每个分区有自己的资源、内存、任务等，彼此之间是隔离的。这样可以防止分区之间的代码或操作互相干扰，提高系统的稳定性和安全性。

2）PRTOS 通过限制用户分区的访问权限确保它们不能直接访问其他分区的敏感信息或控制其他分区的服务，这样可以防止潜在的错误或恶意行为。

通过拒绝某些访问和控制权限，PRTOS 可以降低系统受到攻击或错误行为的风险，这有助于确保系统的完整性和可靠性。

在 PRTOS 中，系统分区通常被赋予更高级别的权限，因此它们可能被允许访问其他分区的某些信息或控制其他分区的一部分服务。这种机制可以用于实现系统级的资源管理、监控和调度，这些措施包括。

1）系统分区可能被赋予更高级别的权限，这允许它们在系统层面执行一些重要的任务，如资源管理、任务调度、错误处理等。

2）系统分区可能需要访问其他分区的资源使用情况，以便进行资源分配和管理。例如，系统分区可能需要监控各个分区的 CPU 利用率，然后进行动态调整，以优化系统性能。

3）系统分区可能被允许控制其他分区的一部分服务，以确保整个系统的稳定运行。例如，系统分区可能需要暂停或重启某个用户分区，以处理潜在的问题。

4）虽然系统分区具有更高级别的权限，但也需要确保系统分区的操作不会对其他分区造成不必要的干扰或安全风险。系统分区的访问和控制权限应该受到严格的管理，以维护系统的稳定性和安全性。PRTOS 在设计中允许系统分区访问其他分区的某些信息或控制其他分区的一部分服务。

这有助于 PRTOS 在高级别上管理资源、调度任务以及处理系统级问题，但需要确保这种访问和控制权限受到适当的安全性和隔离措施的保护。

11.2.4 高速缓存处理原则

每个分区根据配置文件被加载到指定的内存空间。PRTOS 只允许分区访问各自的内存空间。

1）高速缓存是计算机系统中的一种存储结构，用于临时存储最常用的数据，以加速数据访问。在一些虚拟化环境中，多个分区可能会共享同一个物理处理器的高速缓存。这意味着不同分区可以访问相同的缓存区域，提高了整体性能。

2）在某些情况下，共享缓存可能引发隐蔽通道和侧信道攻击。这些攻击利用不同分区之间共享缓存的特性，通过观察缓存状态变化来推测其他分区的活动，从而可能泄露敏感信息。

3）为了防止出现上述问题，PRTOS 会在每次新的分区被调度（或分区切换）时让共享缓存失效，使分压的每次调度都需要刷新缓存。这样可以确保新分区开始执行时，不会受到来自其他分区的旧缓存数据的干扰。

4）选择是否在每次分区调度时刷新缓存是在 PRTOS 的配置阶段进行的，这可能因系统的性能要求、安全需求等而有所不同。某些情况下，频繁刷新缓存可能会影响性能，因此需要在性能和安全之间进行权衡。

11.2.5　PRTOS 开发流程原则

PRTOS 的核心应该具有高度的完整性和可靠性，因此 PRTOS 的开发需要遵从一定的流程原则。

设计原则 1：PRTOS 的开发必须满足一定的软件工程标准，以便将来最终的产品能通过基本安全认证。

PRTOS 的目标是最终产品能通过基本安全认证。遵循适当的软件工程标准可以提高系统的质量、可靠性和安全性。以下 4 点可以确保 PRTOS 的开发满足基本的安全认证要求。

1）使用严格的代码规范来编写 PRTOS 代码，以确保代码的可读性、一致性和可维护性。代码规范还可以包括安全编码实践，以避免常见的安全漏洞。

2）实施代码审查流程，以便团队成员对彼此的代码进行审核，发现潜在的问题和漏洞。代码审查有助于提高代码质量和安全性。

3）进行安全性测试，包括静态代码分析、动态漏洞扫描和渗透测试，以识别潜在的安全问题；确保对代码进行全面的测试，以尽早发现和修复问题。

4）定期评估开发流程、进行漏洞分析和根本原因分析，以确保持续地改进安全性。

采用适当的编码规范、遵循设计准则、以简单的方式实现解决方案以及确保这些原则贯穿整个开发过程是确保 PRTOS 性能和质量的关键步骤。这些实践有助于创造高效、可靠且易于维护的系统。

设计原则 2：PRTOS 使用简单的算法或机制来实现。

使用简单的算法或机制来实现 PRTOS，可提高系统的效率，降低开发和维护成本，减少潜在的错误和问题，原因如下。

1）简单的算法和机制通常具有较低的计算和内存开销，这有助于提高系统的性能和响应时间。对于实时系统来说，效率至关重要，因此采用简单的方法可以确保系统的快速响应。

2）简单的算法和机制更容易理解和维护。复杂的实现可能会导致难以预测的行为和错误，而简单的实现可以降低维护的难度并减少错误的出现。

3）复杂的算法和机制可能会引入更多的错误和漏洞。通过使用简单的方法，可以减少出现错误的概率，提高系统的可靠性和稳定性。

4）简单的算法和机制可能需要更少的计算资源和内存，这有助于节约系统资源，特别是在嵌入式系统或资源受限的环境中。

PRTOS 使用简单的调度算法来管理分区的执行顺序，采用基本的数据结构来存储和管理调度信息，实现通信机制时使用直接的、简单的方法等。然而，PRTOS 在选择简单的算法和机制时必须权衡系统的需求。某些场景可能需要更复杂的实现来满足性能、安全性或其他方面的要求。因此，在设计和实现中需要综合考虑系统的特定需求和约束。

11.3 本章小结

本章系统描述了 PRTOS 的超级调用服务接口，并阐述了 PRTOS 内核开发和设计时需要遵循的设计原则，目的是确保 PRTOS 的安全性、实时性。

第12章 PRTOS的配套工具

PRTOS配套工具用于支持开发、部署和管理PRTOS内核和分区应用，目标是辅助PRTOS构建可靠且高度安全的嵌入式系统。PRTOS在主机上的辅助工具分为以下3类。

1）配置工具：用于定义分区的数量、名称、属性、内存分配、调度策略、虚拟设备、通信通道等。配置工具使用户能够根据系统需求灵活配置PRTOS。

2）构建工具：用于根据用户定义的配置文件将分区代码编译成可执行文件，并转换成用于加载和运行分区的映像文件。

3）配置验证工具：用于验证用户定义的分区配置是否满足系统的安全和可靠性要求。配置验证工具可以检查分区之间的隔离性、资源分配和访问权限等，并提供反馈和建议。

这些辅助工具使得开发人员能够更加方便地配置、构建、调试PRTOS系统，从而提高系统开发和调试的效率，提升系统的可靠性。

12.1 配置文件解析工具

PRTOS的XML配置文件解析工具prtoscparser可帮助开发人员分析、验证和生成PRTOS分区的配置和描述信息，提高系统开发效率和准确性，主要功能如下。

1）解析PRTOS的XML配置文件。XML配置文件描述了分区的配置和相关参数。通过解析配置文件，prtoscparser可以提取和检查分区的属性、资源分配和配置选项。

2）生成分区描述文件。prtoscparser可以生成分区描述文件，其中包含分区的信息和配置。这个描述文件可以被其他工具和组件使用，例如构建工具和调试器。

3）验证分区配置。prtoscparser可以验证PRTOS配置文件中的分区配置是否符合规范和约束条件。它可以检查资源分配是否冲突、分区之间的隔离性是否得到保证，并验证其他相关的配置。

4）检查分区状态。prtoscparser可以检查分区的状态和属性，例如分区的运行状态、内存使用情况和资源分配情况。这对系统监控和故障排查非常有用。

接下来分析prtoscparser的功能选项。

12.1.1 功能选项说明

prtoscparser用于解析PRTOS XML配置文件，将其转换为可以直接提供给PRTOS运行时使用的二进制文件。prtoscparser 在解析 XML 配置文件、生成二进制配置数据的过程中，内部依次完成以下 5 个步骤。

1）解析 XML 配置文件。

2）验证配置数据。

3）生成一个 C 语言描述的结构体，并用配置数据初始化。

4）使用目标编译器编译和链接这个 C 语言描述的结构体，生成目标平台的 ELF 格式的文件。

5）将生成的这个 ELF 格式文件的数据节（Data Section）提取出来，生成一个 PEF（PRTOS Executable Format，PRTOS 可执行格式）格式的文件。

prtoscparser 在命令终端的使用说明如下：

```
usage: prtoscparser [-c] [-d] [-s xsd_file] [-o output_file] PRTOS_CONF.xml
```

prtoscparser 主处理执行逻辑，请参考源码 user/tools/prtoscparser/main.c，其中各个选项描述如下。

1）-d：输出验证 PRTOS 配置文件的默认 PRTOS 语义文件。

2）-o output_file：将输出结果存入 output_file 指定的文件中。

3）-s xsd_file：使用 xsd_file 指定 PRTOS 语义文件，而不使用 PRTOS 默认的语义文件。

4）-c：仅产生 C 文件，不进行编译，输出结果是一个 C 语言描述的源文件。

比如要将 PRTOS 配置文件 prtos_cf.x86.xml 转换成对应的 C 语言数据结构使用选项 -c，代码如下：

```
$ prtoscparser -c prtos_cf.x86.xml
```

上述代码可产生 C 语言数据结构文件，默认的文件名为 a.c.prtosc。

也可以用 -o 选项来指定输出的 C 文件名为 a.c：

```
$ prtoscparser -o a.c -c prtos_cf.x86.xml
```

prtoscparser 将 XML 配置文件编译成 PEF 格式的配置向量时对数据段部分进行了 MD5 计算，并将计算的摘要值放入配置向量头结构的 digest 字段中。在 PRTOS 系统的初始化过程中，当驻留软件载入数据时，会重新计算 MD5 的值，并将计算的结果和 digest 字段保存的值进行比对，以核实 PRTOS 的系统配置数据是否被篡改过。

PRTOS 对 XML 配置文件的保护体现在两点。

1）解析 XML 配置文件的逻辑，使其独立于 PRTOS 源码之外，简化了 PRTOS 内核实现。

2）检查 XML 配置文件的数据完整性。

PRTOS 将 PRTOS 语义文件 prtos_conf.xsd 作为 rodata.xsd 节链接到 prtoscparser 工具中，这样 prtoscparser 通过 -d 选项可以显示 XML 配置文件的内容。prtoscparser 也可以通过选项 -s 指定用户自定义的 XML 配置文件，来对用户的 XML 配置文件进行合法性验证，详细内容请参考源码 user/tools/prtoscparser/main.c 中的 parse_xml_file() 函数实现。

12.1.2　XSD 语义文件

PRTOS 采用 XML 文档作为系统配置文件，并定义了描述 PRTOS XML 文档的系统元素类型，比如 PartitionTable 类型的 SystemDescription。PRTOS 的 XSD（XML Schema Definition，XML Schema 定义）语义文件定义了 XML 文档中 PRTOS 元素的层次结构、元素之间的关系以及每个元素的数据类型。

XSD 支持复杂元素类型和简单元素类型。复杂元素类型用于定义具有子元素的元素，而简单元素类型用于定义没有子元素的元素，并对元素的取值进行限制和约束。PRTOS XSD 文件定义的 XML 简单元素类型如表 12-1 所示。

表 12-1　PRTOS XML 的简单元素类型

类型	类型名	说明
simpleType	id_t	simpleType id_t 用于在 PRTOS XML 配置文件中标识对象的整数值。每种对象类型都有一个独立的标识符空间，这些标识符在内部用作对应数据结构的索引。每个对象组的第一个 id 必须从零开始，后续的 id 必须连续。在 PRTOS XML 配置文件中必须遵循这种顺序
simpleType	idString_t	用于标识 PRTOS XML 配置文件中对象的字符串值
simpleType	hwIrqId_t	对应中断号的整数值，该值的范围是 0～MAXINTERRUPTS
simpleType	hwIrqIdList_t	中断号列表
simpleType	idList_t	PRTOS 对象标识符列表
simpleType	hex_t	十六进制值
simpleType	version_t	版本号，格式为 XX.XX.XX
simpleType	freqUnit_t	频率值
simpleType	processorFeatures_t	枚举 pCPU 的特征
simpleType	processorFeaturesList_t	pCPU 的功能特征列表
simpleType	partitionFlags_t	用于标识分区角色和相关访问权限的标志：如果设置为 fp，则表示允许分区使用浮点运算；如果设置为 system，则表示分区具有系统特权。默认情况下是未设置的
simpleType	partitionFlagsList_t	定义分区在系统中角色的分区标志列表
simpleType	sizeUnit_t	内存大小值
simpleType	timeUnit_t	时间持续值
simpleType	traceHyp_t	指定一种支持的事件类型
simpleType	traceHypList_t	跟踪事件类型列表
simpleType	hmString_t	枚举了 X86 处理器支持的健康监控事件
simpleType	hmAction_t	枚举 PRTOS 支持的健康监控操作
simpleType	memAreaFlags_t	用于标识内存块属性的标志，可以声明为未映射、共享、只读、不可访问等属性，也支持用户自定义标志
simpleType	memAreaFlagsList_t	定义内存块访问属性的标志列表
simpleType	memRegion_t	声明内存的访问类型，可以是 RAM 或 ROM
simpleType	portType_t	定义通信端口的类型是采样还是排队
simpleType	direction_t	定义通信端口的方向
simpleType	yntf_t	布尔值（真、假）

PRTOS XSD 文件定义的 XML 复杂元素类型，如表 12-2 所示。

表 12-2 PRTOS XML 的复杂元素类型

类型	类型名	说明
complexType	hypervisor_e	PRTOS 配置项包括所驻留的物理内存的描述、健康监控配置（包括处理器特定事件管理）以及用于保存跟踪日志的设备
complexType	rsw_e	驻留软件配置项是一个包含 rsw 所在物理内存区域的列表。此信息包含在配置文件中是为了保证完整性（配置文件描述了目标平台的所有内存区域），用于检查内存重叠错误
complexType	partition_e	定义系统中的分区配置项，包括分配的内存、健康监控事件管理、分配给分区的硬件资源和可见的通信端口。除了调度信息之外，与分区相关的所有内容都在此声明。其属性 console 是控制台设备，超级调用 prtos_write_console() 的输出将复制到该设备中
complexType	trace_e	指定分区级别的跟踪事件的类型
complexType	traceHyp_e	指定在 Hypervisor 级别的跟踪事件类型
complexType	partitionPorts_e	分区可以访问的通信端口列表。列表中的端口名称必须与通道部分中定义的 ipcPort_e 名称匹配
complexType	channels_e	包含分区间虚拟中断、采样通道和排队通道的分区间通信资源列表
complexType	devices_e	平台上可用的真实设备列表
complexType	ipcPort_e	分区可见的分区间通信通道的端口，其名称只对一个分区可见
complexType	hwDescription_e	系统的硬件描述，包括平台上可用的物理资源
complexType	processor_e	描述物理处理器或核心的使用情况，处理器采用周期性表进行调度
complexType	hwResources_e	包含分区可见的硬件端口以及将传递到分区的中断信息
complexType	ioPorts_e	硬件 I/O 端口的列表，可用于指定从基地址开始的端口数量（每个端口的大小为 4 字节）或者受掩码限制的地址中的部分位
complexType	cyclicPlan_e	表示一组静态描述的循环策略。每个处理器可以支持多种执行模式，一种执行模式被标识为一个策略。PRTOS 或系统分区可以在运行时更改活动模式
complexType	plan_e	每个调度策略是一个循环的时间片序列。一个时间片分配给一个分区和该分区的特定 vCPU
complexType	healthMonitor_e	用于监控 PRTOS 内核和分区的运行状态，是 Hypervisor 级和分区级必须管理的事件列表。注意：事件是与体系结构相关的。我们可以为每个管理的事件定义一个操作和一个布尔值，指示是否将该事件记录到 Hypervisor 或者分区的日志设备中
complexType	memoryLayout_e	用于描述平台的物理内存布局，作为一系列可读 / 写或只读的内存区域
complexType	hypMemoryArea_e	描述了 PRTOS 需要加载的连续内存区域，定义了大小和访问标志，但加载内存地址尚未在此级别定义。加载地址是源码配置的一部分，因此是硬编码的。其默认值为 0x1000000
complexType	memoryArea_e	是一个可以从分区访问的物理内存区域列表，这些区域的标识定义了访问属性和限制

PRTOS XML 文件将根据 PRTOS XSD 文件定义的元素类型来描述 PRTOS 系统信息。

比如 PRTOS XSD 文件定义了一个 PRTOS XML 格式的简单元素类型 idString_t，具体如下所示：

```
<xs:simpleType name="idString_t">
    <xs:restriction base="xs:string">
        <xs:minLength value="1"/>
    </xs:restriction>
</xs:simpleType
```

又如，PRTOS XSD 文件定义了一个 PRTOS XML 格式的复杂元素类型 ipcPort_e，ipcPort_e 元素中包含 partitionId、partitionName 和 portName 这 3 个简单类型，代码如下：

```
<xs:complexType name="ipcPort_e">
    <xs:attribute name="partitionId" type="id_t" use="required"/>
    <xs:attribute name="partitionName" type="idString_t" use="optional" />
    <xs:attribute name="portName" type="idString_t" use="required"/>
</xs:complexType
```

12.2　PEF 格式转换工具

PEF 格式转换工具 prtoseformat 用于创建类 PEF 格式的文件或者读取 PEF 文件的结构信息。

1. 功能描述

prtoseformat 的主要功能如下。

1）读取 PRTOS PEF 格式文件的信息。

2）将 ELF 格式或者纯二进制文件转化成 PRTOS 的 PEF 格式文件。

PEF 文件包含一个或者多个节，每一节都是一个数据块。当 PEF 文件被加载到系统主存中时，必须放置在连续的内存区域。另外，PEF 文件的内容可选择压缩文件格式。PEF 文件的节来自 ELF 文件的可分配节。PEF 的头文件中包含一个 16 字节的保留字段 payload，用于存放用户自定义信息。

2. 使用说明

prtoseformat 在命令终端的使用说明如下：

```
Usage: prtoseformat [read] [build]
    read [-h|-s|-m] <input>
    build [-m] [-o <output>] [-c] [-p <payload_file>] <input>
```

其中，read 用于查询 PEF 格式文件的信息，build 用于构建 PEF 格式的文件。

read 的参数如下。

1）-h：用于显示 PEF 格式文件的文件头信息。

2）-s：用于显示 PEF 格式文件所有节的头信息。

3）-m：用于显示 PEF 格式文件对应的用户自定义文件的列表。这个选项只对分区和 Hypervisor 的 PEF 文件起作用。

build 的参数如下。

1）-m：如果源文件不是 PEF 格式的文件，而是用户自定义的文件格式，系统将不会对这个文件进行完整性检查。用户自定义文件在分区启动时被分区访问，这是分区定义运行时配置参数通常采用的方式。

2）-o <output>：将输出结果放置在 output 指定的文件中。

3）-c：使用 LSZZ 压缩算法对 PEF 的数据节进行压缩。

4）-p <payload_file>：将输入文件 payload_file 的 payload 字段的 16 字节数据复制到 PEF 文件头部的 payload 字段中，因此输入文件的大小至少要有 16 个字节，否则会报错。如果没有任何错误产生，将会打印出经 MD5 处理的 SUM 值。

接下来通过几个常用命令演示各个选项的功能。

根据已有的文件 data.in 构建一个 PEF 格式的文件：

```
$ prtoseformat build -m -o custom_file.pef data.in
```

列出 PEF 自定义文件的文件头部信息：

```
$ prtoseformat read -h custom_file.pef
```

根据现有的 ELF 格式的 PRTOS 内核文件 prtos_core 构建 PRTOS PEF 格式文件：

```
$ prtoseformat build -o prtos_core.pef -c core/prtos_core
```

列出 PRTOS PEF 格式文件的所有节信息、头信息以及自定义文件信息，如图 12-1 所示。

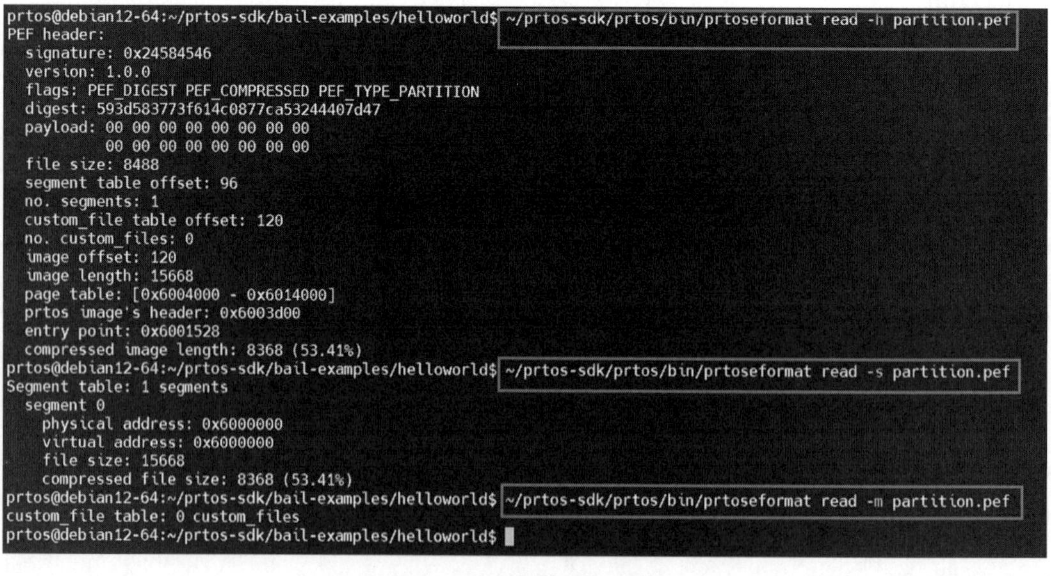

```
prtos@debian12-64:~/prtos-sdk/bail-examples/helloworld$ ~/prtos-sdk/prtos/bin/prtoseformat read -h partition.pef
PEF header:
  signature: 0x24584546
  version: 1.0.0
  flags: PEF_DIGEST PEF_COMPRESSED PEF_TYPE_PARTITION
  digest: 593d583773f614c0877ca53244407d47
  payload: 00 00 00 00 00 00 00 00
           00 00 00 00 00 00 00 00
  file size: 8488
  segment table offset: 96
  no. segments: 1
  custom_file table offset: 120
  no. custom_files: 0
  image offset: 120
  image length: 15668
  page table: [0x6004000 - 0x6014000]
  prtos image's header: 0x6003d00
  entry point: 0x6001528
  compressed image length: 8368 (53.41%)
prtos@debian12-64:~/prtos-sdk/bail-examples/helloworld$ ~/prtos-sdk/prtos/bin/prtoseformat read -s partition.pef
Segment table: 1 segments
  segment 0
    physical address: 0x6000000
    virtual address: 0x6000000
    file size: 15668
    compressed file size: 8368 (53.41%)
prtos@debian12-64:~/prtos-sdk/bail-examples/helloworld$ ~/prtos-sdk/prtos/bin/prtoseformat read -m partition.pef
custom_file table: 0 custom_files
prtos@debian12-64:~/prtos-sdk/bail-examples/helloworld$
```

图 12-1　读取 PEF 文件信息

12.3　容器构建工具

PRTOS 的容器 container.bin 是一个简易的文件系统，包含 PRTOS 核心和多个 PEF 格式的组件，用于将整个系统（包含 Hypervisor 和分区）从主机侧部署到目标平台。在启动阶段，驻留软件负责读取容器的各个组件信息，然后根据配置文件的规定将各个组件复制到目标机器的内存中，PRTOS 核心和分区将会在这里运行。而容器构建工具 prtospack 就是为了构建容器。容器被组织成一个文件列表，而每个组件又是 PEF 格式的文件列表。组件标识一个可执行的存储单位，它可以是 PRTOS 内核文件或者分区文件。每一个组件都可以包含一个或者多个文件。容器的第一个组件必须是一个合法的、带有配置文件的 PRTOS 内核映像，其他组件都是可选的。

注意：这里的容器和操作系统级虚拟化 Docker 不是同一个概念。Docker 是操作系统级虚拟化的引擎，使开发者能够打包应用程序和其依赖项，以形成一个可移植的单元，确保应用程序在不同的主机环境中能够一致地运行。

---

1. 功能描述

prtospack 是一个用于部署 PRTOS 系统的辅助工具，用于在目标机器中部署 PRTOS 和分区。prtospack 的合法性检查包含以下 3 个方面。

1）各个分区的二进制映像必须能放入 PRTOS 配置文件规定的内存区域中。

2）自定义文件的大小必须可以放入每个分区预留出来的内存区域中。

3）为 PRTOS 分配的内存必须能够放得下 PRTOS 映像和对应的配置文件。

2. 使用说明

prtospack 在命令终端的使用说明如下：

```
list [-c] <container>
build -h <prtos_file>[@<offset>]:<conf_file>[@<offset>] [-p <id>:<partition_file>
    [@<offset>][:<custom_file>[@<offset>]*]+
check <xml.pef> [[-h <prtos_core.pef>[:<custom.pef>]*]|[-p <id>:<partition.pef>
    [:<custom.pef>]*]]+
```

说明如下。

1）list：显示容器的内容（组件和每个组件的文件列表）。

2）build：构建容器，其中选项“-h”和“-p”用于指定不同类型的组件。

① -h ：构建一个 Hypervisor 组件，该组件包含一个 PRTOS PEF 文件和对应的 PEF 配置文件。

② -p ：构建一个分区组件，分区包含分区 id（id 的值由 PRTOS XML 配置文件指定）。其中 <id>:<partition_file> 指定的 PEF 文件必须包含一个可执行的映像以及 0 个或者多个用户自定义文件。自定义文件的数目必须和分区头结构设定的数目相同。

3）check：用于检测组件的合法性。

PRTOS 系统的每个组成文件用“:”分隔。在默认情况下，prtospack 在容器中按顺序存储文件信息。但是如果使用了 @<offset> 参数，则对应的文件会存放在指定的 offset 处。这里的 offset 是相对于容器的开始部分而言的，offset 必须和现存的其他数据部分不重合。容器的其他文件将会放在这个文件的末尾。

prtospack 的 3 个选项 build、check 以及 list 的使用演示如下，如图 12-2 所示。

```
prtos@debian12-64:~/prtos-sdk/bail-examples/example.001$ prtospack build -h /home/prtos/prtos-sdk/prtos/lib/prtos_core.pef:prtos_cf.pef.prtos_conf -p 0:partition0.pef -p 1:partition1.p
ef container.bin
> /home/prtos/prtos-sdk/prtos/lib/prtos_core.pef ... ok
> partition0.pef ... ok
> partition1.pef ... ok
prtos@debian12-64:~/prtos-sdk/bail-examples/example.001$ prtospack check prtos_cf.pef.prtos_conf -h /home/prtos/prtos-sdk/prtos/lib/prtos_core.pef:prtos_cf.pef.prtos_conf -p 0:partitio
n0.pef -p 1:partition1.pef
> /home/prtos/prtos-sdk/prtos/lib/prtos_core.pef ... ok
> partition0.pef ... ok
> partition1.pef ... ok
prtos@debian12-64:~/prtos-sdk/bail-examples/example.001$ prtospack list container.bin
Digest: 4367ca6b512e4fa180e0bcc3a6d18fca container.bin  Ok
return val 0
<Container file="container.bin" version="1.0.0" flags="0x1">
    <PRTOSHypervisor file="0">
        <custom_file file="1" />
    </PRTOSHypervisor>
    <Partition id="0" file="2">
    </Partition>
    <Partition id="1" file="3">
    </Partition>
    <FileTable>
        <File entry="0" name="prtos_core.pef" offset="0x1000" size="76840" />
        <File entry="1" name="prtos_cf.pef.prtos_conf" offset="0x14000" size="572" />
        <File entry="2" name="partition0.pef" offset="0x15000" size="8748" />
        <File entry="3" name="partition1.pef" offset="0x18000" size="8752" />
    </FileTable>
</Container>
prtos@debian12-64:~/prtos-sdk/bail-examples/example.001$
```

图 12-2　build、check 以及 list 选项的使用演示

12.4　自引导映像构建工具

自引导映像构建工具 rswbuild 将容器和驻留软件打包起来，创建一个可启动的文件。rswbuild 构建自引导映像文件 resident_sw 的过程如图 12-3 所示。图中的 container.bin 必须是 12.3 节中 prtospack 构建的合法容器。rswbuild 是一个脚本文件，具体实现请参考源码 user/bin/rswbuild。

```
/home/prtos/prtos-project/prtos-hypervisor/user/bin/rswbuild container.bin resident_sw

Created by "prtos" on "debian12-64" at "Sat Nov 25 09:16:14 EST 2023"
PRTOS path: "/home/prtos/prtos-project/prtos-hypervisor"

prtos Core:
   Version: "1.0.0"
   Arch:    "x86"
   File:    "/home/prtos/prtos-project/prtos-hypervisor/core/prtos_core.pef"
   Sha1:    "e4d1c5a538a04346f62c9931f844804be3eec891"
   Changed: ""

prtos Library:
   Version: "1.0.0"
   File:    "/home/prtos/prtos-project/prtos-hypervisor/user/libprtos/libprtos.a"
   Sha1:    "5015d7a383cbb52b74162312dc308d6c40838b67"
   Changed: ""

prtos Tools:
   File:    "/home/prtos/prtos-project/prtos-hypervisor/user/bin/prtoscparser"
   Sha1:    "de4ad2fd34dc8d1f7b8505e2539143604372a269"
```

图 12-3　使用 rswbuild 构建自引导映像文件 resident_sw

12.5　配置信息提取工具

配置信息提取工具 prtosbuildinfo 工具用于获取编译 PRTOS 时的配置信息。prtosbuildinfo 也是一个脚本实现，具体实现请参考源码 user/bin/prtosbuildinfo。

图 12-4 所示为 prtosbuildinfo 工具获取 PRTOS 内核文件 prtos_core（这里 prtos_core 是内核文件名）的配置信息示例。

```
prtos@debian12-64:~/prtos-sdk/bail-examples/helloworld$ ~/prtos-sdk/prtos/bin/prtosbuildinfo ../../prtos/lib/prtos_core
BUILD_TIME=BUILD_TIME
BUILD_IDR=BUILD_IDR
BUILD_TARGET_CC="gcc (Debian 12.2.0-14) 12.2.0"
BUILD_TIME="Tue Sep 19 10:06:14 EDT 2023"
BUILD_HOST="debian12-64"
BUILD_UID="prtos"
CONFIG_x86=y
CONFIG_HWIRQ_PRIO_FBS=y
CONFIG_MMU=y
CONFIG_MAX_NO_KTHREADS=255
CONFIG_VMM_UPDATE_HYPERCALLS=y
CONFIG_NO_HWIRQS=32
CONFIG_TARGET_LITTLE_ENDIAN=y
CONFIG_VMWARE=y
CONFIG_HPET_CLOCK=y
CONFIG_HPET=y
CONFIG_SMP=y
CONFIG_NO_CPUS=4
CONFIG_SMP_INTERFACE_ACPI=y
CONFIG_APIC=y
CONFIG_MAX_NO_IOAPICS=1
CONFIG_MAX_NO_IOINT=24
CONFIG_MAX_NO_LINT=16
CONFIG_MAX_NO_BUSES=16
CONFIG_PRTOS_LOAD_ADDR=0x1000000
CONFIG_PRTOS_OFFSET=0xFC000000
CONFIG_PARTITION_NO_GDT_ENTRIES=32
CONFIG_UART_TIMEOUT=200
CONFIG_DEBUG=y
CONFIG_VERBOSE_TRAP=y
CONFIG_ID_STRING_LENGTH=16
CONFIG_PRTOS_MAX_IPVI=8
CONFIG_KSTACK_KB=8
CONFIG_MAX_NO_VCPUS=4
CONFIG_AUDIT_EVENTS=y
CONFIG_ARCH="x86"
CONFIG_KERNELVERSION="1.0.0"
CONFIG_PRTOS_VERSION=1
```

图 12-4　获取 PRTOS 内核文件 prtos_core 的配置信息

prtosbuildinfo 之所以可以获取编译信息，是因为在链接脚本 prtos.lds.in 中定义了新的 .build_info 节：

```
.build_info ALIGN(8) : AT (ADDR (.build_info) + PHYSOFFSET) {
    buildInfo = .;
    *(.kbuild_info)
    *(.build_info)
    BYTE(0);
}
```

.build_info 节用于存放 PRTOS 的配置信息，PRTOS 内核在编译阶段会将 PRTOS 的配置信息存放在该节，然后链接进 PRTOS 内核文件，如图 12-5 所示。

这样，prtosbuildinfo 才可以获取到这些配置信息。

```
123 build.info:
124         @exec echo "BUILD_TARGET_CC=\"`($(TARGET_CC) --version | head -1)`\"" > build.info;
125         @exec echo "BUILD_TIME=\"`(LANG="C" date)`\"" >> build.info;
126         @exec echo "BUILD_HOST=\"`(hostname)`\"" >> build.info;
127         @exec echo "BUILD_UID=\"`(id -nu)`\"" >> build.info;
128         @grep ^CONFIG_* .config >> build.info;
```

图 12-5　保存 PRTOS 内核配置信息的命令

12.6　完整性检查工具

sha1sum 是一个计算文件 SHA-1 的工具。sha1sum 工具通过对文件内容应用 SHA-1 算法，生成一个 40 个字符长的十六进制散列值。该散列值在理论上具有极低的碰撞概率，可以用作文件完整性验证、数字签名和数据验证等安全应用。

PRTOS 使用 sha1sum 工具来验证文件在传输过程中是否被篡改或损坏。生成的散列值可以与预先计算好的散列值进行比对，如果一致，则说明文件未被修改；如果散列值不匹配，则表示文件已经被篡改。

sha1sum 工具在命令行界面上使用，使用方法是在终端中输入“sha1sum 文件路径”命令，然后会在终端上显示生成的 SHA-1 散列值。

sha1sum 工具在 PRTOS 中的使用示例如图 12-6 所示，用于检查 PRTOS 文件的完整性。

```
tom@debian:~/Public/tmp-prtos-smp/prtos$ ls
README  bin  config.mk  include  lib  prtosconfig  sha1sum.txt  version
tom@debian:~/Public/tmp-prtos-smp/prtos$ vim sha1sum.txt
tom@debian:~/Public/tmp-prtos-smp/prtos$  sha1sum -c sha1sum.txt  >/dev/null
sha1sum: WARNING: 1 of 54 computed checksums did NOT match
tom@debian:~/Public/tmp-prtos-smp/prtos$
tom@debian:~/Public/tmp-prtos-smp/prtos$ vim sha1sum.txt
tom@debian:~/Public/tmp-prtos-smp/prtos$
tom@debian:~/Public/tmp-prtos-smp/prtos$ ls
README  bin  config.mk  include  lib  prtosconfig  sha1sum.txt  version
tom@debian:~/Public/tmp-prtos-smp/prtos$ sha1sum -c sha1sum.txt
./include/trace.h: OK
./include/status.h: OK
./include/comm.h: OK
./include/hypervisor.h: OK
./include/prtoshypercalls.h: OK
./include/arch/hypervisor.h: OK
./include/arch/prtoshypercalls.h: OK
./include/prtos.h: OK
./include/hm.h: OK
./include/prtos_inc/objects/trace.h: OK
./include/prtos_inc/objects/status.h: OK
./include/prtos_inc/objects/commports.h: OK
./include/prtos_inc/objects/hm.h: OK
./include/prtos_inc/objdir.h: OK
./include/prtos_inc/autoconf.h: OK
./include/prtos_inc/config.h: OK
./include/prtos_inc/guest.h: OK
./include/prtos_inc/hypercalls.h: OK
./include/prtos_inc/arch/arch_types.h: OK
./include/prtos_inc/arch/physmm.h: OK
./include/prtos_inc/arch/asm_offsets.h: OK
./include/prtos_inc/arch/guest.h: OK
./include/prtos_inc/arch/atomic.h: OK
./include/prtos_inc/arch/segments.h: OK
./include/prtos_inc/arch/prtos_def.h: OK
./include/prtos_inc/arch/hypercalls.h: OK
```

图 12-6　检查 PRTOS 文件的完整性

rswbuild 工具通过“prtosinstall -c -t $PRTOS_PATH”命令调用 prtosinstall 脚本工具进行完整性检查，如果发现存在某些项的 SHA-1（160 位）校验和检查没有过，会提示报错信息。比如，通过 prtosinstall 工具检测到 prtos_config 文件完整性被破坏时的报错信息如图 12-7 所示。

```
prtos@debian12-64:~/prtos-sdk/bail-examples/helloworld$ ~/prtos-sdk/bail/bin/bailinstall -c -t $PRTOS_PATH
sha1sum: WARNING: 1 computed checksum did NOT match
prtos integrity corrupted: sha1sum missmatch:
./prtos_config: FAILED
sha1sum: WARNING: 1 computed checksum did NOT match
prtos@debian12-64:~/prtos-sdk/bail-examples/helloworld$
```

图 12-7　SHA-1 检测到完整性被破坏的文件

12.7　预留资源提取工具

预留资源提取工具 extractinfo 用于采集 PRTOS 内核文件的预留信息，具体实现请参考源码 scripts/extractinfo.c。

PRTOS 在链接脚本中划分了 3 种预留硬件资源。

1）预留中断号 rsv_hw_irqs。

2）预留 I/O 端口号 rsv_io_ports。

3）预留物理内存页 rsv_phys_pages。

这 3 种预留硬件资源分别对应 PRTOS 源码 core/include/kdevice.h 文件中定义的 3 个宏：RESERVE_HWIRQ、RESERVE_IOPORTS 和 RESERVE_PHYSPAGES。PRTOS 通过调用这 3 个宏来注册预留的物理资源，并将这些信息分别关联到 PRTOS 内核链接脚本中定义的 .rsv_hwirqs 节、.rsv_ioports 和 .rsv_physpages 节中。

extractinfo 工具的编译过程如下：

```
$gcc -Wall -O2 -o scripts/extractinfo scripts/extractinfo.c -DTARGET_OBJCOPY=\"objcopy\"
    --include core/include/autoconf.h
```

extractinfo 工具收集预留资源的命令如下：

```
$scripts/extractinfo core/prtos_core 2> core/include/x86/ginfo.h
```

上述命令会生成 ginfo.h 文件，ginfo.h 文件中包含收集到的预留资源。运行 extractinfo 命令生成 ginfo.h 文件的示例如图 12-8 所示。

extractinfo 工具会扫描 PRTOS 内核 ELF 文件中的这 3 个节，收集这 3 种预留信息，分别保存在 ginfo.h 文件中。ginfo.h 文件最终会被源码 user/tools/prtoscparser/checks.c 所包含，从而编译进 prtoscparser 工具，用于完成 PRTOS XML 配置文件的合法性检查。

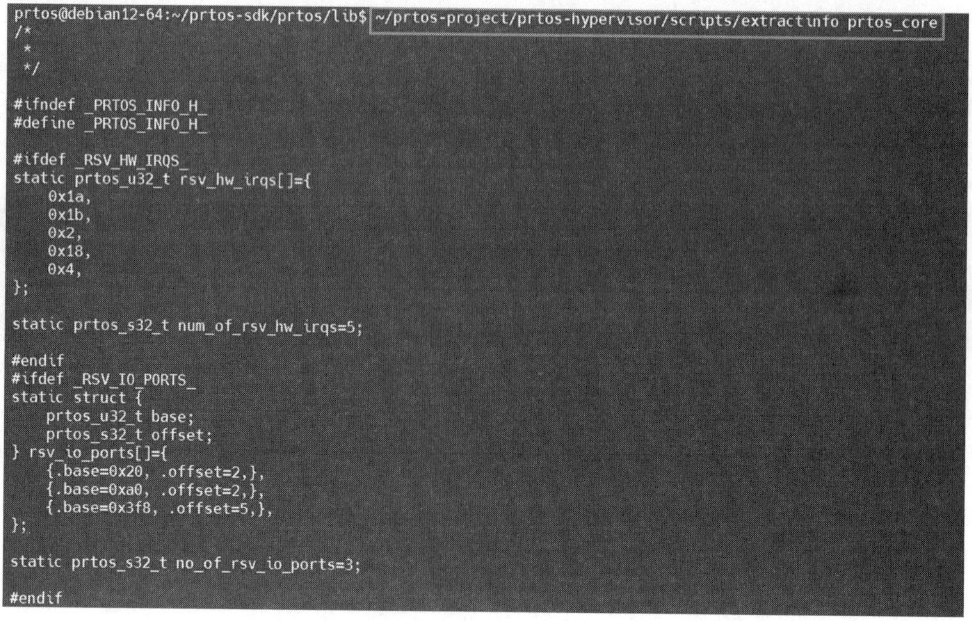

```
prtos@debian12-64:~/prtos-sdk/prtos/lib$ ~/prtos-project/prtos-hypervisor/scripts/extractinfo prtos_core
/*
 *
 */

#ifndef _PRTOS_INFO_H_
#define _PRTOS_INFO_H_

#ifdef _RSV_HW_IRQS_
static prtos_u32_t rsv_hw_irqs[]={
    0x1a,
    0x1b,
    0x2,
    0x18,
    0x4,
};

static prtos_s32_t num_of_rsv_hw_irqs=5;

#endif
#ifdef _RSV_IO_PORTS_
static struct {
    prtos_u32_t base;
    prtos_s32_t offset;
} rsv_io_ports[]={
    {.base=0x20, .offset=2,},
    {.base=0xa0, .offset=2,},
    {.base=0x3f8, .offset=5,},
};

static prtos_s32_t no_of_rsv_io_ports=3;

#endif
```

图 12-8　运行 extractinfo 工具生成 ginfo.h 文件

12.8　结构体成员域偏移量计算工具

PRTOS 内核中结构体成员域的偏移量与 PRTOS 内核的配置和具体硬件平台相关。因此有必要在 PRTOS 内核的构建过程中，根据用户的 XML 配置文件计算出来这些偏移量提供给 PRTOS 内核使用，这样可以进一步简化 PRTOS 源码的复杂度。

PRTOS 内核中结构体成员域的偏移量计算过程如下。

1）在 gen_offsets.h 定义需要计算的偏移量，利用编译器计算偏移量，并导入 offsets.S 文件中。

2）调用 shell 脚本 asm_offsets.sh 从 offsets.S 文件中抓取对应的偏移量，生成 asm_offsets.h 文件。该文件会被目标平台的汇编代码包含（如 core/kernel/x86/start.S、./core/kernel/x86/entry.S、./core/kernel/x86/head.S），用于处理底层的 CPU 上下文切换和异常。

生成偏移量的命令如下：

```
$gcc -Wall -D_PRTOS_KERNEL_ -fno-builtin -nostdlib -nostdinc -Dx86 -fno-strict-
    aliasing -D"__PRTOS_INCFLD(_fld)=<_fld>"  -Icore/include --include config.h
    --include core/include/x86/arch_types.h  -m32 -Wno-pointer-sign -fno-stack-
    protector -Wno-unused-but-set-variable -O2 -g -S -o offsets.S scripts/asm-
    offsets.c -D_GENERATE_OFFSETS_ -D_OFFS_FILE_=\"x86/gen_offsets.h\"
$/bin/sh scripts/asm-offsets.sh offsets.h < offsets.S > core/include/x86/asm_
    offsets.h
```

最终生成的偏移量文件 asm_offsets.h 如图 12-9 所示。

```
prtos@debian12-64:~/prtos-project/prtos-hypervisor$ cat core/include/x86/asm_offsets.h
/*
 * $FILE: asm_offsets.h
 *
 * $LICENSE:
 * www.prtos.org
 */

#ifndef __PRTOS_ASM_OFFSETS_H__
#define __PRTOS_ASM_OFFSETS_H__

/*
 * DO NOT MODIFY
 */
#define _LOCAL_SCHED_OFFSET 0xc /* 0xc      offsetof(local_processor_t, sched) */
#define _CURRENT_KTHREAD_OFFSET 0x10    /* 0x10    offsetof(local_processor_t, sched) + offsetof(local_sched_t, current_kthread) */
#define _CTRL_OFFSET 0x0         /* 0x0     offsetof(kthread_t, ctrl) */
#define _PART_CTRL_TABLE_OFFSET 0x2af8  /* 0x2af8         offsetof(struct guest, part_ctrl_table) */
#define _G_OFFSET 0x1c  /* 0x1c    offsetof(struct __kthread, g) */
#define _KSTACK_OFFSET 0x4       /* 0x4     offsetof(struct __kthread, kstack) */
```

图 12-9　偏移量文件 asm_offsets.h

12.9　本章小结

本章介绍了用于支持开发、部署和管理 PRTOS 系统的平台辅助工具。这些工具一方面可以简化 PRTOS 内核源码的复杂度，使得 PRTOS 内核保持在一个相对较小的规模，同时降低了 PRTOS 内核的学习门槛，减少了 PRTOS 内核的软件安全认证成本；另一方面为 PRTOS 内核组件的完整性检验提供了条件，从而增强了系统的安全性。

第 13 章
分区 Guest RTOS 的虚拟化实现

本章介绍分区 Guest RTOS 的虚拟化实现，Guest RTOS 以 μC/OS-Ⅱ作为示例系统。PRTOS 可使我们在同一硬件平台上同时运行多个 μC/OS-Ⅱ系统，并实现分区资源的隔离和保护。

13.1 μC/OS-Ⅱ概述

μC/OS-Ⅱ是由让 · J. 拉伯罗斯（Jean J. Labrosse）开发的一款基于优先级调度的内核操作系统，专为微控制器和嵌入式系统设计。μC/OS-Ⅱ的设计目标是提供一个小巧、高效、可移植且可裁剪的实时内核，以满足嵌入式系统对可预测性和可靠性的需求。

μC/OS-Ⅱ是优先级可抢占的硬实时内核，它可以管理 64 个任务，提供了任务管理、时间管理、内存管理、通信同步等功能。它的绝大部分代码是用 C 语言编写的，只有少量与硬件相关的代码用汇编语言编写，因此具有很强的可移植性和可裁剪性。μC/OS-Ⅱ已经广泛应用于多种嵌入式设备，如医疗器械、移动电话、路由器、工业控制、GPS（Global Positioning System，全球定位系统）等。

μC/OS-Ⅱ从结构上可以分为系统初始化模块、任务调度模块、互斥与同步机制模块以及中断处理模块。下面从这 4 个模块出发介绍 μC/OS-Ⅱ的实现机制。

13.1.1 系统初始化模块

μC/OS-Ⅱ的初始化过程可分成两个部分。

1）处理器平台相关的硬件初始化：包括处理器内部寄存器、栈寄存器的初始化。

2）操作系统内核的初始化：包括系统核心数据结构的初始化、初始任务的创建、多任务运行机制的启动。

系统初始化流程如图 13-1 所示。

13.1.2 任务调度模块

任务调度是指在多任务系统中，PRTOS 决定哪个任务将获得处理器的执行时间。任务调度是 PRTOS 的核心功能之一，其目标是确保系统中的任务按照一定的规则和优先级进行合理分配和执行，以满足实时性的要求。

1. 调度策略

μC/OS-Ⅱ调度器的目标是保证优先级最高的就绪任务处于运行状态。为了达到这一目的，需要在 μC/OS-Ⅱ内核的调度点判断就绪队列中优先级最高的任务是否正在运行。如果不在运行，调度器就会让这个优先级最高的任务抢占正在运行任务的 CPU。μC/OS-Ⅱ内核可抢占的本质是保证就绪队列中优先级最高的任务始终占据 CPU。μC/OS-Ⅱ内核采用位图查找算法来定位最高优先级的任务，该算法的时间复杂度为 $O(1)$，且与系统当前任务总数无关，即与系统负载无关，但是与系统支持的优先级数有关。

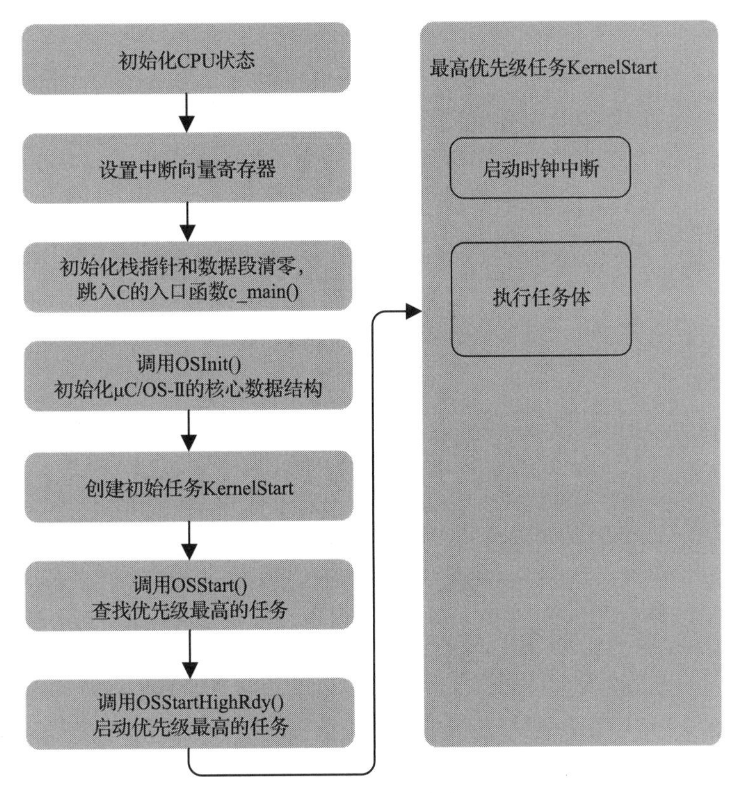

图 13-1　系统初始化流程

2. 调度实施

μC/OS-Ⅱ的调度点有两处：一处是任务主动让出 CPU 的时刻，另一处是中断返回的时刻。根据调度点的不同，μC/OS-Ⅱ的调度器分为任务级调度器 OS_Sched() 和中断级调度器 OSIntExit()。

（1）任务级调度器 OS_Sched()

μC/OS-Ⅱ通过 TCB（Task Control Block，任务控制块）来管理任务。OS_Sched() 的主要工作是获取处于就绪态的最高优先级任务的 TCB 指针和正在运行任务的 TCB 指针，然后判断是否需要进行任务调度，如果需要就进行任务切换。任务级调度器的执行流程如图 13-2 所示。

（2）中断级调度器 OSIntExit()

μC/OS-Ⅱ在中断返回时会执行中断级调度器 OSIntExit() 来判断是返回被中断的任务，还是执行一个更高优先级的就绪任务，其执行流程如图 13-3 所示。

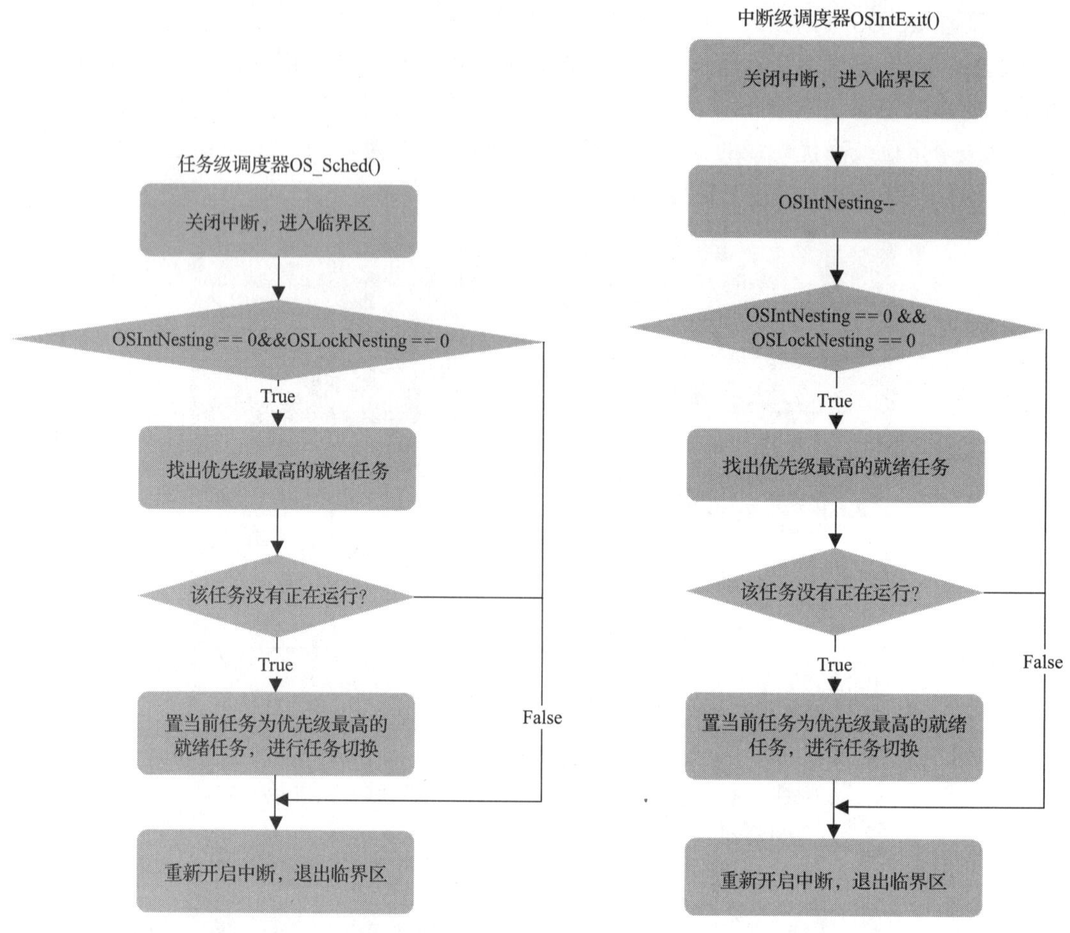

图 13-2　任务级调度器的执行流程

图 13-3　中断级调度器的执行流程

13.1.3　互斥与同步机制模块

互斥与同步机制模块包含任务间同步通信模块和锁机制模块。

1. 同步通信模块

实现同步通信模块需要解决两个问题：一是对全局共享资源的保护，通过中断锁和抢占锁来实现；二是实现任务间的同步与通信功能。由于存在多个任务作为某个应用的一部分执行，因此 μC/OS-Ⅱ必须提供这些任务间的通信机制，同时内核也要提供共享资源和临界区的同步机制。为了减少中断延时，中断子程序只处理少量必须处理的工作，大量的工作放在任务中处理，因此必须实现任务和中断之间的通信。

μC/OS-Ⅱ一般不使用全局变量来实现任务间通信，因为全局变量改变了函数的可重入性。如果不对共享全局变量加以保护，那么发生中断或任务调度时全局变量存储的数据就会失去一致性。如果频繁使用中断锁或抢占锁来对全局变量进行保护，就会降低系统的实时性和可预测性。因此 μC/OS-Ⅱ推荐使用信号量、邮箱、消息队列来实现任务间的通信和同步，这些同步机制是 μC/OS-Ⅱ支持多任务必须提供的系统服务。

2. 锁机制模块

抢占锁 OSSchedLock() 用于任务给调度器上锁，以禁止被更高优先级的任务抢占，直到该任务调用 OSSchedUnlock() 释放抢占锁为止。该任务使用抢占锁期间并没有关闭中断，因此中断是可以被响应的。但是抢占锁的使用必须非常谨慎，因为它们会影响 μC/OS-Ⅱ对任务的正常管理。抢占锁期间该任务不得挂起，否则调度器将被锁住而不能将其他任务调度到 CPU 上运行。

13.1.4　中断处理模块

在 μC/OS-Ⅱ中，中断服务子程序用与具体平台相关的汇编指令实现。如果开发者所使用的交叉编译器支持内联汇编，那么也可以通过内联汇编实现中断服务程序。μC/OS-Ⅱ的中断处理流程如图 13-4 所示。

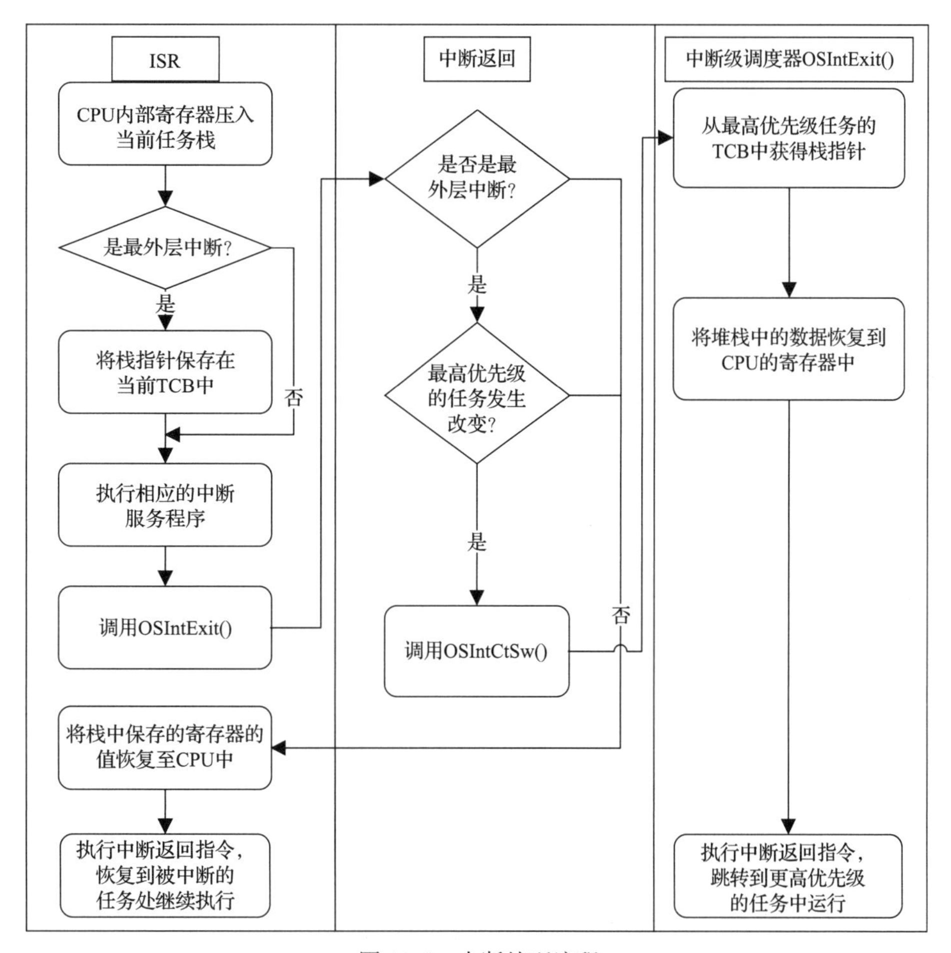

图 13-4　中断处理流程

μC/OS-Ⅱ的时钟中断处理流程是中断处理的典型流程，其中时钟中断服务程序OSTimeTick()的执行效率直接影响系统的性能，因为该函数会遍历μC/OS-Ⅱ内核中的所有任务，将定时时间到期的任务放到就绪队列中。由于μC/OS-Ⅱ中的任务最多只有64个，所以OSTimeTick()的时间复杂度是$O(1)$。

13.2 μC/OS-Ⅱ的虚拟化过程

将μC/OS-Ⅱ虚拟化为客户操作系统并不是一个标准而直观的过程，因为μC/OS-Ⅱ并没有原生支持虚拟化。这需要我们对μC/OS-Ⅱ的内核进行深入分析，并结合PRTOS提供的虚拟化接口确定μC/OS-Ⅱ虚拟化的关键处理。虚拟化后的μC/OS-Ⅱ源码请参考https://github.com/prtos-project/prtos-demo/tree/main/partition_ucosii。

13.2.1 任务栈帧设计

设计μC/OS-Ⅱ的栈帧是为了在创建任务（特别是μC/OS-Ⅱ的初始化任务）时创建该任务的执行环境，以使执行到OSStart()→OSStartHighRdy()时恢复该任务的上下文。

在分区环境下，我们为μC/OS-Ⅱ设计的任务栈帧布局如代码清单13-1所示。

代码清单13-1 μC/OS-Ⅱ任务栈帧布局

```
//源码路径：prtos-demo/partition_ucosii/os_platform/os_cpu.h
01 #define OS_STK_GROWTH    1 /*在X86平台中，栈自高地址向低地址增长*/
02
03 typedef struct stk_tag
04 {
05     INT32U ebx;
06     INT32U ecx;
07     INT32U edx;
08     INT32U esi;
09     INT32U edi;
10     INT32U ebp;
11     INT32U eax;
12     INT32U lret_eip;
13     INT32U lret_cs;
14     INT32U iflags;
15     INT32U eip;
16     INT32U cs;
17     INT32U eflags;
18     INT32U esp;
19     INT32U ss;
20 #if (OS_SAVE_CONTEXT_WITH_FPRS == 1)
21     /*Not accounting FPRS*/
22 #endif
23 } STK;
```

初始化任务栈帧的函数 OSTaskStkInit() 见代码清单 13-2。

代码清单 13-2　初始化任务栈帧

```
//源码路径：prtos-demo/partition_ucosii/os_platform/os_cpu_c.c
01 OS_STK *OSTaskStkInit(void (*task)(void *pd), void *pdata, OS_STK *ptos,
       INT16U opt)
02 {
03     STK *stkp;
04     OS_CPU_SR INITIAL_SRR1;
05 
06     opt = opt;          /*消除warning */
07 
08     ptos = ptos - 8;    /*栈的上方预留8个字节的空间*/
09 
10     /* 任务栈指针的16字节对齐*/
11     stkp = (STK *)((INT32U)(ptos) & (INT32U)0xFFFFFFF0);
12     stkp--;             /* 预留栈空间*/
13 
14     stkp->ebx = 0x66666666L;
15     stkp->ecx = 0x55555555L;
16     stkp->edx = 0x44444444L;
17     stkp->esi = 0x33333333L;
18     stkp->edi = 0x22222222L;
19     stkp->ebp = 0x11111111L;
20     stkp->eax = 0x00000000L;
21     stkp->lret_eip = task;
22     stkp->lret_cs = 38 << 3 | 1;
23     stkp->iflags = 0x0;
24     stkp->eip = task;
25     stkp->cs = 38 << 3 | 1;
26     return (OS_STK *)stkp;
27 }
```

μC/OS-Ⅱ如果直接在原生 pCPU 上运行，所有的段寄存器指向的都是 0～4GB 的平板地址空间，因此段寄存器（cs、gs、fs、es）是不需要切换的。如果坚持切换的话也可以，毕竟都是运行在特权级，但没有必要。然而，一旦运行在分区环境（中段寄存器就是特权寄存器）中，由于同一个分区中段寄存器的值保持不变，所以也不需要切换。正因为如此，分区级 μC/OS-Ⅱ的栈帧设计不涉及段寄存器的访问。

13.2.2　初始任务上下文的恢复

恢复任务上下文其实是恢复 μC/OS-Ⅱ中创建的初始任务上下文，如代码清单 13-3 所示。

代码清单 13-3　恢复初始任务的上下文

```
//源码路径：prtos-demo/partition_ucosii/os_platform/os_cpu_a.S
01 OSStartHighRdy:
```

```
02        call OSTaskSwHook
03        movb $1, %al
04        movl $OSRunning, %ebx
05        movb %al, (%ebx)
06        movl $OSTCBHighRdy, %eax
07        movl (%eax),%eax
08        movl  0(%eax),%esp
09        restore_context
10        ret
```

正如代码清单 13-3 所示，在虚拟化环境中所恢复的任务上下文不涉及任何特权指令。

13.2.3　任务上下文切换

在实时系统中，上下文切换是指在一个任务的执行过程中暂停该任务的执行，并切换到另一个任务。上下文切换的实现通常包括以下 3 个步骤。

1）保存当前任务的上下文：在执行上下文切换之前，需要将当前任务的 CPU 寄存器、程序计数器、栈指针等上下文信息保存到当前任务栈中，目的是后续重新执行该任务时，能够从上次暂停的地方继续执行。

2）切换到目标任务：在保存当前任务的上下文之后，需要将 CPU 控制权切换到目标任务。最重要的是将目标任务的栈顶地址恢复到 CPU 栈寄存器中。

3）恢复目标任务的上下文：切换到目标任务后，需要将目标任务栈中保存的上下文信息恢复到 CPU 寄存器中，这样就可以从目标任务上次暂停的地方继续执行。

任务上下文切换的实现如代码清单 13-4 所示。

代码清单 13-4　任务上下文切换的实现

```
//源码路径：os_platform/os_cpu_a.S
01 #define CONTEXT_SWITCH                                                          \
02     __asm__ __volatile__(                                                       \
03         "movb (%%eax),%%al\n\t"                                                 \
04         "movb %%al,(%%edx)\n\t"                                                 \
05         "movl (%%ebx), %%edx\n\t"                                               \
06         "pushl $1f\n\t"                                                         \
07          PUSH_REGISTERS                                                         \
08         "movl %%esp, 0(%%edx)\n\t"                                              \
09         "movl 0(%%ecx), %%esp\n\t" /*恢复OSTCBHighRdy->OSTCBStkPtr*/            \
10         "movl %%ecx, (%%ebx)\n\t"                                               \
11          POP_REGISTERS                                                          \
12         "ret\n\t"                                                               \
13         "1:\n\t"                                                                \
14         :                                                                       \
15         : "c"(OSTCBHighRdy), "b"(&OSTCBCur), "a"(&OSPrioHighRdy), "d"(&OSPrioCur))
16
17 #define OS_TASK_SW() CONTEXT_SWITCH
```

13.2.4　中断上下文切换

对于中断上下文切换，我们选择时钟中断上下文切换作为分析场景。之所以选择时钟中断上下文，是因为分区中运行的是 μC/OS-Ⅱ多任务内核，没有传统 GPOS 两种模式（用户模式 / 特权模式）的切换和动态内存分配，没有调度策略切换，健康监控采用默认配置，因此不涉及更多的超级调用服务，只需要使能钟节拍，μC/OS-Ⅱ就可以运行起来。时钟中断上下文切换的实现如代码清单 13-5 所示。

代码清单 13-5　时钟中断上下文切换实现

```
//源码路径：os_platform/os_cpu_a.S
01 OSTickISR:
02      store_context
03      call OSIntEnter
04      movl $OSIntNesting, %ebx
05      movb (%ebx),%bl
06      cmpb $0x1,%bl
07      jne Dec_NotSaveSP
08      movl $OSTCBCur, %ebx
09      movl (%ebx), %ebx
10      movl %esp, 0(%ebx)
11
12 Dec_NotSaveSP:
13      call OSTimeTick
14      call OSIntExit
15      restore_context
```

时钟中断的处理流程遵循图 13-4 所示的流程，这里不再赘述。

13.2.5　μC/OS-Ⅱ分区入口函数的实现

为了简化 μC/OS-Ⅱ分区的适配过程，我们在 PRTOS BAIL 运行时环境上适配了虚拟化 μC/OS-Ⅱ内核。因此 μC/OS-Ⅱ分区的入口 C 函数是 partition_main()，如代码清单 13-6 所示。

代码清单 13-6　μC/OS-II 分区入口函数的实现

```
//源码路径：https://github.com/prtos-project/prtos-demo/blob/main/partition_ucosii/
  partition_ucosii.c
01 void partition_main(void) {
02
03      OSInit();
04      OSTaskCreateExt(KernelStart, (void *)0,
05                      (OS_STK *)&AppStartTaskStk[APP_TASK_START_STK_SIZE - 1],
06                      APP_KERNEL_START_PRIO, APP_KERNEL_START_PRIO,
07                      (OS_STK *)&AppStartTaskStk[0], APP_TASK_START_STK_SIZE,
08                      (void *)0, OS_TASK_OPT_STK_CHK | OS_TASK_OPT_STK_CLR);
09      OSStart();
```

在上述代码中，第 01 行从分区 μC/OS-Ⅱ的入口函数 partition_main() 处开始了 μC/OS-Ⅱ分区的启动过程。

13.2.6 μC/OS-Ⅱ分区的启动过程

μC/OS-Ⅱ的初始化过程可分成两个部分。

1）分区虚拟处理器相关硬件的初始化：包括虚拟处理器内部寄存器、栈寄存器的初始化。

2）μC/OS-Ⅱ内核的初始化：包括系统核心数据结构的初始化、初始任务的创建、多任务运行机制的启动，其初始化流程如图 13-5 所示。

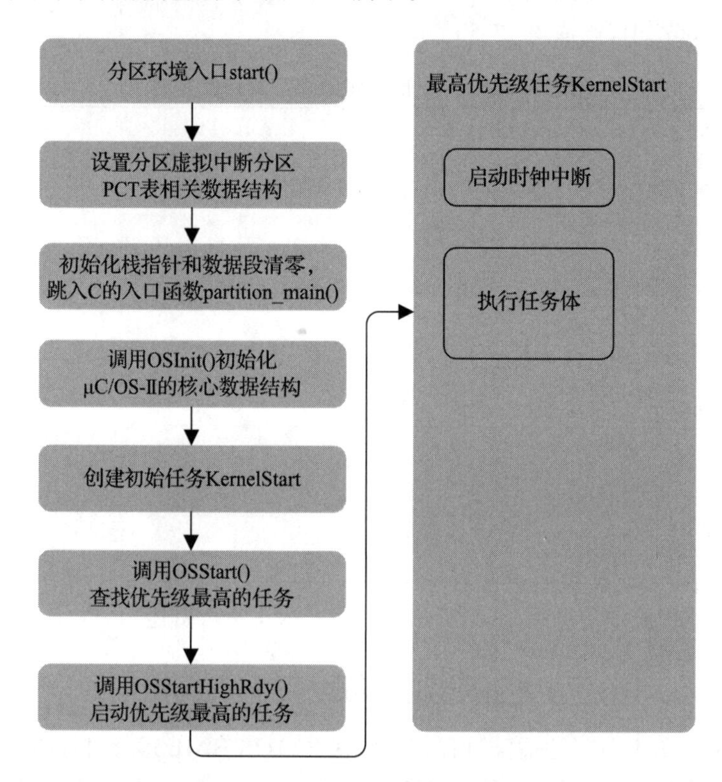

图 13-5　分区系统的初始化流程

从分区系统的初始化流程可以看出，在分区上运行 μC/OS-Ⅱ和直接在裸机上运行 μC/OS-Ⅱ(见图 13-1）是类似的。这意味着，如果 μC/OS-Ⅱ已经被适配到支持 PRTOS 系统的硬件平台（比如 X86 硬件平台）上，那么在这个源码的基础上再对 μC/OS-Ⅱ进行分区虚拟化，其过程本质上是将 μC/OS-Ⅱ中与底层硬件相关的代码用 PRTOS 提供给分区的 Hypercall API 进行替代的过程。

13.3 针对传统 RTOS 的分区虚拟化总结

在整个移植的过程中，主要工作集中在 3 个方面：栈帧的设计、上下文切换的实现以及防止栈溢出。

1. 栈帧的设计

实时系统通常对内存和 CPU 的使用有较高的要求，因此栈帧的大小应该尽可能小。栈帧的结构也需要考虑实时系统的特殊要求，比如需要保存的寄存器、返回地址等信息。

2. 上下文切换的实现

在实现 RTOS 中的上下文切换时，需要考虑上下文的保存和恢复、任务优先级和调度策略、中断处理、栈空间管理、原子操作和同步机制以及与底层硬件的交互等问题。这些问题的合理处理和实现是保证 RTOS 可靠性、实时性和可调度性的关键。

1）上下文的保存和恢复。在进行上下文切换之前，需要保存当前任务的上下文信息，包括 CPU 寄存器、程序计数器、栈指针等。而在切换到另一个任务时，需要将其之前保存的上下文信息恢复到对应的寄存器和栈中。确保上下文信息的正确保存和恢复是实现上下文切换的关键。

2）任务优先级和调度策略。RTOS 通常具有任务调度器，负责根据任务的优先级和调度策略决定下一个要执行的任务。在进行上下文切换时，需要确保选择合适的下一个任务，并进行相应的上下文切换操作。

3）中断处理。RTOS 中的中断处理可能会打断正在执行的任务，因此在进行上下文切换时，需要适当处理中断状态和中断请求。在保存和恢复上下文时，需要考虑中断处理过程中产生的相关状态。

4）栈空间管理。RTOS 中的任务通常拥有自己的栈空间，上下文切换涉及栈指针的调整。确保栈空间的正确管理和分配，避免产生栈溢出等，这是进行上下文切换时需要重点考虑的问题。

5）原子操作和同步机制。在进行上下文切换时，需要确保在多任务环境中的原子操作和同步机制的正确性。这包括互斥锁、信号量、事件标志等的正确使用，以避免出现竞态条件和数据不一致等问题。

6）与底层硬件的交互。RTOS 的上下文切换通常需要依赖底层硬件的支持，比如特定的指令集、中断控制器、时钟和定时器等。在实现上下文切换时，需要了解目标硬件平台的特性，并进行适当的硬件抽象和接口封装。

虚拟化环境下的 RTOS 上下文切换需要考虑虚拟化层的开销、中断处理、虚拟时钟和定时器以及与超级调用的协作等问题。实时系统需要确保实时性和响应能力，所以在设计上下文切换时需要进行综合考虑和权衡。

3. 防止栈溢出

RTOS 中的栈空间溢出是指任务的栈空间不足以容纳任务执行期间所使用的栈帧和局部变量，导致数据覆盖或者栈溢出。这可能会导致系统崩溃、数据损坏或其他不可预测的行为。

为了减少 RTOS 栈空间溢出的风险，我们一般会采取以下几种措施。

1）适当分配栈空间：在设计任务时，应该合理估计任务所需的栈空间，并为任务分配足够的栈空间。可以通过观察任务在运行时所使用的栈空间大小来进行评估，或者使用静态代码分析工具来检查任务的栈使用情况。

2）避免过深的函数调用嵌套：过深的函数调用嵌套会导致栈空间的消耗增加。可以使用迭代来替代递归，确保函数调用链层次不会过深。

3）减少局部变量的使用：局部变量会占用栈空间，因此在任务中应尽量减少使用大型的局部变量。如果需要使用较大的数据结构，可以考虑使用动态内存分配（如堆内存）或全局变量。

4）使用 RTOS 提供的栈溢出检测机制：一些 RTOS 提供了栈溢出检测机制，可以在栈空间不足时触发警告或错误，从而及时发现栈空间溢出问题并进行修复。

5）调整任务的优先级：任务的优先级决定了任务在 RTOS 中的执行顺序和调度频率。合理设置任务的优先级可以减少栈空间溢出的风险，较高优先级的任务应该分配更大的栈空间。

6）使用栈溢出保护技术：一些 RTOS 提供了栈溢出保护的功能，可以在栈空间溢出时进行错误处理，如触发断言或调用错误处理函数。

在实际应用中，应根据具体 RTOS 和应用需求进行适当的配置和调整。同时，对关键任务和栈空间溢出敏感的应用进行全面的测试和验证是非常重要的。

13.4 实验：分区μC/OS-Ⅱ示例

本节（https://github.com/prtos-project/prtos-demo/tree/main/partition_ucosii）演示 μC/OS-Ⅱ在分区上的运行过程，用于验证 μC/OS-Ⅱ的虚拟化实现。

13.4.1 示例描述

本示例创建了两个分区，每个分区上运行一个 μC/OS-Ⅱ系统。在 μC/OS-Ⅱ系统中，我们创建了一个用户任务，该任务调用 μC/OS-Ⅱ提供的系统服务输出当前任务的栈使用状态信息。

分区调度策略如表 13-1 所示。

表 13-1 分区调度策略

分区	起始时刻 /ms	持续时间 /ms
分区 0	0	500
分区 1	500	500

XML 配置文件的路径为 prtos-demo/partition_ucosii/prtos_cf.x86.xml。

13.4.2 在分区 0 和分区 1 上运行μC/OS-Ⅱ系统

分区 0 和分区 1 共享同一份虚拟化的 μC/OS-Ⅱ代码，μC/OS-Ⅱ的主逻辑见代码清单 13-7。

代码清单 13-7　μC/OS-II 的主逻辑

```
//源码路径: prtos-demo/partition_ucosii/partition_ucosii.c
01 static void KernelStart(void *pdata) {
02     PRINT("KernelStart\n");
03     pdata = pdata;
04     TimerKicker();
05     OSTaskCreateExt(AppTask1, (void *)0,
06                     (OS_STK *)&AppTask1Stk[APP_TASK_1_STK_SIZE - 1],
07                     APP_TASK_1_PRIO, APP_TASK_1_ID, (OS_STK *)&AppTask1Stk[0],
08                     APP_TASK_1_STK_SIZE, (void *)0,
09                     OS_TASK_OPT_STK_CHK | OS_TASK_OPT_STK_CLR);
10     while (TRUE) {
11         OSCtxSwCtr = 0;
12         PRINT("KernelStart running on Partiton [%d]\n", PRTOS_PARTITION_SELF);
13         OSTimeDly(1);
14     }
15 }
16
17 static void AppTask1(void *pdata) {
18     INT8U err;
19     OS_STK_DATA data;
20     pdata = pdata;
21     while (TRUE) {
22         err = OSTaskStkChk(APP_TASK_1_PRIO, &data);
23         if (OS_NO_ERR == err) {
24             PRINT("AppTask1 Stack size:%d used:%d free:%d\n",
25                 data.OSFree + data.OSUsed, data.OSUsed, data.OSFree);
26         }
27         printf("AppTask1 running on Partition [%d]\n", PRTOS_PARTITION_SELF);
28         OSTimeDly(1);
29     }
30 }
31
32 void partition_main(void) {
33
34     OSInit();
35     OSTaskCreateExt(KernelStart, (void *)0,
36         (OS_STK *)&AppStartTaskStk[APP_TASK_START_STK_SIZE - 1],
37         APP_KERNEL_START_PRIO, APP_KERNEL_START_PRIO,
38         OS_STK *)&AppStartTaskStk[0], APP_TASK_START_STK_SIZE,
39         (void *)0, OS_TASK_OPT_STK_CHK | OS_TASK_OPT_STK_CLR);
40     OSStart();
41 }
```

该示例的运行结果如图 13-6 所示。

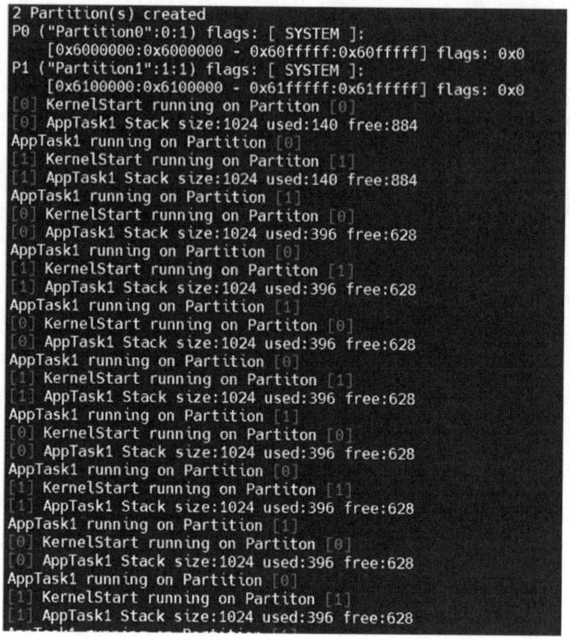

```
2 Partition(s) created
P0 ("Partition0":0:1) flags: [ SYSTEM ]:
    [0x6000000:0x6000000 - 0x60fffff:0x60fffff] flags: 0x0
P1 ("Partition1":1:1) flags: [ SYSTEM ]:
    [0x6100000:0x6100000 - 0x61fffff:0x61fffff] flags: 0x0
[0] KernelStart running on Partiton [0]
[0] AppTask1 Stack size:1024 used:140 free:884
AppTask1 running on Partition [0]
[1] KernelStart running on Partiton [1]
[1] AppTask1 Stack size:1024 used:140 free:884
AppTask1 running on Partition [1]
[0] KernelStart running on Partiton [0]
[0] AppTask1 Stack size:1024 used:396 free:628
AppTask1 running on Partition [0]
[1] KernelStart running on Partiton [1]
[1] AppTask1 Stack size:1024 used:396 free:628
AppTask1 running on Partition [1]
[0] KernelStart running on Partiton [0]
[0] AppTask1 Stack size:1024 used:396 free:628
AppTask1 running on Partition [0]
[1] KernelStart running on Partiton [1]
[1] AppTask1 Stack size:1024 used:396 free:628
AppTask1 running on Partition [1]
[0] KernelStart running on Partiton [0]
[0] AppTask1 Stack size:1024 used:396 free:628
AppTask1 running on Partition [0]
[1] KernelStart running on Partiton [1]
[1] AppTask1 Stack size:1024 used:396 free:628
AppTask1 running on Partition [1]
[0] KernelStart running on Partiton [0]
[0] AppTask1 Stack size:1024 used:396 free:628
AppTask1 running on Partition [0]
[1] KernelStart running on Partiton [1]
[1] AppTask1 Stack size:1024 used:396 free:628
```

图 13-6　μC/OS-Ⅱ示例的运行结果

从图 13-6 中可以看出，两个分区上的 μC/OS-Ⅱ系统可以稳定运行，分区 0 上的 μC/OS-Ⅱ系统输出 AppTask1 任务的栈使用状态，分区 1 上的 μC/OS-Ⅱ系统输出 AppTask1 任务的栈使用状态。

13.5　本章小结

本章详细阐述了 μC/OS-Ⅱ的虚拟化过程。由于我们重点在于 μC/OS-Ⅱ内核的虚拟化，所以只需要专注于 μC/OS-Ⅱ系统的初始化流程、栈帧设计、任务和时钟中断上下文切换的实现，就可以完成 μC/OS-Ⅱ虚拟化。甚至可以说，如果 μC/OS-Ⅱ已经被适配到和 PRTOS 相同的硬件平台上，那么此时对 μC/OS-Ⅱ的虚拟化过程，本质上就是将 μC/OS-Ⅱ中底层硬件相关的代码用 PRTOS Hypercall API 进行替代的过程（其他代码由于不涉及特权指令调用，不需要做特别的处理），即可实现 μC/OS-Ⅱ虚拟化。

第 14 章
分区 Guest GPOS 的虚拟化实现

本章讨论分区 Guest GPOS 的虚拟化实现。对于 Guest GPOS，我们选择 Linux 内核。本章我们以 Linux 内核为例，详细讨论在 PRTOS 分区中运行 Linux 内核所面临的挑战，重点解决在 PRTOS 提供的分区运行时环境下运行 Linux 内核时出现的内存、设备管理以及初始化方面的问题。Linux 的成功适配可以进一步扩展 PRTOS 的应用领域，即 PRTOS 可以扩展到具有更宽松实时约束的嵌入式平台中。

14.1 分区 Linux 内核的虚拟化

分区 Guest Linux 系统适配 vCPU 的代码结构，与 Linux 系统适配原生 pCPU 的代码结构非常相似，甚至某些情况下是相同的。当然，原生 pCPU 的软件环境与 PRTOS 提供的超级调用服务的差异是 Linux 内核虚拟化所需要考虑的因素。具体来说，PRTOS 的虚拟机状态信息存储在 PCT 中，该结构提供 vCPU 相关的信息和分区调度信息。PRTOS 采用 Xen Paravirt-Ops 接口实现 Linux 内核虚拟化，以简化 Linux 内核的虚拟化工作量。

Paravirt-Ops 是 X86 特权指令的封装包。Linux 已经将 X86 平台上的特权指令替换为对应接口函数的调用。因此，Paravirt-Ops 实际上是 Linux 内核虚拟化中比较简单的部分，只需要用 PRTOS 提供的超级调用接口实现 Paravirt-Ops 的接口函数即可。比如，虚拟化 Linux 内核中开 / 关中断调用的是 PRTOS 提供给分区的超级调用接口。由于 Linux 3.4.4 内核包含半虚拟化封装接口 pv_irq_ops，因此 PRTOS 需要实现这些接口函数，如代码清单 14-1 所示。

代码清单 14-1 半虚拟化封装接口 pv_irq_ops 的实现

```
//源码路径: arch/x86/prtos/irq.c
static const struct pv_irq_ops prtos_irq_ops __initdata = {
    .save_fl = PV_CALLEE_SAVE(prtos_save_fl),
    .restore_fl= PV_CALLEE_SAVE(prtos_restore_fl),
    .irq_disable = PV_CALLEE_SAVE(prtos_x86_clear_if),
    .irq_enable = PV_CALLEE_SAVE(prtos_x86_set_if),
    .safe_halt = prtos_safe_halt,
    .halt = prtos_halt,
#ifdef CONFIG_X86_64
    .adjust_exception_frame = paravirt_nop,
#endif
};
```

在分区 Linux 的初始化过程中，用代码清单 14-1 定义的接口封装对象 prtos_irq_ops 初始化 Linux 内核预留的全局变量 pv_irq_ops，即可实现对分区 Linux 开 / 关中断的半虚拟化。这样当 Linux 内核开 / 关中断时，将调用 PRTOS 提供的 prtos_x86_set_if() 和 prtos_x86_clear_if() 接口。

类似地，Linux 内核基于 struct pv_mmu_ops 接口类型执行 X86 处理器中与 MMU 相关的操作。PRTOS 定义了该接口类型的对象，用它初始化 Linux 内核预留的全局变量 pv_mmu_ops，从而完成对 MMU 操作的半虚拟化。当 Linux 作为客户操作系统时，图 1-10 是 X86 半虚拟化的典型模型。

14.2 Linux 虚拟化过程中的问题

Linux 内核为适配半虚拟化 Hypervisor 平台提供了专用的数据结构和函数接口，因此 Linux 内核的虚拟化过程是比较友好的。然而为了完成 Linux 内核在 PRTOS 平台上的虚拟化，除了需要实现 Linux 内核预留的半虚拟化接口外，还需要解决一些针对 PRTOS 分区平台的特定问题，比如设备虚拟化、虚拟中断管理、内核地址空间重定向以及 I/O 空间的访问问题。

14.2.1 分区 Linux 内核的 I/O 空间和设备管理

在 X86 32 位硬件平台上，PRTOS 通过混合使用段表和页表来实现系统的空间隔离。PRTOS 将线性地址空间顶部 64MB 的虚拟地址空间预留给 PRTOS 内核使用（在 PRTOS 中可配置）。为了禁止分区访问 PRTOS 内核空间，虚拟机只允许定义不跨越 0xFC000000 这个上边界的段空间。因此，分区的虚拟地址空间被限制在 0x00000000～0xFC000000-1 这个区域内。

PRTOS 提供了特定的超级调用来处理页表。Paravirt-Ops 将此纳入考虑，并在接口实现中使用了 PRTOS Hypercall API。为了加强隔离性，分区不能写入页表。但是为了提高系统性能，分区可以通过控制寄存器（CR0）中的写保护（WP）位读取页表。PRTOS 支持批量超级调用，以便通过单个超级调用修改一系列页表条目。比如，经过虚拟化适配的 Linux 内核会调用 prtos_setup_vmmap() 来重新映射 Linux 内核所管理的虚拟地址空间，如代码清单 14-2 所示。

代码清单 14-2　重新映射 Linux 内核空间

```
//源码路径：arch/x86/prtos/hdr.c
01 notrace asmlinkage void __prtosinit prtos_setup_vmmap(prtos_address_t *pg_tab) {
02     int i, e, k, ret;
03     prtos_u32_t __mc_up32_batch[32][4];
04
05     k = 0;
06     i = __PAGE_OFFSET >> 22;
```

```
07      for (e = 0; (e < i) && (e + i < 1024); e++) {
08          if (pg_tab[e]) {
09              __mc_up32_batch[k][0] = update_page32_nr;/* 超级调用号 */
10              __mc_up32_batch[k][1] = 2;              /*超级调用服务的参数个数*/
11              __mc_up32_batch[k][2] = (prtos_address_t)&pg_tab[e+i];/*参数0*/
12              __mc_up32_batch[k][3] = pg_tab[e];                    /*参数1*/
13              ++k;
14          }
15          if (k >= 32) {
16              _PRTOS_HCALL2((void *)&__mc_up32_batch[0],
                              (void *)&__mc_up32_batch[k], multicall_nr, ret);
17              k = 0;
18          }
19      }
20      if (k > 0) {
21          _PRTOS_HCALL2((void *)&__mc_up32_batch[0], (void *)&__mc_up32_batch[k],
                multicall_nr, ret);
22      }
23 }
```

PRTOS 在 PCT 中提供了所在分区可用的内存空间信息，这些信息通过 PRTOS 系统的 XML 配置文件分配给当前分区。经过虚拟化的 Linux 内核通过超级调用服务 prtos_get_pct() 访问 PCT，获取这些可用的内存空间信息，然后用这些信息构建 e820 表。虚拟化的 Linux 内核正是通过访问 e820 表获取当前分区可用的内存地址空间信息并建立内存配置表的。

但是，Linux 内核中有些代码并不会通过内存配置表配置的地址空间去访问一些传统 X86 BIOS 物理地址空间（通常是 0xF0000～0xFFFFF）。比如在 Linux 内核的启动过程中，有一段称为 setup_trampolines 的代码用于设置内核跳板，这段代码会访问 Intel 多处理器配置信息表（位于物理地址 0xF5BA0 处）。即使配置 Linux 内核时禁用了 SMP 选项，系统也会运行这段代码访问物理地址 0xF5BA0，获取多处理器的配置信息。因此，在虚拟化 Linux 的过程中，这段代码需要被跳过。

14.2.2　分区 Linux 的虚拟中断管理

PRTOS 负责管理真实的中断描述符表——hyp_idt_table，并负责为分区提供一个用于虚拟化的 part_idt_table。part_idt_table 与 hyp_idt_table 的布局几乎相同。part_idt_table 的前 32 个条目（0～31）为分区预留条目，用于处理 vCPU 中与原生 CPU 对应的陷阱问题。从 32 开始到某个边界（取决于中断控制器，比如两片级联的 8259A 中断控制器占用了 16 个中断号，编号为 32～47）为止的这部分条目用于硬件中断处理程序。此外，PRTOS 还提供了一组扩展中断。这些中断由虚拟机提供，并对应一组 PRTOS 内核服务程序。例如，PRTOS 提供的虚拟定时器会触发一个扩展中断。

PRTOS 的硬件中断控制器可以是 8259A PIC（属于单处理器系统）或 APIC（属于多处

理器系统）。在分区级别，PRTOS 为分区提供了虚拟中断控制器，用于控制分配给它的各个中断线。

为了实现中断隔离，分区仅接收分配给它的中断信号。比如 8259A PIC，在分区执行过程中，PRTOS 只会在真实硬件中启用分配给该分区的中断线，其余部分保持禁用状态，以免干扰分区。PRTOS 允许覆盖真实中断描述符表中的表项，以提高系统性能。比如，在中断描述符表中覆盖一个中断向量号为 0x80 的表项，该描述符表项会直接跳转到系统调用处理程序，绕过 PRTOS 内核。当然，PRTOS 会检查此条目，确保目标段的特权级大于 0，从而使得运行在特权模式下的 PRTOS 拥有对硬件资源的控制权。Linux 中断隔离的实现如代码清单 14-3 所示。

代码清单 14-3　Linux 中断隔离的实现

```
//源码路径：arch/x86/prtos/irq.c
01 static void __init prtos_init_IRQ(void)
02 {
03     extern void (*ext_interrupt[0])(void);
04     unsigned int i;
05     unsigned int irq_mask=0;
06
07     for (i = FIRST_EXTERNAL_VECTOR; i < NR_VECTORS; i++) {
08         __this_cpu_write(vector_irq[i], i - FIRST_EXTERNAL_VECTOR);
09         if (i != SYSCALL_VECTOR)
10             set_intr_gate(i, interrupt[i - FIRST_EXTERNAL_VECTOR]);
11     }
12     prtos_x86_update_idt(SYSCALL_VECTOR, &((struct x86Gate *)prtos_get_pct()-
         >arch.idtr.linear_base)[SYSCALL_VECTOR]);
13
14     irq_mask = prtos_part_ctr_tab->hw_irqs;
15     while (irq_mask) {
16         i = __ffs(irq_mask);
17         irq_set_chip_and_handler_name(i, &prtos_pic_chip, handle_level_irq, "level");
18         clear_bit(i, (volatile long unsigned int *)&irq_mask);
19     }
20
21     for (i = 0; i < PRTOS_VT_EXT_MAX; i++) {
22         prtos_route_irq(PRTOS_EXTIRQ_TYPE, i, EXT_IRQ_VECTOR+i);
23             alloc_intr_gate(EXT_IRQ_VECTOR+i, ext_interrupt[i]);
24     }
25
26     irq_ctx_init(smp_processor_id());
27 }
```

14.2.3　分区 Linux 内核映像地址的重定位

PRTOS 需要保证分区的隔离性。经过虚拟化 Linux 内核源码编译的内核映像，LMA（Load Memory Address，内存加载地址）确定了内核映像在内存中的加载位置，这就打破了不同分区中运行 Linux 的隔离性。因此，我们必须考虑将 Linux 内核加载到与默认 LMA 地址不同的物理地址。

PRTOS 内核配置项中的 CONFIG_PHYSICAL_START 和 CONFIG_PAGE_OFFSET 分别用于指定 Linux 内核映像的 LMA 和虚拟内存地址（Vitrual Memory Address，VMA），这两个选项决定了内核的链接方式。当经过虚拟化的 Linux 内核映像加载到不同的分区运行时，由于不同分区占据不同的内存地址空间，这意味着 Linux 内核映像一般不会从 CONFIG_PHYSICAL_START 指定的 LMA 位置处加载，因此此时需要修改 Linux 内核的 LMA 空间。

一种方法是配置 CONFIG_PHYSICAL_START，但这样做的缺点是每次更改物理地址的起始位置都需要重新编译内核。为了解决这个问题，PRTOS 实现了一个重定向物理地址的主机辅助应用程序（14.5.3 小节会介绍这个重定向工具），用于重定向 Linux 内核 vmlinux ELF 映像的 LMA。图 14-1 给出了内核重定向 LMA 的方法示意。

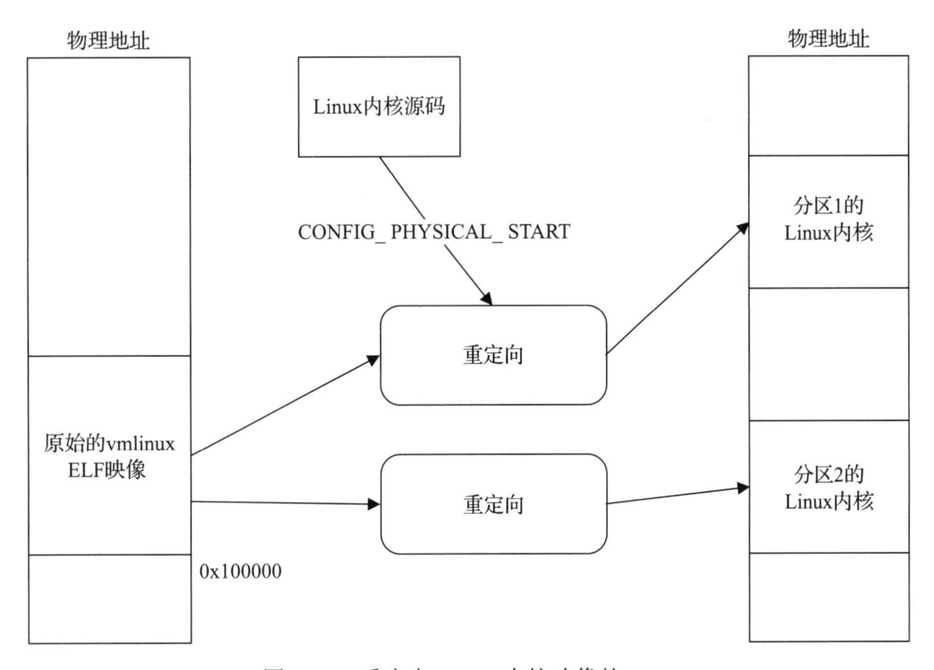

图 14-1　重定向 Linux 内核映像的 LMA

Linux 内核重定向的优点是：根据需要重定向的物理地址，只需要使用同一份 Linux 内核映像即可应用在多个 Linux 分区的系统中。重定位 Linux 内核 ELF 映像的物理地址比重新编译内核要快得多。

14.2.4　分区 Linux 的启动过程

基于 PRTOS 的系统映像由如下元素组成。

1）PRTOS 源码编译的 PRTOS 内核映像和系统配置文件。

2）分区应用源码编译的分区映像。

所有这些元素被打包在一起，形成容器 Container.bin。PRTOS 构建完整自引导映像的过程如图 14-2 所示。注意：在 PRTOS 的实现中，Linux 分区的命令行参数作为自定义文件传递给 Linux 分区，而初始内存文件系统 initramfs 则通过 14.4 节中的 build_linux 工具创建，并传递给虚拟化的 Linux 内核映像。

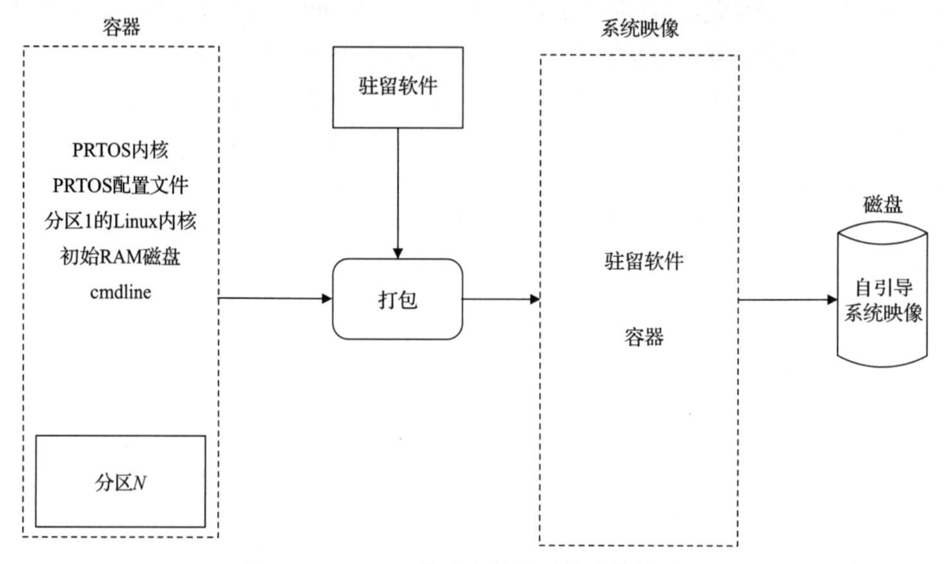

图 14-2　PRTOS 构建完整自引导映像的过程

图 14-2 左边的容器本身并不是一个自引导映像，因此必须在容器前面加一个引导程序。PRTOS 实现了一个驻留软件，即一个简单的引导加载程序。驻留软件和容器被合并成系统映像。在整个系统的加载过程中，PRTOS 使用 GRUB 作为主引导加载程序，而驻留软件将成为次级引导加载程序。因此，GRUB 将整个系统映像加载到特定的内存区域（并跳转到驻留软件），而驻留软件将每个容器元素加载到其指定的内存位置（并跳转到 PRTOS 入口执行）。整个 PRTOS 自引导系统映像的加载过程如图 14-3 所示。

提示： 在图 14-3 中，原始的系统映像被保留在内存中。这是当前为了保持一个一致的 PRTOS 而采用的备选解决方案。Linux 内核在引导过程中会修改自身的代码和数据。在某些情况下，PRTOS 可能只需要重启特定的 Linux 分区，而不是整个系统。在重置时，如果分区映像没有恢复，则系统无法正常启动，因为内核期望的初始数据已被修改。因此，PRTOS 需要恢复映像，并从映射在内存的容器中检索该系统映像。

这种系统引导方案要求对内核打补丁，vmlinux ELF 映像的入口是 startup_32() 函数（源码路径为 arch/x86/kernel/head_32.S）。该函数假设处理器处于某种状态，这个状态必须由前面的软件设置。例如，引导参数假定在 ESI 寄存器中。

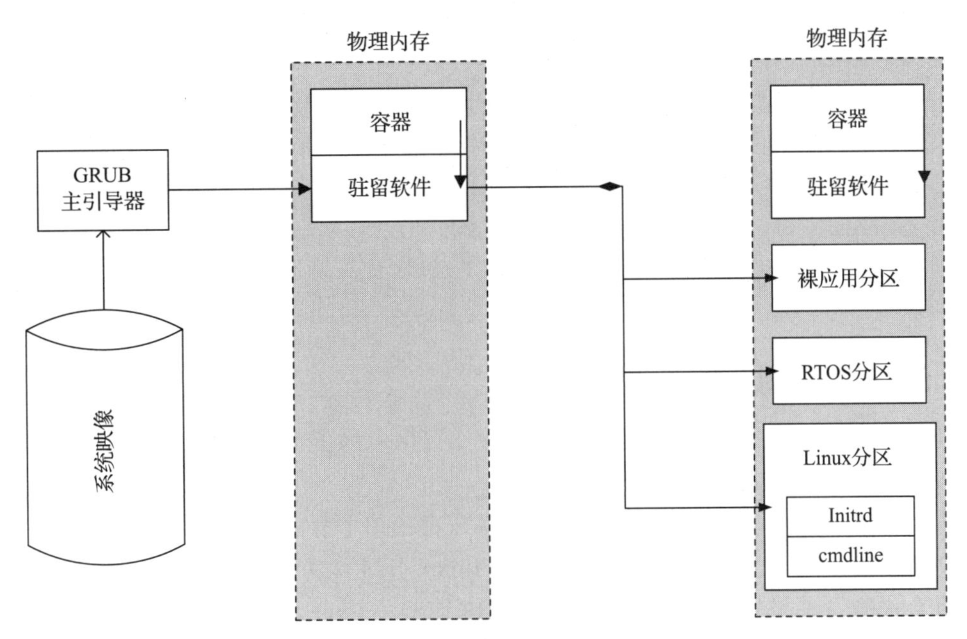

图 14-3　PRTOS 自引导系统映像的加载过程

在正常系统中，引导加载程序设置了这样的状态（例如 GRUB 将引导参数保存到 ESI 寄存器中）。但是在 PRTOS 中，GRUB 用于引导 PRTOS 系统映像，并且无法为每个 Linux 分区设置处理器状态。此外，由于 PRTOS 对运行在虚拟机内部的代码不做任何设置，它无法使处理器处于 Linux 所需的特定状态。相反，PRTOS 通过 PBL 引导分区并将 CPU 控制权转移到分区的入口点，同时保留了指向物理内存到虚拟内存映射的标识符和符合 PRTOS ABI（Application Binary Interface，应用二进制接口）规范的寄存器状态。

因此，PRTOS 需要一种方法来设置处理器的状态，以满足 Linux 的要求，包括设置对命令行参数和初始 ramdisk 映像的引用。为了解决这个问题，PRTOS 分区中包含了一个 PBL。它实现了引导 Linux 分区映像必需的接口，以允许 Linux 被检测为 PRTOS 分区，并正确启动 Linux 操作系统。PBL 替换了 Linux 内核的入口点，用一个小的程序代替，该程序执行以下操作。

1）存储 PRTOS 传递过来的 PCT，其地址位于寄存器 EBX 中。

2）初始化页表。

3）在 ESI 中设置指向引导参数结构的地址。

4）跳转到 Linux 内核入口点。

因为 PRTOS 可以识别这种地址映射，所以在进入 Linux 入口之前可以完成页表初始化。之后调用 Linux 初始化程序通过一个绝对跳转，转到子架构（X86）的入口处 startup_32()。完整的分区 Linux 内核初始化序列如代码清单 14-4 所示。

代码清单 14-4 完整的分区 Linux 内核初始化序列

```
01 start()                       //源码路径: core/pbl/boot.S
02 ->MainPbl()                   //源码路径: core/pbl/pbl.c
03 ->prtos_boot()                //源码路径: arch/x86/prtos/head.S
04 ->startup_32()                //源码路径: arch/x86/kernel/head_32.S
05 ->prtos_entry()               //源码路径: arch/x86/prtos/head.S
06 ->prtos_start_kernel()        //源码路径: arch/x86/prtos/setup_32.c
07 ->i386_start_kernel()         //源码路径: arch/x86/kernel/head32.c
08 ->start_kernel()              //源码路径: init/main.c
```

14.2.5 I/O 空间访问管理

PRTOS 通过配置文件将 I/O 端口分配给每个分区。为了实现 I/O 访问限制，PRTOS 使用 X86 TSS 位图来控制访问。

从 PRTOS 的设计角度考虑，PCI 总线必须分配给单个分区。因此，可能存在一些无权访问 PCI 总线（或其他 I/O 地址空间区域）的 Linux 分区。这些分区在访问 PCI I/O 地址空间时将会失败，并引发常规保护错误。PRTOS 借鉴了 Lguest Hypervisor 的解决方案，即 Lguest 在 VMM 内部使用通用保护异常处理程序来处理引发陷阱的指令。如果引发通用保护异常的是 I/O 指令（比如 inb、outb 指令），该处理程序将忽略 I/O 指令并跳转到下一条指令，在 I/O 指令访问的端口上提供一个虚拟读取。

PRTOS Hypervisor 内部无法实现这样的处理程序。因此，我们对 Linux 内核的通用保护处理程序进行了修改，即当发生通用保护异常时，调用 prtos_skip_io() 函数来判断触发通用保护异常的指令是否为 PCI I/O 访问指令。如果是，则通用保护异常处理程序直接返回。

14.3 分区 Linux 内核的设备管理

PRTOS 对分区中的 Linux 设备管理进行了简化。具体来说，PRTOS 内核通过配置文件将设备的地址空间分配给特定的 Linux 分区，使得该分区独占所有设备的地址空间，即独占所有设备。该设备分区为其他分区发出的访问设备请求提供对应的服务。为了实现上述过程，我们必须解决分区间的设备分配方式以及独占设备的分区采用何种方式给其他分区提供服务的问题，也就是设备虚拟化的实现问题。

14.3.1 分区 Linux 的设备分配

PRTOS 使用 TSS 位图将 I/O 端口分配给分区。然而，这不是将设备分配给分区使用的唯一方式。在 X86 系统中，设备也可以通过内存地址进行分配，即将设备映射的特定内存地址区域通过 XML 配置文件指定给分区。这种直通的配置方式需要我们收集每个目标平台的设备信息，比如设备地址空间信息、I/O 端口信息以及设备使用的中断向量号。

14.3.2　分区 Linux 的设备虚拟化

因为 PRTOS 采用直通的方式将所有的设备分配给一个分区，所以 PRTOS 的设备虚拟化很自然地采用 I/O 服务分区的方式，即所有的设备通过直通方式分配给 I/O 服务分区。为了避免重新实现设备驱动程序，PRTOS 采用虚拟化的 Linux 内核作为 I/O 服务分区。I/O 服务分区通过定制化的 VirtIO 协议实现和其他客户分区的交互，定制化的 VirtIO 协议基于共享内存实现。PRTOS 的设备虚拟化方案如图 14-4 所示。

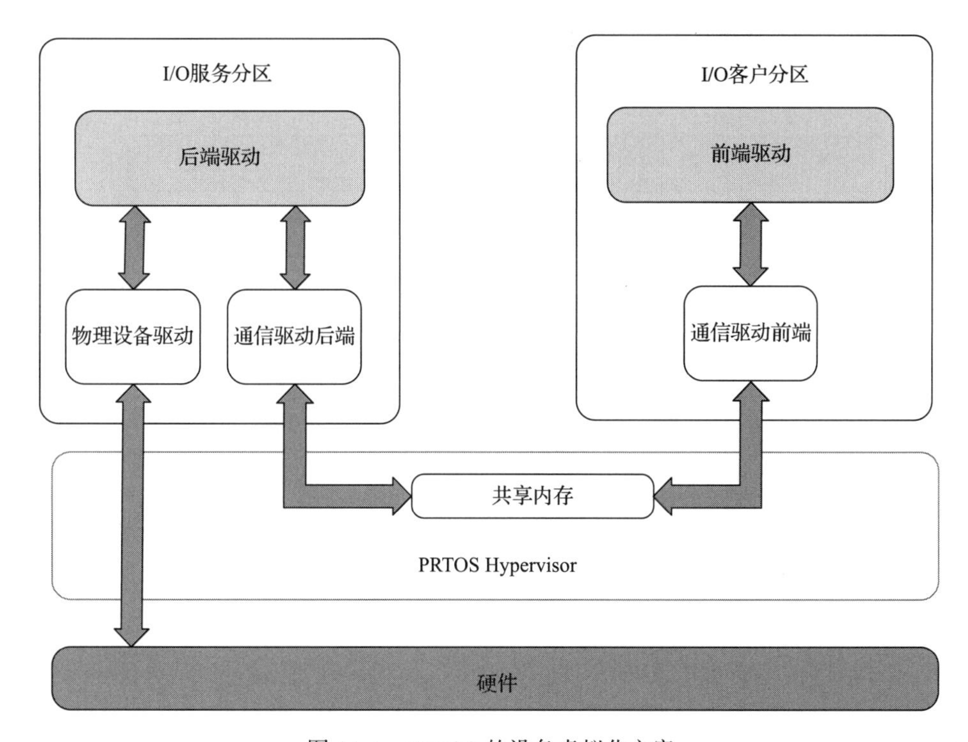

图 14-4　PRTOS 的设备虚拟化方案

在图 14-4 中，I/O 服务分区以直通方式独占物理设备并实现通信驱动后端，I/O 客户分区实现通信驱动前端，前端和后端基于共享内存实现通信协议。

1. 定制化的 VirtIO 协议

I/O 服务分区独占所有的硬件资源（从 I/O 端口到硬件中断）。I/O 服务分区为 I/O 客户分区提供的是点对点的通信服务，目的是实现客户分区间的隔离。I/O 服务分区和 I/O 客户分区的通信架构如图 14-5 所示。

VirtIO 是一种用于虚拟化环境中的 I/O 虚拟化标准，目的是解决虚拟机与 Hypervisor 之间的 I/O 性能和效率。VirtIO 假设 I/O 服务分区可以完全访问 I/O 客户端的地址空间。这在 PRTOS 架构中是不成立的，因为 PRTOS 需要保证分区之间的隔离性。因此在 I/O 客户分区的底层，我们用 PRTOS I/O 层替代了 VirtIO 的环层，在每个分区和 I/O 服务分区之间配置了一个共享内存区域。该共享内存的结构布局如图 14-6 所示。

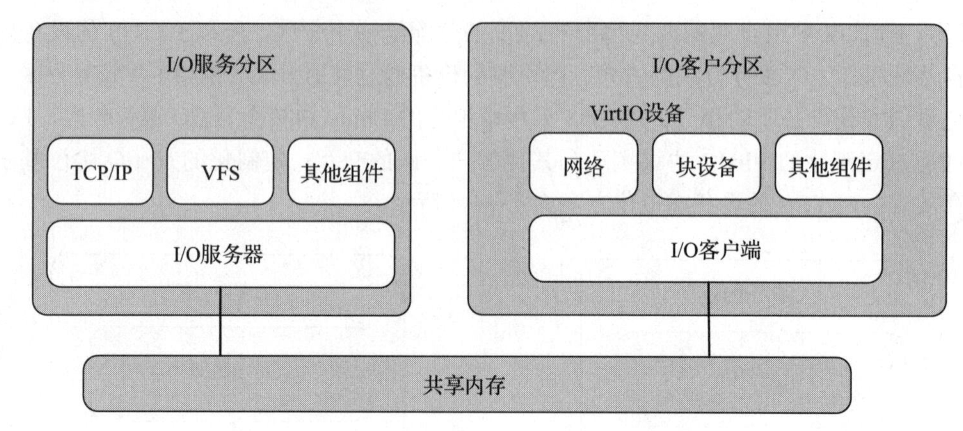

图 14-5　I/O 服务分区和 I/O 客户分区的通信架构

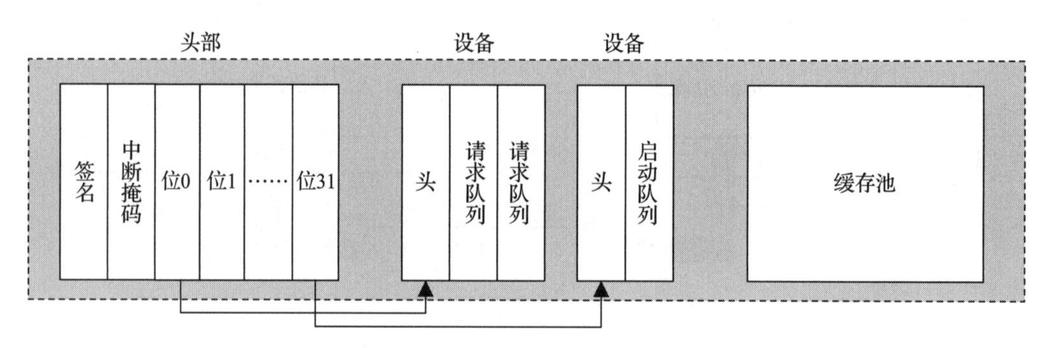

图 14-6　共享内存的结构布局

PRTOS I/O 服务器和多个客户端通过分区间的虚拟中断进行同步，PRTOS 为每个 I/O 客户端分配一个分区间的虚拟中断。在共享内存区域中，PRTOS 使用中断掩码来跟踪引起中断的设备。

2. 共享内存的 VirtIO 实现

VirtIO 创建了描述符链模型。这个模型基于散列表机制，用于处理稀疏数据缓冲区。因此，描述符链只是散列表的另一种表示，附加了额外的元数据，用于实现 VirtIO 协议。

PRTOS I/O 客户端与 PRTOS I/O 服务器之间的通信过程如下。

VirtIO 驱动程序在 I/O 客户端内存空间中创建散列表，分配内存缓冲区。缓冲区被传递给 VirtIO 环（PRTOS 中称之为 PRTOS I/O 环），该环从共享内存区域中的缓存池获取所需的缓存，并将数据从原始缓冲区复制到缓存（用于输出请求）中。I/O 服务器获取请求并使用共享内存区域中客户端存放数据的缓存池。I/O 服务器完成请求服务后，会通知客户端将数据复制回原始客户端缓冲区（用于输入请求）并释放共享内存缓存到缓存池中。PRTOS 利用散列表的缓冲区结构，分配缓冲区的时间恒定，减少了碎片化，从而减小了共享内存区域的大小。

14.4　Linux 分区的映像格式

分区映像包含一个映像头结构、一个或多个分区头结构以及将要执行的代码和数据。这里假设一个分区映像文件只包含一个映像头结构和一个分区头结构。

注意：所有分区映像的地址都是 LMA。

Linux 分区映像的头结构如代码清单 14-5 所示。

代码清单 14-5　Linux 分区映像的头结构

```
//源码位置：core/include/prtosef.h
01 struct prtos_image_hdr {
02 #define PRTOS_EXEC_PARTITION_MAGIC 0x24584d69
03     prtos_u32_t start_signature;
04     prtos_u32_t compilation_prtos_abi_version;       //PRTOS ABI版本
05     prtos_u32_t compilation_prtos_api_version;       //PRTOS API版本
06     prtos_address_t page_table;                      //页表地址
07     prtos_u_size_t page_table_size;
08     prtos_u32_t num_of_custom_files;
09     struct pef_custom_file custom_file_table[CONFIG_MAX_NO_CUSTOMFILES];
10     prtos_u32_t end_signature;
11 } __PACKED;
```

上述代码的说明如下。

1）start_signature 和 end_signature：分别用于标识分区映像的开始和结束签名。

2）compilation_prtos_abi_version：用于编译分区的 ABI 版本。

3）compilation_prtos_api_version：用于编译分区的 API 版本。PRTOS 的 API 和 ABI 版本数值不同，PRTOS 根据此信息检查分区映像是否兼容。

4）num_of_custom_files：映像附加的自定义文件的数量。如果映像是 Linux，那么其中一个文件是 CMDLINE 文件。自定义文件的数量不能超过 PRTOS 的配置选项 CONFIG_MAX_NO_FILES 定义的数值。这些信息会提供给驻留软件，驻留软件根据这些信息将文件复制到内存中的指定位置。虚拟化后的 Linux 分区映像的头结构 prtos_image_hdr 如代码清单 14-6 所示。

代码清单 14-6　虚拟化后的 Linux 分区映像的头结构

```
//源码路径：arch/x86/prtos/hdr.c
01 __attribute__((section(".prtos_image_hdr"))) struct prtos_image_hdr __prtos_
   image_hdr __PRTOS_IMAGE_HDR = {
02     .start_signature=PRTOS_EXEC_PARTITION_MAGIC,
03     .compilation_prtos_abi_version=PRTOS_SET_VERSION(PRTOS_ABI_VERSION, PRTOS_
           ABI_SUBVERSION, PRTOS_ABI_REVISION),
04     .compilation_prtos_api_version=PRTOS_SET_VERSION(PRTOS_API_VERSION, PRTOS_
           API_SUBVERSION, PRTOS_API_REVISION),
05     .page_table=(prtos_address_t)__pa(_page_table),
06     .page_table_size=PAGE_SIZE*(NO_PGTS+1),
07     .num_of_custom_files=1,
08     .custom_file_table={
```

```
09          [0]=(struct pef_custom_file) {
10              .sAddr=__pa(cmdline),
11              .size=CMDLINE_SIZE,
12          },
13      },
14      .end_signature=PRTOS_EXEC_PARTITION_MAGIC,
15 };
```

在上述代码中，第 10 行和第 11 行代码传递给 Linux 内核的启动参数，最终会通过数据结构 prtos_boot_params 传递给内核，如代码清单 14-7 所示。

代码清单 14-7　数据结构 prtos_boot_params

```
//源码路径：arch/x86/prtos/hdr.c
01 __attribute__((section(".prtos_boot_params"))) struct boot_params prtos_boot_
   params = {
02     .hdr.version = 0x207,
03     .hdr.hardware_subarch = 3,//PRTOS Hypervisor对应的启动索引
04     .hdr.loadflags = KEEP_SEGMENTS,
05     .hdr.type_of_loader = 0xa0,
06     .hdr.cmd_line_ptr = __pa(cmdline),
07     .hdr.cmdline_size = CMDLINE_SIZE,
08     .screen_info={
09         .orig_x = 0,                    /* 0x00 */
10         .orig_y = 0,                    /* 0x01 */
11         .orig_video_page = 8,           /* 0x04 */
12         .orig_video_mode = 3,           /* 0x06 */
13         .orig_video_cols = 80,          /* 0x07 */
14         .orig_video_ega_bx = 3,         /* 0x0a */
15         .orig_video_lines = 25,         /* 0x0e */
16         .orig_video_isVGA = 1,          /* 0x0f */
17         .orig_video_points = 16,        /* 0x10 */
18     },
19     .e820_entries = 0,
20 };
```

在上述代码中，第 03 行代码表示 startup_32() 函数（代码清单 14-4 的第 04 行）根据 hardware_subarch 的值 3 最终进入 prtos_entry()，如代码清单 14-8 所示。

代码清单 14-8　内核分区映像入口 prtos_entry()

```
//源码路径：arch\x86\prtos\head.S
01 ENTRY(prtos_entry())
02     movl $(init_thread_union+THREAD_SIZE),%esp
03     mov prtos_pct, %ebx
04     pushl %ebx
05     call init_libprtos
06
07     jmp prtos_start_kernel
```

在上述代码中，第 02 行和第 03 行只是传递了 Linux 内核启动所需要的命令行参数，而 ramdisk_image 的传递并不是通过 prtos_image_hdr 结构，而是在重定向 vmlinux 内核映像时，由主机工具（arch/X86/prtos/usr/bin build_linux）创建的 ramdisk_image 通过调整 vmlinux 的代

码将 ramdisk_image 链接进内核分区映像，并将 ramdisk_image 的地址传给 Linux 内核。

因为在编译虚拟化后的 Linux 内核时，ramdisk 映像还没有准备好，因此当我们重定向 Linux 内核分区映像时会再次更新 vmlinux，这通过调用主机工具（build_linux）实现：

```
linux-sdk/bin/build_linux -r root -a 0x5080000 -o linux-partition /path/to/
    linux-sdk/vmlinux
```

这条命令做了 3 件事情。

1）调用主机工具中的 mkinitramfs 命令生成 ramdisk 映像。

2）调用主机工具中的 objdump 命令将 ramdisk 映像放入 .initramfs 节中。

3）调用主机工具重定向（relocate）Linux 内核映像的 LMA，同时修改 prtos_boot_params.hdr.ramdisk_image 和 prtos_boot_params.hdr.ramdisk_size 两个字段，从而完成 ramdisk 映像的传递。限于篇幅，未列出代码，详情请参考源码 arch/X86/Prtos/usr/bin/relocate.C。

最后经过重定向生成的 Linux 内核映像的 prtos_boot_params 结构中的 hdr.ramdisk_image 和 hdr.ramdisk_size 字段包含了正确的 ramdisk 映像，ramdisk 映像实际上存放在 .initramfs 节中，如图 14-7 所示。

为了降低半虚拟化超级调用的开销，PRTOS 定义的 PCT 可以在 Hypervisor 和分区之间共享。每个分区都有一个 PCT。PRTOS 使用 PCT 向分区发送相关的操作信息。PCT 所在内存区域被映射为只读区域，允许分区只读访问。分区的任何写访问都会导致系统异常。分区 PCT 的结构如代码清单 14-9 所示。

代码清单 14-9　分区 PCT 的结构

```
//源码路径: core/include/guest.h
01 typedef struct {
02     prtos_u32_t magic;
03     prtos_u32_t prtos_version;       //PRTOS版本
04     prtos_u32_t prtos_abi_version;   //PRTOS ABI版本
05     prtos_u32_t prtos_api_version;   //PRTOS API版本
06     prtos_u_size_t part_ctrl_table_size;
07     prtos_u32_t reset_counter;
08     prtos_u32_t reset_status;
09     prtos_u32_t cpu_khz;
10 #define PCT_GET_PARTITION_ID(pct) ((pct)->id & 0xff)
11 #define PCT_GET_VCPU_ID(pct) ((pct)->id >> 8)
12     prtos_id_t id;
13     prtos_id_t num_of_vcpus;
14     prtos_id_t sched_policy;
15     prtos_u32_t flags;
16     prtos_u32_t image_start;
17     prtos_u32_t hw_irqs;
18     prtos_s32_t num_of_physical_mem_areas;
19     prtos_s32_t num_of_comm_ports;
20     prtos_u8_t name[CONFIG_ID_STRING_LENGTH];
21     prtos_u32_t iflags;
22     prtos_u32_t hw_irqs_pend;
23     prtos_u32_t hw_irqs_mask;
```

```
24
25     prtos_u32_t ext_irqs_pend;
26     prtos_u32_t ext_irqs_to_mask;
27
28     struct pct_arch arch;
29     struct cyclic_sched_info cyclic_sched_info;
30     prtos_u16_t trap_to_vector[NO_TRAPS];
31     prtos_u16_t hw_irq_to_vector[CONFIG_NO_HWIRQS];
32     prtos_u16_t ext_irq_to_vector[PRTOS_VT_EXT_MAX];
33 } part_ctl_table_t;
```

```
Section Headers:
  [Nr] Name              Type            Addr     Off    Size   ES Flg Lk Inf Al
  [ 0]                   NULL            00000000 000000 000000 00      0   0  0
  [ 1] .xmboot           PROGBITS        05080000 001000 0000bd 00  AX  0   0 16
  [ 2] .rel.xmboot       REL             00000000 9f0d88 000030 08     66   1  4
  [ 3] .xmImageHdr       PROGBITS        050800c0 0010c0 000034 00  WA  0   0 32
  [ 4] .rel.xmImageHdr   REL             00000000 9f0db8 000010 08     66   3  4
  [ 5] .text             PROGBITS        85081000 002000 3ec67d 00  AX  0   0 64
  [ 6] .rel.text         REL             00000000 9f0dc8 0c8260 08     66   5  4
  [ 7] .notes            NOTE            8546d680 3ee680 000024 00  AX  0   0  4
  [ 8] __ex_table        PROGBITS        8546d6b0 3ee6b0 000c18 00   A  0   0  4
  [ 9] .rel__ex_table    REL             00000000 ab9028 001658 08     66   8  4
  [10] .rodata           PROGBITS        8546f000 3f0000 14e84d 00   A  0   0 64
  [11] .rel.rodata       REL             00000000 aba680 072268 08     66  10  4
  [12] __bug_table       PROGBITS        855bd850 53e850 00678c 00   A  0   0  1
  [13] .rel__bug_table   REL             00000000 b2c8e8 008a10 08     66  12  4
  [14] .pci_fixup        PROGBITS        855c3fdc 544fdc 0012d0 00   A  0   0  4
  [15] .rel.pci_fixup    REL             00000000 b352f8 000968 08     66  14  4
  [16] __ksymtab         PROGBITS        855c52ac 5462ac 0066a0 00   A  0   0  4
  [17] .rel__ksymtab     REL             00000000 b35c60 00cd40 08     66  16  4
  [18] __ksymtab_gpl     PROGBITS        855cb94c 54c94c 003410 00   A  0   0  4
  [19] .rel__ksymtab_gpl REL             00000000 b429a0 006820 08     66  18  4
  [20] __kcrctab         PROGBITS        855ced5c 54fd5c 003350 00   A  0   0  4
  [21] .rel__kcrctab     REL             00000000 b491c0 0066a0 08     66  20  4
  [22] __kcrctab_gpl     PROGBITS        855d20ac 5530ac 001a08 00   A  0   0  4
  [23] .rel__kcrctab_gpl REL             00000000 b4f860 003410 08     66  22  4
  [24] __ksymtab_strings PROGBITS        855d3ab4 554ab4 015c01 00   A  0   0  1
  [25] __init_rodata     PROGBITS        855e96b8 56a6b8 000020 00   A  0   0  4
  [26] .rel__init_rodata REL             00000000 b52c70 000038 08     66  25  4
  [27] __param           PROGBITS        855e96d8 56a6d8 000740 00   A  0   0  4
  [28] .rel__param       REL             00000000 b52ca8 000ae0 08     66  27  4
  [29] __modver          PROGBITS        855e9e18 56ae18 0001e8 00   A  0   0  4
  [30] .rel__modver      REL             00000000 b53788 000030 08     66  29  4
  [31] .data             PROGBITS        855ea000 56b000 0a2240 00  WA  0   0 4096
  [32] .rel.data         REL             00000000 b537b8 013b60 08     66  31  4
  [33] .xm_boot_params   PROGBITS        8568c240 60d240 001000 00  WA  0   0 32
  [34] .rel.xm_boot_para REL             00000000 b67318 000008 08     66  33  4
  [35] .init.text        PROGBITS        8568e000 60f000 021f90 00  AX  0   0  4
  [36] .rel.init.text    REL             00000000 b67320 013818 08     66  35  4
  [37] .init.data        PROGBITS        856affc0 630fc0 011884 00  WA  0   0 64
  [38] .rel.init.data    REL             00000000 b7ab38 003910 08     66  37  4
  [39] .x86_trampoline   PROGBITS        856c1850 642850 0000c8 00   A  0   0 16
  [40] .x86_cpu_dev.init PROGBITS        856c1918 642918 00001c 00   A  0   0  4
  [41] .rel.x86_cpu_dev. REL             00000000 b7e448 000038 08     66  40  4
  [42] .parainstructions PROGBITS        856c1938 642938 008ab8 00   A  0   0  4
  [43] .rel.parainstruct REL             00000000 b7e480 008ab8 08     66  42  4
  [44] .altinstructions  PROGBITS        856ca3f0 64b3f0 00054c 00   A  0   0  1
  [45] .rel.altinstructi REL             00000000 b86f38 000698 08     66  44  4
  [46] .altinstr_replace PROGBITS        856ca93c 64b93c 00014a 00  AX  0   0  1
  [47] .exit.text        PROGBITS        856caa88 64ba88 0009ff 00  AX  0   0  1
  [48] .rel.exit.text    REL             00000000 b875d0 000af0 08     66  47  4
  [49] .bss              NOBITS          856cc000 64c487 176018 00  WA  0   0 4096
  [50] .brk              NOBITS          85843000 64c487 210000 00  WA  0   0  1
  [51] .comment          PROGBITS        00000000 64c487 00001c 01  MS  0   0  1
  [52] .debug_aranges    PROGBITS        00000000 64c4a3 000080 00      0   0  1
  [53] .rel.debug_arange REL             00000000 b880c0 000040 08     66  52  4
  [54] .debug_info       PROGBITS        00000000 64c523 0027f7 00      0   0  1
  [55] .rel.debug_info   REL             00000000 b88100 0017c0 08     66  54  4
  [56] .debug_abbrev     PROGBITS        00000000 64ed1a 00056f 00      0   0  1
  [57] .debug_line       PROGBITS        00000000 64f289 000802 00      0   0  1
  [58] .rel.debug_line   REL             00000000 b898c0 000020 08     66  57  4
  [59] .debug_frame      PROGBITS        00000000 64fa8c 000ee8 00      0   0  4
  [60] .rel.debug_frame  REL             00000000 b898e0 0003a0 08     66  59  4
  [61] .debug_str        PROGBITS        00000000 650974 00093d 01  MS  0   0  1
  [62] .debug_loc        PROGBITS        00000000 6512b1 0011e5 00      0   0  1
  [63] .debug_ranges     PROGBITS        00000000 652496 000018 00      0   0  1
  [64] .initramfs        PROGBITS        85a53000 653000 1c2bdb 00  WA  0   0  1
  [65] [illegible]
  [66] .symtab           SYMTAB          00000000 8168c0 0c4fc0 10     67 34091  4
  [67] .strtab           STRTAB          00000000 8db880 115508 00      0   0  1
Key to Flags:
  W (write), A (alloc), X (execute), M (merge), S (strings)
  I (info), L (link order), G (group), x (unknown)
  O (extra OS processing required) o (OS specific), p (processor specific)
tom@debian:~/Public/xm37/test-linux-sdk/xm-examples/xm3-examples/vmware-example/linux-partition$
```

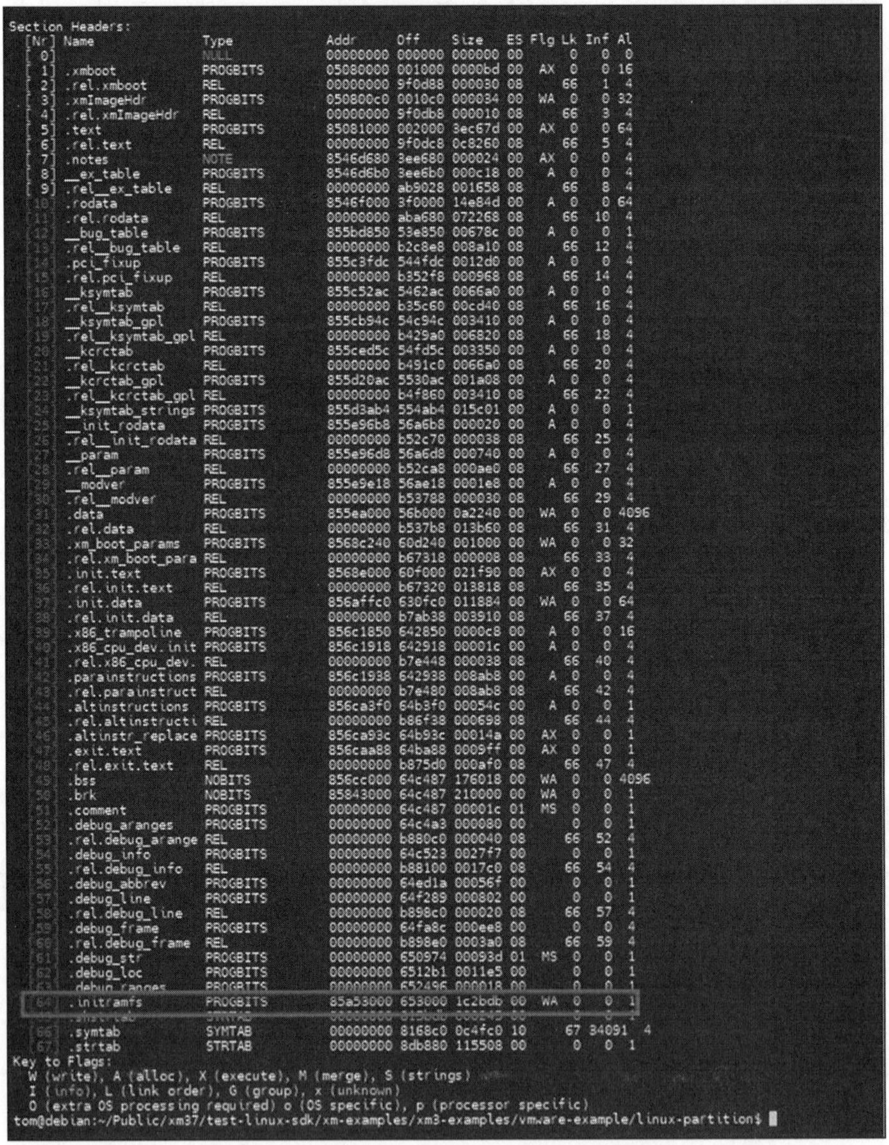

图 14-7　Linux 内核映像中的 .initramfs 节示意

上述代码说明如下。

1）magic：标识该数据结构为 PCT 的签名。

2）prtos_abi_version：当前运行的 PRTOS 的 ABI 版本，该值由运行 PRTOS 填充。

3）prtos_api_version：当前运行的 PRTOS 的 API 版本，该值由运行 PRTOS 填充。

4）reset_counter：分区用于重置次数的计数器。当分区被暖重置时，该计数器递增；被冷重置时，它被设置为零。

5）reset_status：如果分区已通过 prtos_reset_partition() hypercall 重置，则参数 status 的值将复制到此字段中，否则为 0。

6）id：分区的标识符。它是 PRTOS XML 配置文件中指定的唯一编号，用于明确标识一个分区。

7）hw_irqs：分配给分区的硬件中断的位图。硬件中断被分配到 PRTOS XML 配置文件中的分区。

8）num_of_physical_mem_areas：分配给分区的内存区域的数量。这个值定义了 prtos_physical_mem_map 数组的大小。

9）name：分区名称。

10）hw_irqs_pend：分配给该分区的硬件中断的挂起状态位图。

11）ext_irqs_pend：分配给分区的扩展中断的挂起状态位图。

12）hw_irqs_mask：分配给分区的扩展中断的屏蔽位图。

13）ext_irqs_to_mask：在当前版本中没有特定体系结构的数据。

libprtos 调用 prtos_params_get_pct() 返回了一个指向 PCT 的指针，PCT 中定义了与具体平台相关的部分，如代码清单 14-10 所示。

代码清单 14-10　PCT 中定义了与具体平台相关的部分

```
01 struct pct_arch {
02     struct x86_desc_reg gdtr; //X86全局描述符表寄存器
03     struct x86_desc_reg idtr; //X86中断描述符表寄存器
04     prtos_u32_t max_idt_vec;  //中断向量表的大小
05     volatile prtos_u32_t tr;  //X86 TR寄存器
06     volatile prtos_u32_t cr4;
07     volatile prtos_u32_t cr3;
08 #define _ARCH_PTDL1_REG cr3   //页目录表基地址寄存器
09     volatile prtos_u32_t cr2;
10     volatile prtos_u32_t cr0;
11 };
```

14.5　Guest Linux SDK 概述

为了方便用户在分区内执行 Guest Linux，我们支持把虚拟化的 Linux 内核制作成 SDK 发行，以便在不需要重新编译 Linux 内核源码的情况下构建 Linux 分区映像并部署执行。

14.5.1 生成 Linux SDK

编译经过虚拟化的 Linux 内核源码依赖于 PRTOS SDK。这里假设 PRTOS SDK 已经安装在 /home/prtos/prtos-sdk 目录中，主机开发环境采用 Debian 7 32 位操作系统。

下载经过虚拟化的 Linux 内核源码，命令如下：

```
git clone https://github.com/prtos-project/prtos-linux-3.4.4
cd prtos-linux-3.4.4
```

经过虚拟化的 Linux 内核保存了两个预定义的配置文件：

```
prtos-linux-3.4.4/arch/x86/configs/prtos_vmware_defconfig
prtos-linux-3.4.4/arch/x86/configs/prtos_vxbox_defconfig
```

在 QEMU X86 仿真平台，可以采用 prtos_vmware_defconfig 来配置和编译内核：

```
$make PRTOS_PATH=/home/prtos/prtos-sdk/prtos  ARCH=x86  prtos_vmware_defconfig
$make PRTOS_PATH=/home/prtos/prtos-sdk/prtos  ARCH=x86  distro-kernel
$make PRTOS_PATH=/home/prtos/prtos-sdk/prtos  ARCH=x86  distro-run
```

生成的 Linux-SDK 所在位置为 prtos-linux-3.4.4/arch/x86/prtos/usr/linux-3.4.4-prtos.run。

14.5.2 Linux SDK 的安装过程

Linux SDK 的安装过程如代码清单 14-11 所示。

代码清单 14-11　PRTOS Linux SDK 的安装

```
01 prtos@debian7:~/prtos_workspace/prtos-linux-3.4.4$  ./arch/x86/prtos/usr/
       linux-3.4.4-prtos.run
02 Verifying archive integrity... All good.
03 Uncompressing LINUX binary distribution 3.4.4-prtos: .....................
04 Starting LINUX installation.
05 Installation log in: /tmp/linux-installer-22173.log
06
07 1.   Select the directory where LINUX will be installed.
08      The installation directory shall not exist, eg: /opt/linux-sdk.
09
10 2.   Select the PRTOS toolchain binary directory (arch x86).
11      The toolchain shall contain the executables suitable for architecture x86.
12
13 3.   Confirm the installation settings.
14
15 Important: you need write permission in the path of the installation directory.
16
17 Continue with the installation [Y/n]? y
18
19 Press [Enter] for the default value or enter a new one.
20 Press [TAB] to complete directory names.
21
22 1.- Installation directory [/opt/linux-sdk]: /home/prtos/linux-sdk
```

```
23 2.- Path to the PRTOS toolchain [/opt/prtos-sdk/prtos]: /home/prtos/prtos-sdk/prtos/
24
25 Confirm the Installation settings:
26 Selected installation path :  /home/prtos/linux-sdk
27 Selected PRTOS toolchain path :  /home/prtos/prtos-sdk/prtos/
28
29 3.- Perform the installation using the above settings [Y/n]? y
30
31 Installation completed.
```

在上述代码中，需要注意的是第 22 行和第 23 行，我们需要正确设置 Linux SDK 的安装目录以及 PRTOS SDK 的安装位置，这里将 Linux SDK 安装在目录 /home/prtos/linux-sdk 下。

14.5.3　Linux SDK 组件

Linux SDK 安装后的布局如代码清单 14-12 所示。

代码清单 14-12　linux-sdk 布局

```
01 prtos@debian7:~/linux-sdk$ tree ./ -L 2
02 ./
03 ├── bin                        ##包含编译Linux项目的工具
04 │   ├── 20_linux_prtos         ##脚本工具(20_linux_prtos)
05 │   ├── build_linux            ##脚本工具(build_linux)
06 │   ├── extract_mem            ##获取当前系统内存工具
07 │   ├── grub_iso               ##启动盘制作工具
08 │   ├── mkinitramfs            ##脚本工具(mkinitramfs)
09 │   └── relocate               ##重定向Linux内核映像工具
10 ├── common
11 │   ├── config.mk              ##Linux SDK配置文件
12 │   ├── dot.config             ##Linux内核配置文件
13 │   └── rules.mk               ##包含Linux项目的Makefile编译规则
14 ├── initrd-root                ##包含Linux初始化的内存磁盘文件 Linux Initial Ramdisk
15 │   ├── bin
16 │   ├── etc
17 │   ├── init
18 │   ├── proc
19 │   ├── prtos_init
20 │   ├── sbin
21 │   └── sys
22 ├── lib                        ##包含Linux内核的编译模块
23 │   ├── firmware
24 │   └── modules
25 ├── linux-installer
26 ├── prtos-examples             ##Linux项目示例
27 │   └── prtos-1.0.0-examples
28 ├── sha1sum.txt
29 └── vmlinux                    ##编译后的Linux 内核镜像
30
31 13 directories, 14 files
```

虚拟化 Linux 内核的辅助主机工具如下。

1）重定向工具（relocate）：这个工具有两个功能。首先，它将预编译和可重定位的 Linux 内核映像 vmlinux 转换到参数中指定的物理起始地址。其次，它在 vmlinux 映像的末尾附加了用于启动 Linux 所需的初始 ramdisk 文件。

2）脚本工具（build_linux）：用于构建 Linux 分区映像（调用重定向工具 relocate 将 Linux 映像重新定位到指定的物理起始地址），所需参数包括自定义的初始 ramdisk 文件的位置、构建的 Linux 内核映像的位置以及输入的预编译 Linux 内核映像 vmlinux 的位置。

3）脚本工具（mkinitramfs）：该脚本使用 SDK 中的 initrd-root 作为模板，来创建一个初始的 ramdisk。

14.5.4 虚拟化 Linux 的构建过程

虚拟化 Linux 的示例在 /home/prtos/linux-sdk/prtos-examples/prtos-1.0.0-examples 目录中。下面我们以 /home/prtos/linux-sdk/prtos-examples/prtos-1.0.0-examples/vmware-example 为例，来介绍经过虚拟化的 Linux 内核的构建与运行过程。

vmware-example 示例只创建了一个 Linux 分区，vmware-example XML 配置文件如代码清单 14-13 所示。在该配置文件中，我们将所有的硬件资源都以直通方式分配给 Linux 分区。

代码清单 14-13　vmware-example XML 配置文件

```
//源码路径：prtos-examples/prtos-1.0.0-examples/vmware-example/prtos_cf.xml
01 <?xml version="1.0" encoding="UTF-8"?>
02 <SystemDescription xmlns="http://www.prtos.org/prtos-1.x" version="1.0.0" name="project">
03     <HwDescription>
04         <MemoryLayout>
05             <Region start="0x0" size="640KB" type="ram"/>
06             <Region start="0xa0000" size="384KB" type="ram"/>
07             <Region start="0x100000" size="1100MB" type="ram"/>
08             <Region start="0xc0000000" size="768MB" type="rom"/>
09         </MemoryLayout>
10         <ProcessorTable>
11             <Processor id="0">
12                 <CyclicPlanTable>
13                     <Plan id="0" majorFrame="4ms">
14                         <Slot id="0" start="0s" duration="4ms" partitionId="0"/>
15                     </Plan>
16                 </CyclicPlanTable>
17             </Processor>
18         </ProcessorTable>
19         <Devices>
20             <Vga name="Vga"/>
21             <Uart id="0" name="Uart" baudRate="115200"/>
22         </Devices>
23     </HwDescription>
```

```
24     <PRTOSHypervisor console="Uart">
25         <PhysicalMemoryArea size="8MB"/>
26     </PRTOSHypervisor>
27     <ResidentSw>
28         <PhysicalMemoryAreas>
29             <Area start="0x40000000" size="31232KB"/>
30         </PhysicalMemoryAreas>
31     </ResidentSw>
32     <PartitionTable>
33         <Partition id="0" name="linux-partition" flags="system fp" console="Uart">
34             <PhysicalMemoryAreas>
35                 <!-- linux-partition -->
36                 <Area start="0x1800000" size="512MB"/>
37                 <!-- pci -->
38                 <Area start="0xc0000000" size="768MB" flags="unmapped rom"/>
39                 <!-- vga -->
40                 <Area start="0xa0000" size="384KB" flags="rom"/>
41             </PhysicalMemoryAreas>
42             <HwResources>
43                 <Interrupts lines="9 10 11 14 15 1 12"/>
44                 <IoPorts>
45                     <Range base="0xcf8" noPorts="16"/>
46                     <Range base="0x170" noPorts="16"/>
47                     <Range base="0x1f0" noPorts="16"/>
48                     <Range base="0x3f6" noPorts="2"/>
49                     <Range base="0x10c0" noPorts="16"/>
50                     <Range base="0x2000" noPorts="8192"/>
51                     <Range base="0x60" noPorts="8"/>
52                     <Range base="0x3c0" noPorts="32"/>
53                 </IoPorts>
54             </HwResources>
55             <HealthMonitor>
56                 <Event name="PRTOS_HM_EV_X86_DEVICE_NOT_AVAILABLE" action="PRTOS_
                       HM_AC_PROPAGATE" log="no"/>
57                 <Event name="PRTOS_HM_EV_X86_INVALID_OPCODE" action="PRTOS_HM_
                       AC_PROPAGATE" log="no"/>
58                 <Event name="PRTOS_HM_EV_X86_GENERAL_PROTECTION" action="PRTOS_
                       HM_AC_PROPAGATE" log="no"/>
59                 <Event name="PRTOS_HM_EV_X86_PAGE_FAULT" action="PRTOS_HM_AC_
                       PROPAGATE" log="no"/>
60                 <Event name="PRTOS_HM_EV_X86_BREAKPOINT" action="PRTOS_HM_AC_
                       PROPAGATE" log="no"/>
61             </HealthMonitor>
62         </Partition>
63     </PartitionTable>
64     <Channels/>
65 </SystemDescription>
```

vmware-example 示例的构建步骤如下。

1）导入 Linux SDK 环境变量，代码如下：

```
$source /home/prtos/linux-sdk/common/config.mk
```

2）创建 initramfs initrd.img.gz，重定位 Linux 内核映像，并将 initramfs initrd.img.gz 重新放入重定向之后的 linux-partition 内核映像的 .initramfs 节中，代码如下：

```
$cd/home/prtos/linux-sdk/prtos-examples/prtos-1.0.0-examples/vmware-example/
    linux-partition
$/home/prtos/linux-sdk/bin/build_linux -r root -a 0x1800000 -o linux-partition /
    home/prtos/linux-sdk/vmlinux
```

步骤 2）中生成 Linux 内核映像的过程如图 14-8 所示。

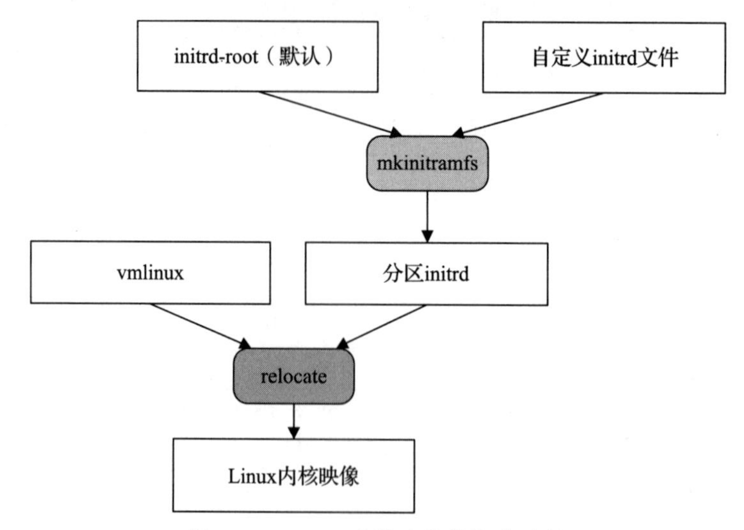

图 14-8　Linux 内核映像的构建过程

3）将步骤 2）中生成的 Linux 内核映像 linux-partition 转换成 PEF 格式：

```
$/home/prtos/prtos-sdk/prtos/bin/prtoseformat build linux-partition -c -o linux-
    partition.pef
```

4）将命令行参数文件 cmdline 转成 PEF 格式的文件 cmdline.pef：

```
$/home/prtos/prtos-sdk/prtos/bin/prtoseformat build -m -o cmdline.pef cmdline
```

5）将 XML 配置文件 prtos_cf.xml 转换成 PEF 格式：

```
$cd/home/prtos/linux-sdk/prtos-examples/prtos-1.0.0-examples/vmware-example/
    integration
$/home/prtos/prtos-sdk/prtos/bin/prtoscparser -o prtos_cf.bin ../prtos_cf.xml
$/home/prtos/prtos-sdk/prtos/bin/prtoseformat build -m prtos_cf.bin -c -o prtos_
    cf.pef
```

6）生成容器 container.bin，代码如下：

```
$/home/prtos/prtos-sdk/prtos/bin/prtospack check prtos_cf.pef -h /home/prtos/
```

```
    prtos-sdk/prtos/lib/prtos_core.pef:prtos_cf.pef -p 0:../linux-partition/
    linux-partition.pef:../linux-partition/cmdline.pef
$/home/prtos/prtos-sdk/prtos/bin/prtospack build -h /home/prtos/prtos-sdk/prtos/
    lib/prtos_core.pef:prtos_cf.pef -p 0:../linux-partition/linux-partition.
    pef:../linux-partition/cmdline.pef container.bin
```

7）生成自引导映像 resident_sw，代码如下：

```
$/home/prtos/prtos-sdk/prtos/bin/rswbuild container.bin resident_sw
```

8）制作 GRUB 引导的启动盘镜像，并在 QEMU 平台运行，代码如下：

```
$make resident_sw.iso
$qemu -m 1024 -serial stdio -hda resident_sw.iso -smp 4
```

另外，我们也可以在 /home/prtos/linux-sdk/prtos-examples/prtos-1.0.0-examples/vmware-example 目录中执行 make run.x86 命令（该命令集成了步骤 1～8 的所有命令），在 QEMU 中运行 Linux 内核，如图 14-9 所示。

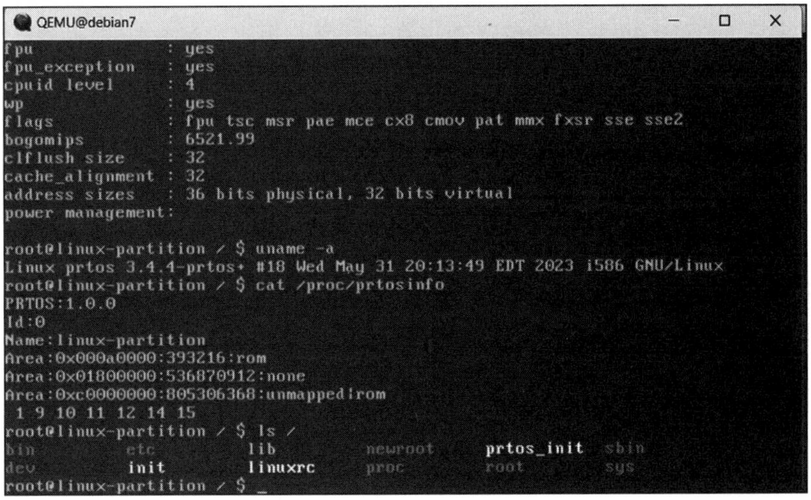

```
QEMU@debian7
fpu             : yes
fpu_exception   : yes
cpuid level     : 4
wp              : yes
flags           : fpu tsc msr pae mce cx8 cmov pat mmx fxsr sse sse2
bogomips        : 6521.99
clflush size    : 32
cache_alignment : 32
address sizes   : 36 bits physical, 32 bits virtual
power management:

root@linux-partition / $ uname -a
Linux prtos 3.4.4-prtos+ #18 Wed May 31 20:13:49 EDT 2023 i586 GNU/Linux
root@linux-partition / $ cat /proc/prtosinfo
PRTOS:1.0.0
Id:0
Name:linux-partition
Area:0x000a0000:393216:rom
Area:0x01800000:536870912:none
Area:0xc0000000:805306368:unmapped|rom
 1 9 10 11 12 14 15
root@linux-partition / $ ls /
bin         etc         lib         newroot     prtos_init  sbin
dev         init        linuxrc     proc        root        sys
root@linux-partition / $ _
```

图 14-9　在 QEMU 中运行 Linux 内核

14.6　本章小结

本章介绍了 Linux 内核的虚拟化过程，详细讨论了在 PRTOS 分区环境下运行 Linux 所面临的挑战，重点论述了虚拟化 Linux 分区的设备虚拟化、虚拟中断管理、内核地址空间重定向以及 I/O 空间的访问问题。Linux 的成功适配一方面可以进一步扩展 PRTOS 的应用领域，另一方面验证了 PRTOS 可以满足开源通用操作系统的半虚拟化需求。

第 15 章 PRTOS Hypervisor 开源社区环境

本章阐述 PRTOS Hypervisor 平台的支持情况、未来路线、社区开发模式以及愿景。

15.1 PRTOS Hypervisor 的硬件支持

PRTOS 目前支持 X86 指令集，未来会考虑支持 ARMv8 以及 RISC-V 指令集。PRTOS 架构在设计之初就已经考虑了适配其他平台的需求，比如结构上分为硬件依赖层、内部服务层以及虚拟化服务层。我们只需要完成硬件依赖层在指定平台的适配，即可完成 PRTOS 在该平台的适配。此外，PRTOS 的编译系统在设计之初也考虑了支持其他平台交叉编译器的调用。

15.1.1 X86 指令集

X86 架构的 32 位指令集曾经在个人计算机和服务器等领域广泛使用，现在依旧在很多旧版操作系统和应用程序中存在。从性能和实时性角度考虑，嵌入式设备采用半虚拟化技术，可以减少虚拟机上下文的切换和陷入，提高系统的执行效率和响应速度；可以减少虚拟机的内存占用和磁盘空间，提高系统的资源利用率和可扩展性；并且通过 Hypervisor 对虚拟机的行为进行监控和控制，防止恶意或错误的操作对系统造成损害。而 X86 指令集架构是实现半虚拟化的理想架构（方便 QEUM 仿真运行）。X86 指令集概述如下。

1）寄存器：X86 架构包括一组通用寄存器，这些寄存器用于存储和处理数据。其中最常用的寄存器如下。

① EAX：累加器，用于存储操作数和算术结果。

② EBX：基址寄存器，通常用于存储内存地址。

③ ECX：计数器，通常用于循环计数和控制。

④ EDX：数据寄存器，用于存储数据和操作数。

2）指令格式：X86 指令集采用变长指令格式，指令可以包含不同数量和类型的操作数。指令通常由操作码（Opcode）和操作数（Operands）组成。

3）内存寻址：内存寻址指令集支持多种内存寻址方式，包括直接寻址、寄存器间接寻址、基址加变址寻址等。内存寻址允许程序访问和操作内存中的数据。

4）分支和控制流：指令集包括条件分支指令，如跳转（JMP）、条件跳转（JCC）等，用于控制程序的执行流程。无条件跳转（无条件转移控制）和有条件跳转（有条件转移控制）

是支持控制流程的主要机制。

5）算术和逻辑操作。X86 指令集支持各种算术运算（加法、减法、乘法、除法等）、逻辑运算（与、或、非、异或等）以及操作指令。这些操作允许程序执行各种数学和逻辑计算。

6）系统调用。操作系统通过 int 指令实现系统调用，允许应用程序请求操作系统提供的各种服务，如文件操作、进程管理等。

7）协处理器指令。X86 指令集还包括一些协处理器（如浮点数协处理器）的指令，用于执行浮点数运算和其他特定任务。

8）扩展指令集。随着时间的推移，X86 指令集不断扩展，添加了新的指令和特性，以提高性能和功能性。这些扩展包括 SSE（Streaming SIMD Extensions，单指令的数据流扩展）和 MMX（MultiMedia eXtensions，多媒体扩展）等，用于加速多媒体和向量运算。

注意：尽管 X86 指令集在过去几十年中一直非常流行，但在现代计算机系统中，它已经逐渐被 64 位 X86 架构（X86-64 或 AMD64）所取代。64 位架构提供了更大的内存寻址能力和更多的通用寄存器，以支持更大的内存和更强的性能，同时保留了对 32 位应用程序的向后兼容性。

在 X86 平台上，PRTOS 运行在 Ring 0 特权级别，分区运行在 Ring 1 特权级别。如果分区中运行虚拟化的 Linux 系统，则 Linux 内核运行在 Ring 1 特权级别，Linux 上的应用程序运行在 Ring 3 特权级别（详情参考图 1-8）；如果分区中运行的是裸机应用，则裸机应用直接运行在 Ring 1 特权级别。X86 处理器的 4 个级别很好地解决了 PRTOS 部署后的权限分配问题。

15.1.2　ARMv8 指令集

ARMv8 是一种广泛使用的架构，用于移动设备、服务器和嵌入式系统。ARMv8 架构的虚拟化支持主要表现在以下几个方面。

1）虚拟化扩展。ARMv8 引入了虚拟化扩展，它包括一组新的虚拟化指令，可以在虚拟化环境中更有效地运行。这些指令包括访问虚拟机控制寄存器、虚拟中断控制器等，有助于提高 Hypervisor 的性能和效率。

2）EL2 特权级别。ARMv8 引入了一个新的特权级别，称为 EL2（Exception Level 2，异常等级 2），用于 Hypervisor。EL2 特权级别允许 Hypervisor 在更高的特权级别运行，从而更好地管理虚拟机。

3）虚拟机控制寄存器。ARMv8 引入了一组虚拟机控制寄存器，用于配置和管理虚拟机的状态和行为。Hypervisor 可以使用这些寄存器来控制虚拟机的访问和行为。

4）虚拟中断控制。ARMv8 引入了虚拟中断控制器架构，使 Hypervisor 能够更灵活地管理虚拟机中的中断，这有助于提高虚拟化环境的性能和可扩展性。

5）虚拟定时器。ARMv8 引入了虚拟定时器，允许 Hypervisor 为每个虚拟机提供独立的定时器。这对虚拟机的时间管理和调度非常重要。

ARMv8 架构在硬件级别提供了强大的虚拟化支持，使 Hypervisor 能够更好地管理和隔离虚拟机，并提供更高的性能和效率。一些知名的 Hypervisor 解决方案，如 KVM、Xen 和 VMware Fusion 等，都提供了针对 ARMv8 架构的支持。所以未来 PRTOS 也会增加对 ARMv8 的支持。在 ARMv8 架构支持的 4 个异常级别中，应用程序运行在 EL0，客户操作系统运行在 EL1，Hypervisor 运行在 EL2，如图 15-1 所示。

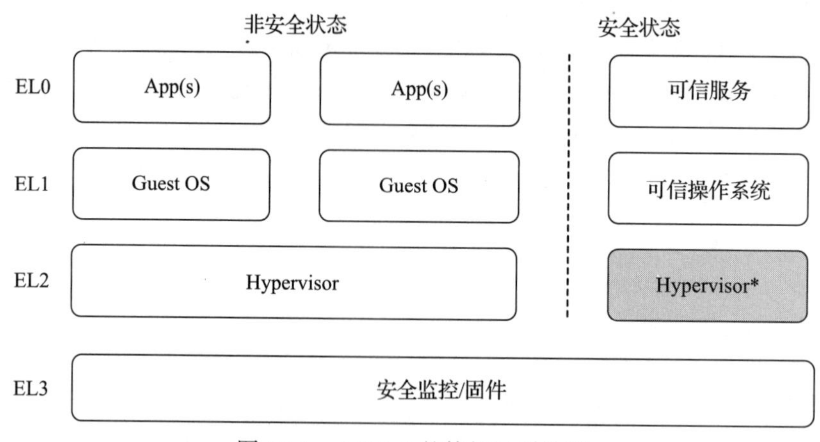

图 15-1　ARMv8 的特权级别模型

图 15-1 中，EL0 用于用户空间应用，EL1 用于操作系统内核，EL2 用于 Hypervisor，EL3 用于固件，充当安全状态的守关者。

提示：图 15-1 中，灰色方框中的 Hypervisor 在 ARMv8 中不一定支持，这是因为在安全状态下，EL2 在具体的 CPU 实现中不一定启用，因此具体的虚拟化功能和性能取决于 ARMv8 处理器的型号和制造商。

在 ARMv8 平台中，如果 PRTOS 完全采用硬件虚拟化实现，则运行在 EL1 上的操作系统对应的源码不需要做修改，就可以在虚拟机中运行。这意味着运行在 EL1 级别的操作系统中的所有特权指令均会触发陷阱，导致处理器切换到 EL2 模式，并由运行在该特权级别的 Hypervisor 捕获和处理。

PRTOS 为了进一步降低系统开销，仍采用和 X86 平台类似的半虚拟化实现（通过 ARMv8 的 HVC（Hypervisor Call）指令实现 Hypercall API，用于在内核模式和 Hypervisor 模式之间切换），从操作系统中移除所有的敏感指令，让客户操作系统调用 Hypercall API 来获得诸如 I/O 操作等系统服务。半虚拟化消除了模拟客户操作系统访问硬件行为的开销以及解析硬件操作指令触发的多次陷阱和执行陷阱处理程序的开销，通过客户操作系统和 Hypervisor 的相互协作完成客户操作系统服务请求，大大加快了 Hypervisor 的执行速度。

从 Hypervisor 的角度来看，PRTOS 的目标是简洁、简单并保证实用性。半虚拟化的客户系统不需要任何仿真，并且在引导序列中尽可能早地依赖半虚拟化接口进行 I/O，尽可能地利用硬件中的虚拟化支持，以避免对客户操作系统内核进行显著的更改，即可运行。

概况来说，PRTOS 在 ARMv8 上适配的方案如下。

1）PRTOS 仅在 Hypervisor 模式（EL2）下运行。PRTOS 为客户操作系统内核保留内核模式，同时为客户系统用户空间的应用程序保留 EL0。PRTOS 完全在 EL2 中运行，客户操作系统内核使用 Hypercall API 向 PRTOS 发起超级调用，这一点和 X86 平台上的 Linux 内核的虚拟化类似，可以显著减少所需的上下文切换次数。

2）PRTOS 在 ARMv8 的 MMU 中使用两阶段转换为虚拟机分配内存。

3）PRTOS 使用 GT（Generic Timer，通用寄存器）来接收并截获定时器中断，然后将计数器投递给虚拟机。

4）PRTOS 使用 GIC（Generic Interrupt Controller，通用中断控制器）接收中断并将中断投递到客户操作系统。

15.1.3 RISC-V 指令集

RISC-V 是一个开放的、基于指令集架构的计算机体系结构，它不像 ARM 一样由特定的公司控制。虽然 RISC-V 的生态系统正在迅速发展，但与 ARM 相比，它在 Hypervisor 支持方面相对较弱。然而，也有一些 Hypervisor 项目和公司致力于在 RISC-V 架构上实现虚拟化支持。例如，Spike 是 RISC-V 模拟器，支持 Hypervisor 扩展，用于开发和测试 Hypervisor 软件。此外，一些开源社区和公司也在不断推进 RISC-V 上的虚拟化技术。

为了支持虚拟化，RISC-V 规范定义了 RISC-V H-extension。支持 H-extension 的 RISC-V 指令集的特权级别划分和 ARMv8 类似，如图 15-2 所示。

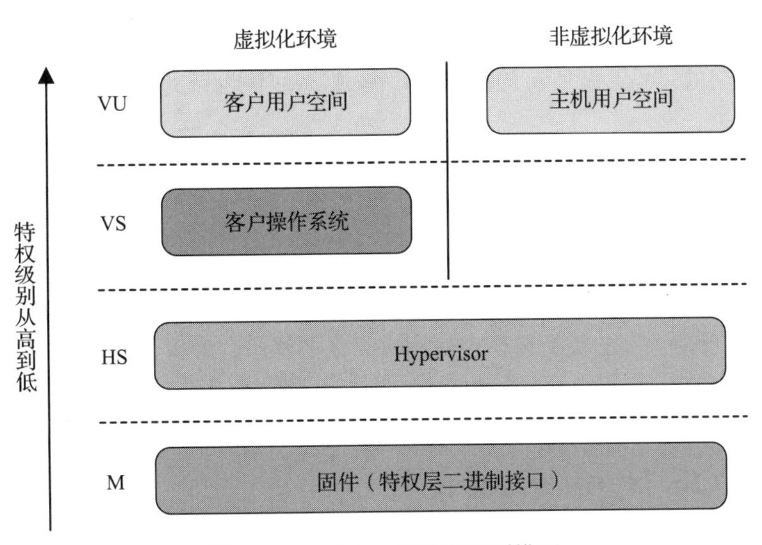

图 15-2 RISC-V 的特权级别模型

图 15-2 描述的是 RISC-V 特权级别，优先级从高到低依次为 M（Machine）、HS（Hypervisor extended Supervisor）、VS（Virtual Supervisor）、VU（Virtual User，虚拟用户）。其中，M 是最高优先级，是拥有操控全部资源的固件（比如特权层二进制接口 OpenSBI）；Hypervisor 运行在 HS 级别；虚拟机（比如 Guest Linux）运行在 VS 级别；客户应用程序运行在 VU 级别。PRTOS 在 RISC-V 上的虚拟化方案和 ARMv8 类似，这里不再赘述。

提示：虽然目前 PRTOS 还没有完成对 ARMv8 和 RISC-V 指令集的适配，但是由于 ARMv8 和 RISC-V 支持 Hypervisor，并且在嵌入式领域有着广泛的应用，PRTOS Hypervisor 后续也会增加对 ARMv8 和 RISC-V 指令集的支持。

15.2 PRTOS 的开发模式

PRTOS 的开发模式主要采用开源和社区驱动的方式，PRTOS 内核源码对所有开发者开放。任何人都可以查看、修改和分发 PRTOS 内核的源码，并根据开源许可证的规定自由使用。

推荐的开发步骤如下。

1）将 PRTOS 代码仓复制到 GitHub 个人账号（通过 fork 操作实现）。

2）提交范围明确、易于审查并在出现问题时容易撤销的 PR，避免将多个不相关的更改合并到单个 PR 中。

3）在提交 PR 之前，请将代码重新变基（Rebase）到主分支的最新版本中。可以通过运行以下命令来完成：

```
01 git remote add upstream https://github.com/prtos-project/prtos-hypervisor.git
02 git fetch upstream
03 git rebase upstream/main
```

4）确保提交的代码通过所有的裸机应用测试，并且所有修改的代码均经过标准格式化处理。

提示：调用 clang-format 工具实现源码文件的格式化处理。clang-format 工具的格式化配置文件请参考 https://github.com/prtos-project/prtos-hypervisor/blob/main/.clang-format。

5）合并到 PRTOS 主分支代码的最终提交必须由 PR 的标题和正文组成，并且所有的评审意见都得到了反馈。新的提交应体现对评审意见的修改，并得到至少两个 PRTOS 代码维护者审核通过。

15.3 PRTOS Hypervisor 的愿景

PRTOS Hypervisor 的愿景如下。

1）跨平台和跨架构支持。PRTOS Hypervisor 能支持更多的硬件平台和架构，如 ARMv8、RISC-V，MIPS 等，使得应用程序和服务能够在不同的硬件设备上无缝运行，促进异构计算的发展。

2）AI（Artifical Intelligence，人工智能）加速和边缘计算。随着 AI 和边缘计算的快速发展，PRTOS Hypervisor 的异构开放生态可以为 AI 加速器和边缘计算提供更多的支持，推动在边缘设备上运行复杂的 AI 任务和推理模型，促进智能化的边缘计算应用。

3）安全和隔离。PRTOS Hypervisor 异构开放平台在安全和隔离方面具有重要作用。未来将进一步加强对安全的支持，提供更强大的隔离和保护机制，以满足不断增长的安全需求。

4）开放标准和生态合作。PRTOS Hypervisor 的异构开放生态可以推动开放标准和生态合作，以促进互操作性和互联性；有助于不同厂商和组织之间的合作，共同推动异构计算和虚拟化技术的发展。

基于 PRTOS Hypervisor 的异构开放生态可为各行各业带来更多的创新和机遇，并推动嵌入式计算资源的高效利用、安全保障和灵活部署，助力构建智能化、可持续演进和可持续发展的嵌入式软件生态环境。

15.4　本章小结

本章阐述了 PRTOS 的平台支持情况、未来其他平台的支持计划，介绍了 PRTOS 源码的开发模式以及 PRTOS 的应用愿景，最终希望 PRTOS Hypervisor 能为嵌入式系统提供一种灵活、高效、可靠的虚拟化解决方案，以满足不同嵌入式应用领域的需求。

推荐阅读

ARC EM处理器嵌入式系统开发与编程

作者：雷鑑铭 等 ISBN：978-7-111-51778-8 定价：45.00元

本书以实际的嵌入式系统产品应用与开发为主线，力求透彻讲解开发中所涉及的庞大而复杂的相关知识。书中第1～5章为基础篇，介绍了ARC 嵌入式系统的基础知识和开发过程中需要的一些理论知识，具体包括ARC嵌入式系统简介、ARC EM处理器介绍、ARC EM编程模型、中断及异常处理、汇编语言程序设计以及C/C++与汇编语言的混合编程等内容。第6～9章为实践篇，介绍了建立嵌入式开发环境、搭建嵌入式硬件开发平台及开发案例，具体包括ARCEM处理器的开发及调试环境、MQX实时操作系统、EM Starter Kit FPGA开发板介绍以及嵌入式系统应用实例开发等内容。第10～11章介绍了ARC EM处理器特有的可配置及可扩展APEX属性，以及如何在处理器设计中利用这种可配置及可扩展性实现设计优化。书中附录包含了本书涉及的指令、专业词汇的缩写及其详尽解释。

射频微波电路设计

作者：陈会　张玉兴 ISBN：978-7-111-49287-0 定价：45.00元

本书讲述了广泛应用于无线通信、雷达、遥感遥测等现代电子系统中的射频微波电路，通过大量实例阐述了经典射频微波电路的设计方法与步骤，主要内容涉及射频微波电路概论、

传输线基本理论与散射参数、射频CAD基础、射频微波滤波器、放大器、功分器与合成器、天线等。同时，针对近年来出现的一些新型微带电路与技术也进行了介绍与讨论，主要包括：微带/共面波导（CPW）、微带/槽线波导、基片集成波导（SIW）等双面印制板电路。因此，本书不仅适合于无线通信与雷达等电子技术相关专业的本科生与研究生作为教材使用，而且也可以作为各种从事电子技术相关工作的专业人士的参考书。

电子元器件的可靠性

作者：王守国 ISBN：978-7-111-47170-7 定价：49.00元

本书从可靠性基本概念、可靠性科学研究的主要内容出发，给出可靠性数学的基础知识，讨论威布尔分布的应用；通过电子元器件的可靠性试验，如筛选试验、寿命试验、鉴定试验等内容，诠释可靠性物理的核心知识。接着，详细介绍电子元器件的类型、失效模式和失效分析等，阐述电子元器件的可靠性应用。最后，着重介绍器件的生产制备和可靠性保证等可靠性管理的内容。本书内容立足于专业基础，结合数理统计等数学工具，实用性强，旨在帮助读者掌握可靠性科学的理论工具，以及电子元器件可靠性应用的工程技术，提高实际操作能力。

推荐阅读

Linux
IN ACTION
Linux实战

Linux
跟老男孩
学Linux运维
核心基础篇（上）

Linux
内核分析
及应用

构建高可用
Linux服务器
（第4版）
Build High Availability Linux Servers Fourth Edition

大规模Linux
集群架构最佳实践
Best Practice of Managing
Massive Linux Cluster

Python Linux
系统管理与自动化运维
Python for Linux System Administration
and Automated Operation

GNU/Linux
嵌入式快速编程
GNU/Linux
Rapid Embedded Programming

Linux
性能优化
Optimizing Linux Performance

Linux运维
最佳实践
Best Practices in Linux Operations

推荐阅读

高性能分布式计算系统
开发与实现
基于Hadoop、Scalding和Spark
Guide to High Performance Distributed Computing
GUIDE TO HIGH PERFORMANCE
DISTRIBUTED COMPUTING

计算机科学丛书
原书第2版
分布式实时系统
原理与设计方法
Real-Time Systems
Real-Time Systems

计算机科学丛书
原书第6版
数据库系统
设计、实现与管理（进阶篇）
Database Systems
DATABASE SYSTEMS

计算机科学丛书
原书第6版
数据库系统
设计、实现与管理（基础篇）
Database Systems
DATABASE SYSTEMS

计算机科学丛书
分布式控制系统设计
模式语言方法
Designing Distributed Control Systems
DESIGNING DISTRIBUTED CONTROL SYSTEMS

计算机科学丛书
系统编程
分布式应用的设计与开发
Systems Programming
SYSTEMS PROGRAMMING